高等学校土木建筑专业应用型本科系列规划教材

画法几何与土木工程制图
（第3版）

主　编　于习法　周　佶

副主编　郑　钢　赵冰华　董国庆
　　　　谢　伟　张振东　程小武

U0380387

东南大学出版社
·南京·

内 容 提 要

　　本书主要内容有:制图基本知识,画法几何(即投影理论,包括正投影、轴测投影、透视投影、标高投影),投影制图(组合体的投影、工程形体的图示方法),专业制图(建筑、结构、水电、道路和桥涵工程图及机械图),计算机绘图(AutoCAD绘图软件的使用方法)等。本书提供了课件(请扫描封底二维码),极大地方便了教师的课堂教学。

　　本书编写力求做到条理性强,既简明扼要又突出重点,有理论基础,更强调应用。

　　本书可作为高等院校土、建筑类各专业及非机类少学时专业制图课程的通用教材,也可作为电大、职大、函大、自学考试及各类培训班的教学用书。

图书在版编目(CIP)数据

画法几何与土木工程制图 / 于习法,周佶主编.
—3版. —南京:东南大学出版社,2020.1(2024.8重印)
ISBN 978-7-5641-8567-1

Ⅰ.①画… Ⅱ.①于… ②周… Ⅲ.①画法几何-高
等学校-教材 ②土木工程-建筑制图-高等学校-教材
Ⅳ.①TU204

中国版本图书馆 CIP 数据核字(2019)第 217849 号

画法几何与土木工程制图(第3版)
Huafa Jihe Yu Tumu Gongcheng Zhitu(Di-san Ban)

主　　编:于习法　周　佶
出版发行:东南大学出版社
社　　址:南京市四牌楼 2 号　邮编:210096
出 版 人:江建中
责任编辑:戴坚敏
网　　址:http://www.seupress.com
电子邮箱:press@seupress.com
经　　销:全国各地新华书店
印　　刷:常州市武进第三印刷有限公司
开　　本:787mm×1092mm　1/16
印　　张:20
字　　数:505 千字
版　　次:2020 年 1 月第 3 版
印　　次:2024 年 8 月第 4 次印刷
书　　号:ISBN 978-7-5641-8567-1
印　　数:10 001～11 700 册
定　　价:58.00 元

高等学校土木建筑专业应用型本科系列
规划教材编审委员会

总前言

国家颁布的《国家中长期教育改革和发展规划纲要(2010—2020 年)》指出，要"适应国家和区域经济社会发展需要，不断优化高等教育结构，重点扩大应用型、复合型、技能型人才培养规模"；"学生适应社会和就业创业能力不强，创新型、实用型、复合型人才紧缺"。为了更好地适应我国高等教育的改革和发展，满足高等学校对应用型人才的培养模式、培养目标、教学内容和课程体系等的要求，东南大学出版社携手国内部分高等院校组建土木建筑专业应用型本科系列规划教材编审委员会。大家认为，目前适用于应用型人才培养的优秀教材还较少，大部分国家级教材对于培养应用型人才的院校来说起点偏高、难度偏大、内容偏多，且结合工程实践的内容往往偏少。因此，组织一批学术水平较高、实践能力较强、培养应用型人才的教学经验丰富的教师，编写出一套适用于应用型人才培养的教材是十分必要的，这将有力地促进应用型本科教学质量的提高。

经编审委员会商讨，对教材的编写达成如下共识：

一、体例要新颖活泼。 学习和借鉴优秀教材特别是国外精品教材的写作思路、写作方法以及章节安排，摒弃传统工科教材知识点设置按部就班、理论讲解枯燥乏味的弊端，以清新活泼的风格抓住学生的兴趣点，让教材为学生所用，使学生对教材不会产生畏难情绪。

二、人文知识与科技知识渗透。 在教材编写中参考一些人文历史和科技知识，进行一些浅显易懂的类比，使教材更具可读性，改变工科教材艰深古板的面貌。

三、以学生为本。 在教材编写过程中，"注重学思结合，注重知行统一，注重因材施教"，充分考虑大学生人才就业市场的发展变化，努力站在学生的角度思考问题，考虑学生对教材的感受，考虑学生的学习动力，力求做到教材贴合学生实际，受教师和学生欢迎。同时，考虑到学生考取相关资格证书的需要，教材中还结合各类职业资格考试编写了相关习题。

四、理论讲解要简明扼要，文例突出应用。 在编写过程中，紧扣"应用"两字创特色，紧紧围绕着应用型人才培养的主题，避免一些高深的理论及公式的推导，大力提倡白话文教材，文字表述清晰明了、一目了然，便于学生理解、接受，能激起学生的学习兴趣，提高学习效率。

五、突出先进性、现实性、实用性、可操作性。 对于知识更新较快的学科，力求将最新最前沿的知识写进教材，并且对未来发展趋势用阅读材料的方式介绍给学生。同时，努力将教学改革最新成果体现在教材中，以学生就业所需的专业知识和操作技能为着眼点，在适度的基础知识与理论体系覆盖下，着重讲解应用型人才培养所需的知识点和关键点，突出实用性和可操作性。

六、强化案例式教学。 在编写过程中，有机融入最新的实例资料以及操作性较强的案例素材，并对这些素材资料进行有效的案例分析，提高教材的可读性和实用性，为教师案例教学提供便利。

七、重视实践环节。 编写中力求优化知识结构，丰富社会实践，强化能力培养，着力提高学生的学习能力、实践能力、创新能力，注重实践操作的训练，通过实际训练加深对理论知识的理解。在实用性和技巧性强的章节中，设计相关的实践操作案例和练习题。

在教材编写过程中，由于编写者的水平和知识局限，难免存在缺陷与不足，恳请各位读者给予批评斧正，以便教材编审委员会重新审定，再版时进一步提升教材的质量。本套教材以"应用型"定位为出发点，适用于高等院校土木建筑、工程管理等相关专业，高校独立学院、民办院校以及成人教育和网络教育均可使用，也可作为相关专业人士的参考资料。

高等学校土木建筑专业应用型
本科系列规划教材编审委员会

前　　言

为了更好地适应当前我国高等教育的改革和发展及国家关于加强应用型人才培养的需要,满足高等学校对应用型人才的培养模式、培养目标、教学内容和课程体系等改革的要求,我们编写了本教材(含习题集)。

本书是按照国家教委1995年批准印发的《画法几何及土木建筑制图课程教学基本要求》和有关土建制图方面的国家标准,以及适应当前高等学校合理调整系科和专业设置、拓宽专业面、优化课程结构、精选教学内容、加强应用型人才培养等发展趋势而编写的。在继承原有课程体系的基础上有所创新,并根据2013年8月第2版和2017年9月27日发布、2018年5月1日实施的《房屋建筑制图统一标准》(GB/T 50001—2017)及AutoCAD 2019等进行了重新修订。主要特点如下:

(1) 合理调整章节的安排。如"换面法"主要就是为了解决点、线、面的相对位置问题的,所以就直接把它纳入到"点、线、面"的章节,不再单独设章节;"截交线和相贯线"就是为了解决基本立体表面相交问题的,就把它纳入到"基本体"的章节。这样"点—线—面—基本体—组合体"的体系更加合理,结构更加紧凑。

(2) 以够用为原则,弱化理论性,强化应用性。画法几何部分虽然仍然保留了传统的标题,但是内容做了较大的调整:削减了"点、线、面"的一般相对位置的内容,只介绍特殊位置,一般位置由"换面法"作简单介绍处理;"截交线和相贯线"也只是仅仅保留其名称,解法则是用平面上取点、线来完成,同时强化了形象思维的培养。

(3) 增加了组合体、剖视图和断面图读图的方法和技巧的内容,进一步强化了形象思维的培养。

(4) 本着响应教学基本要求中提出的适当扩大知识面的精神,同时根据授课对象对于"标高投影"和"透视投影"要求不高的特点,这些部分的内容只介绍基本概念和一般的作图方法,与"点、线、面"部分得到了协调和呼应。

（5）专业图部分以一套完整的办公楼的施工图为蓝本,结合国家最新的相关制图标准和行业规范,详细阐述了专业施工图绘制的内容和表达方法。所用图纸为实际工程项目,是编者对设计院的图纸经过进一步的细化和加工,使得图中的文字、线型及各种专业符号等都高度遵守了国家的相关制图标准和行业规范。对读者而言,起到了标准示范作用。

（6）本书收编的工程图样种类齐全,适合建筑、结构、给排水、电气、暖通、道路桥梁、机械等专业的工科学生和工程设计人员学习或参考之用。同时,本教材也是大土木工程方面适应面最广的制图教材之一。

（7）在第一版提供全套教学挂图（电子版）的基础上,又聘请富有教学经验的老师制作了高水平的课件挂在网上,实现了教材的立体化,在方便了教师教学的同时,更加为学生的自学带来了便利。

本书由扬州大学于习法和南京工业大学周佶两位老师联合主编。参加编写的有:扬州大学于习法（1、6、11 章和 8.4 节）,南京工程学院赵冰华（2、9 章）,南京工业大学周佶（3、12、17 章）,东南大学董国庆（4、10 章）,中国矿业大学谢伟（13、16 章）,金陵科技学院郑钢（5 章和 8.1~8.3 节）,淮海工学院张振东（7、18 章）,南京工业大学程小武（14、15 章）。课件制作由扬州大学的孙霞（1~5 章和 6.1~6.6 节）、孙怀林（7~11 章和 6.7、6.8 节、16 章）、窦春涛（12~14 章）等完成。

感谢丁海峰、曲丽佳、李吾伊等同志为本书所做的计算机绘图和资料整理等工作。

限于编者的学识,书中难免有不当甚至错误之处,请读者、同行不吝指正,待下一次再版时进一步修改完善。

本教材获得扬州大学出版基金资助。

编　者

2019 年 10 月

目　　录

1 绪　论 ……………………………………………………………………………… 1
 1.1 本课程的学习目的 ……………………………………………………………… 1
 1.2 本课程的内容与要求 …………………………………………………………… 1
 1.3 本课程的学习方法 ……………………………………………………………… 2
 1.4 本课程的发展简史和方向 ……………………………………………………… 2

2 制图基本知识 …………………………………………………………………………… 4
 2.1 制图基本规定 …………………………………………………………………… 4
  2.1.1 图纸 …………………………………………………………………………… 4
  2.1.2 图线 …………………………………………………………………………… 6
  2.1.3 文字 …………………………………………………………………………… 7
  2.1.4 尺寸注法 ……………………………………………………………………… 8
  2.1.5 比例 …………………………………………………………………………… 10
 2.2 绘图工具和仪器的使用 ………………………………………………………… 11
  2.2.1 图板和丁字尺 ………………………………………………………………… 11
  2.2.2 三角尺 ………………………………………………………………………… 11
  2.2.3 铅笔 …………………………………………………………………………… 12
  2.2.4 圆规和分规 …………………………………………………………………… 12
  2.2.5 曲线板和比例尺 ……………………………………………………………… 13
 2.3 几何图形的尺规作图方法 ……………………………………………………… 13
  2.3.1 等分线段 ……………………………………………………………………… 13
  2.3.2 正多边形的画法 ……………………………………………………………… 13
  2.3.3 圆弧连接 ……………………………………………………………………… 14
  2.3.4 平面图形的画法 ……………………………………………………………… 15
 2.4 徒手作图的方法 ………………………………………………………………… 16
  2.4.1 直线的画法 …………………………………………………………………… 16
  2.4.2 角度的画法 …………………………………………………………………… 17
  2.4.3 圆的画法 ……………………………………………………………………… 17
  2.4.4 椭圆的画法 …………………………………………………………………… 17
  2.4.5 立体草图的画法 ……………………………………………………………… 18

3 投影的基本知识 ………………………………………………………………………… 19
 3.1 投影的形成与分类 ……………………………………………………………… 19

3.2　工程中常用的投影图 ……………………………………………………… 20

3.3　平行投影的基本特性 ……………………………………………………… 22

　3.3.1　真实性 ……………………………………………………………… 22

　3.3.2　积聚性 ……………………………………………………………… 22

　3.3.3　类似性 ……………………………………………………………… 22

　3.3.4　平行性 ……………………………………………………………… 23

4　点、线、面的投影 ……………………………………………………………… 24

4.1　点的投影 …………………………………………………………………… 24

　4.1.1　点的三面投影及其特性 …………………………………………… 24

　4.1.2　特殊点的三面投影 ………………………………………………… 25

　4.1.3　两点的相对位置 …………………………………………………… 26

　4.1.4　重影点的可见性判别 ……………………………………………… 27

4.2　直线的投影 ………………………………………………………………… 28

　4.2.1　投影面垂直线 ……………………………………………………… 28

　4.2.2　投影面平行线 ……………………………………………………… 29

　4.2.3　一般位置直线 ……………………………………………………… 30

　4.2.4　直线上的点 ………………………………………………………… 31

4.3　两直线的相对位置 ………………………………………………………… 32

　4.3.1　两直线平行 ………………………………………………………… 32

　4.3.2　两直线相交 ………………………………………………………… 34

　4.3.3　两直线交叉 ………………………………………………………… 35

　4.3.4　两直线垂直 ………………………………………………………… 35

4.4　平面的投影 ………………………………………………………………… 37

　4.4.1　平面的表示法 ……………………………………………………… 37

　4.4.2　各种位置平面 ……………………………………………………… 38

　4.4.3　平面内的点和直线 ………………………………………………… 40

4.5　换面法 ……………………………………………………………………… 41

　4.5.1　基本概念 …………………………………………………………… 41

　4.5.2　六个基本问题 ……………………………………………………… 43

4.6　直线与平面、平面与平面的相对位置 …………………………………… 46

　4.6.1　平行问题 …………………………………………………………… 46

　4.6.2　相交问题 …………………………………………………………… 48

　4.6.3　垂直问题 …………………………………………………………… 52

5　曲线和曲面的投影 ……………………………………………………………… 55

5.1　曲线 ………………………………………………………………………… 55

　5.1.1　曲线的形成和分类 ………………………………………………… 55

　5.1.2　圆 …………………………………………………………………… 55

5.1.3　圆柱螺旋线 ································· 55

5.2　曲面 ·· 57

5.2.1　曲面的形成和分类 ················· 57

5.2.2　单叶回转双曲面 ····················· 57

5.2.3　柱状面 ································· 58

5.2.4　锥状面 ································· 59

5.2.5　双曲抛物面 ····················· 59

5.2.6　平圆柱螺旋面 ····················· 60

6　基本体的投影 ································· 63

6.1　平面立体的投影 ····················· 63

6.1.1　棱柱体 ································· 63

6.1.2　棱锥体 ································· 64

6.1.3　棱台体 ································· 64

6.2　平面立体表面上的点和线 ············· 64

6.3　平面立体截交线 ····················· 66

6.4　平面立体相贯线 ····················· 68

6.5　回转体的投影 ························· 70

6.5.1　圆柱 ································· 70

6.5.2　圆锥 ································· 71

6.5.3　圆球 ································· 72

6.5.4　圆环 ································· 72

6.6　回转体表面上的点 ····················· 73

6.6.1　圆柱面上的点 ····················· 73

6.6.2　圆锥面上的点 ····················· 74

6.6.3　圆球面上的点 ····················· 74

6.6.4　圆环面上的点 ····················· 75

6.7　回转体的截交线 ····················· 76

6.7.1　圆柱的截交线 ····················· 76

6.7.2　圆锥的截交线 ····················· 77

6.7.3　圆球的截交线 ····················· 79

6.8　回转体的相贯线 ····················· 80

6.8.1　平面立体与回转体的相贯线 ········· 80

6.8.2　两回转体的相贯线 ················· 82

7　轴测投影 ····································· 86

7.1　轴测投影的基本知识 ················· 86

7.1.1　轴测投影图的形成和作用 ········· 86

7.1.2　轴间角和轴向伸缩系数 ············· 87

　　　7.1.3　轴测投影的分类　………………………………………………………　87
　　　7.1.4　轴测投影的特性　………………………………………………………　88
　　7.2　正等轴测投影…………………………………………………………………　88
　　　7.2.1　轴间角和轴向伸缩系数　…………………………………………………　88
　　　7.2.2　正等轴测投影图的画法　…………………………………………………　88
　　　7.2.3　平行于坐标面的圆的正等轴测投影　………………………………………　91
　　7.3　斜轴测投影……………………………………………………………………　92
　　　7.3.1　轴间角和轴向伸缩系数　…………………………………………………　92
　　　7.3.2　常用的两种斜轴测投影图　………………………………………………　92
　　7.4　轴测投影的选择………………………………………………………………　93
　　　7.4.1　轴测投影类型的选择　……………………………………………………　93
　　　7.4.2　轴测投影方向的选择　……………………………………………………　94

8　组合体的投影………………………………………………………………………　95
　　8.1　形体的组合方式………………………………………………………………　95
　　　8.1.1　叠加式组合体　……………………………………………………………　95
　　　8.1.2　切割式组合体　……………………………………………………………　95
　　　8.1.3　复合式组合体　……………………………………………………………　95
　　8.2　组合体视图的画法……………………………………………………………　96
　　　8.2.1　形体分析　…………………………………………………………………　96
　　　8.2.2　投影图选择　………………………………………………………………　97
　　　8.2.3　画图步骤　…………………………………………………………………　98
　　8.3　组合体视图的尺寸标注………………………………………………………　99
　　　8.3.1　尺寸标注的基本知识　……………………………………………………　99
　　　8.3.2　基本体的尺寸注法　………………………………………………………　100
　　　8.3.3　组合体的尺寸注法　………………………………………………………　100
　　8.4　组合体视图的读法……………………………………………………………　102
　　　8.4.1　基本知识　…………………………………………………………………　102
　　　8.4.2　读图的基本方法　…………………………………………………………　103
　　　8.4.3　读图举例　…………………………………………………………………　109

9　工程形体的图示方法………………………………………………………………　113
　　9.1　基本视图………………………………………………………………………　113
　　　9.1.1　基本视图的形成　…………………………………………………………　113
　　　9.1.2　视图配置　…………………………………………………………………　113
　　　9.1.3　视图数量的选择　…………………………………………………………　114
　　9.2　辅助视图………………………………………………………………………　114
　　　9.2.1　局部视图　…………………………………………………………………　114
　　　9.2.2　斜视图　……………………………………………………………………　115

9.2.3　旋转视图 ·· 115

9.2.4　镜像视图 ·· 115

9.3　剖面图 ·· 116

9.3.1　剖面图的形成 ·· 116

9.3.2　剖面图的标注 ·· 118

9.3.3　剖面图的分类 ·· 118

9.4　断面图 ·· 120

9.4.1　断面图的形成 ·· 120

9.4.2　断面图的分类 ·· 121

9.5　图样的简化画法 ··· 122

9.5.1　对称形体的简化画法 ·· 122

9.5.2　相同要素的简化画法 ·· 122

9.5.3　折断的简化画法 ·· 123

9.6　综合应用举例 ··· 123

10　透视投影 ··· 127

10.1　概述 ·· 127

10.1.1　基本知识 ··· 127

10.1.2　常用术语 ··· 128

10.2　点、直线、平面的透视 ·· 128

10.2.1　点的透视 ··· 128

10.2.2　直线的透视 ··· 129

10.2.3　平面的透视 ··· 131

10.3　平面立体的透视 ··· 133

10.3.1　一点透视 ··· 133

10.3.2　两点透视 ··· 133

10.4　圆和曲面体的透视 ··· 135

10.4.1　画面平行圆的透视 ··· 135

10.4.2　画面相交圆的透视 ··· 136

10.5　透视种类、视点和画面位置的选择 ······························ 137

10.5.1　透视种类的选择 ··· 137

10.5.2　画面位置、视点的选择 ······································· 137

11　标高投影 ··· 140

11.1　概述 ·· 140

11.2　直线的标高投影 ··· 141

11.2.1　直线的表示法 ··· 141

11.2.2　直线的坡度和平距 ··· 141

11.2.3　直线的实长和整数标高点 ····································· 142

11.3　平面的标高投影 ··· 143
　11.3.1　平面上的等高线和坡度线 ··· 143
　11.3.2　平面的表示法 ·· 143
　11.3.3　平面与平面的交线 ·· 145
11.4　曲面的标高投影 ··· 147
　11.4.1　正圆锥面 ··· 147
　11.4.2　同坡曲面 ··· 148
　11.4.3　地形面的标高投影 ·· 149
　11.4.4　地形断面图 ·· 150
11.5　应用实例 ·· 150

12　建筑施工图 ·· 153
12.1　概述 ·· 153
　12.1.1　房屋的组成 ·· 153
　12.1.2　房屋工程图的分类 ·· 154
　12.1.3　绘制房屋工程图的有关规定 ·· 155
12.2　建筑总平面图 ··· 161
　12.2.1　总平面图的画法特点及要求 ·· 161
　12.2.2　总平面图的读图举例 ·· 161
12.3　建筑平面图 ··· 164
　12.3.1　建筑平面图画法特点及要求 ·· 164
　12.3.2　建筑平面图读图举例 ·· 165
　12.3.3　门窗表 ··· 169
　12.3.4　建筑平面图绘图步骤 ·· 170
12.4　建筑立面图 ··· 171
　12.4.1　建筑立面图画法特点及要求 ·· 171
　12.4.2　建筑立面图读图举例 ·· 171
　12.4.3　建筑立面图绘图步骤 ·· 174
12.5　建筑剖面图 ··· 174
　12.5.1　建筑剖面图画法特点及要求 ·· 174
　12.5.2　建筑剖面图读图举例 ·· 175
　12.5.3　建筑剖面图的绘图步骤 ·· 176
12.6　建筑详图 ··· 177
　12.6.1　楼梯详图 ··· 177
　12.6.2　门窗详图 ··· 181
　12.6.3　外墙剖面节点详图 ·· 182

13　结构施工图 ·· 184
13.1　概述 ·· 184

13.1.1 结构施工图的内容和分类 ……………………………………… 184

13.1.2 绘制结构施工图的有关规定 ……………………………………… 184

13.2 钢筋混凝土结构图 …………………………………………………… 186

13.2.1 基本知识 ……………………………………………………… 186

13.2.2 钢筋混凝土构件详图 …………………………………………… 191

13.2.3 结构平面图 …………………………………………………… 193

13.2.4 钢筋混凝土柱、梁的平面整体表示方法 ………………………… 195

13.2.5 读图实例 ……………………………………………………… 200

13.3 基础图 …………………………………………………………… 200

13.3.1 基础平面图 …………………………………………………… 205

13.3.2 基础详图 ……………………………………………………… 205

13.3.3 读图实例 ……………………………………………………… 206

13.4 钢结构图 ………………………………………………………… 207

13.4.1 型钢及其连接 ………………………………………………… 207

13.4.2 钢屋架结构详图 ……………………………………………… 213

14 给排水施工图 ……………………………………………………… 215

14.1 给排水施工图的一般概念 ……………………………………… 215

14.1.1 简介 ………………………………………………………… 215

14.1.2 常用管道、配件知识 ………………………………………… 216

14.1.3 给排水制图的一般规定 ……………………………………… 217

14.1.4 给排水制图的图样画法 ……………………………………… 221

14.2 给水排水平面图 ………………………………………………… 223

14.2.1 给水排水平面图的图示特点 ………………………………… 223

14.2.2 给水排水平面图的画图步骤 ………………………………… 228

14.2.3 给排水平面图的阅读 ………………………………………… 229

14.3 给水排水系统图 ………………………………………………… 229

14.3.1 给水排水系统图的图示特点和表达方法 …………………… 229

14.3.2 给水排水系统图的画图步骤 ………………………………… 230

14.3.3 给排水系统图的阅读 ………………………………………… 230

14.4 卫生设备安装详图 ……………………………………………… 231

15 建筑电气施工图 …………………………………………………… 233

15.1 电气施工图概述 ………………………………………………… 233

15.1.1 建筑电气施工图的内容 ……………………………………… 233

15.1.2 建筑电气施工图的基本规定 ………………………………… 234

15.1.3 建筑电气施工图的阅读顺序 ………………………………… 234

15.1.4 电气图形符号的构成 ………………………………………… 235

15.1.5 电气图形符号的分类 ………………………………………… 236

15.1.6　线路的标注方法 ·· 238

15.1.7　照明灯具的标注方法 ·· 239

15.2　室内电气照明施工图 ·· 240

15.2.1　电气照明施工图的基本知识 ····································· 240

15.2.2　电气照明平面图 ·· 241

15.2.3　电气照明配电系统图 ·· 242

15.2.4　电气照明施工图读图举例 ·· 242

15.3　室内弱电施工图 ·· 248

16　道路桥涵工程图 ·· 250

16.1　道路路线工程图 ·· 250

16.1.1　基本知识 ·· 250

16.1.2　路线平面图 ··· 250

16.1.3　路线纵断面图 ·· 254

16.1.4　路线横断面图 ·· 257

16.1.5　城市道路与高速公路 ·· 258

16.2　桥梁工程图 ··· 260

16.2.1　基本知识 ·· 260

16.2.2　桥位平面图 ··· 261

16.2.3　桥位地质断面图 ·· 261

16.2.4　桥梁总体布置图 ·· 262

16.2.5　构件结构图 ··· 264

16.3　涵洞工程图 ··· 265

16.3.1　基本知识 ·· 265

16.3.2　纵剖面图 ·· 265

16.3.3　平面图 ··· 265

16.3.4　侧面图 ··· 267

17　机械图 ·· 268

17.1　概述 ·· 268

17.1.1　基本视图 ·· 268

17.1.2　剖视图、剖面图和规定画法 ······································ 269

17.1.3　特殊视图 ·· 269

17.2　机械零件图 ··· 270

17.2.1　零件的视图 ··· 270

17.2.2　零件图中的尺寸 ·· 270

17.2.3　表面粗糙度代(符)号和技术要求 ································· 271

17.3　常用零件的规定画法 ·· 271

17.3.1　螺纹 ·· 272

17.3.2　螺栓连接 ·· 273

17.3.3　键连接 ·· 275

17.3.4　齿轮 ·· 275

17.3.5　滚动轴承 ·· 277

17.4　装配图 ·· 277

17.4.1　装配图中的视图 ·· 277

17.4.2　装配图中的尺寸 ·· 279

17.4.3　序号、明细表和标题栏 ·· 279

18　计算机绘图 ·· 280

18.1　AutoCAD 基本操作 ·· 280

18.1.1　AutoCAD 启动和退出 ··· 280

18.1.2　AutoCAD 的工作界面 ··· 280

18.1.3　命令与数据的输入 ··· 281

18.1.4　图形文件的管理 ·· 282

18.2　常用绘图命令 ·· 283

18.2.1　基本绘图命令 ·· 283

18.2.2　辅助绘图命令 ·· 287

18.3　常用编辑命令 ·· 288

18.3.1　选定目标 ··· 288

18.3.2　常用编辑命令 ·· 288

18.4　图层与图块 ·· 293

18.4.1　图层 ·· 293

18.4.2　图块 ·· 294

18.5　尺寸与文字标注 ·· 296

18.5.1　尺寸标注 ··· 296

18.5.2　文字标注 ··· 298

18.6　计算机绘图步骤 ·· 299

18.7　图形输出 ·· 300

参考文献 ·· 302

1 绪 论

1.1 本课程的学习目的

随着科学技术的不断发展和社会生活的不同需求,各种功能不同、形态各异的建筑物和工程构筑物如雨后春笋般的在各地呈现出来。但不管何种构筑物从无到有都经历过两个重要的阶段:设计阶段和施工阶段。设计人员(单位)根据使用功能的要求和地理环境及水文、地质等条件将设计方案以图样的形式提供给建设单位,建设单位对多个方案进行审查、比较,确定最佳方案后再交给合适的施工单位(和选择设计方案一样,一般是通过招投标进行)完成施工。

这样,从设计到施工完成的整个过程中,设计人员(单位)、建设单位和施工单位之间交流的主要资料便是图样,因此,图样被称为"工程界(师)的语言"。作为一个工程技术人员,必须掌握这种语言,认识这种语言就是识图,熟练地运用这种语言就是设计绘图。

本课程的目的也就是培养和训练学生掌握和运用这种语言的能力,并通过实践,提高和发展学生的空间想象能力,训练形象思维,继而为培养创新思维打下必要的基础。

1.2 本课程的内容与要求

本课程作为工科类专业的一门必修的技术基础课程,它主要研究平面和空间的几何问题以及绘制和阅读工程图样的理论和方法。主要包括投影理论、制图基础、专业制图和计算机绘图四部分。具体内容和要求如下:

(1)投影理论也就是画法几何,它是本课程的理论基础。通过学习投影方法,掌握在平面上表达空间几何元素(点、线、面、体)的理论和方法,并能解决一些空间几何问题。

(2)制图基础是学习正确使用绘图工具和仪器的方法,熟悉和掌握有关的国家制图基本规定,掌握工程形体的图样画法、读法和尺寸注法,培养用工具、仪器和徒手绘图的能力及丰富的空间想象能力。

(3)专业制图是在前述基础上学习与专业有关的一些基本知识,了解专业图样的图示内容和图示特点,熟悉有关专业的国家制图标准,初步掌握绘制与阅读专业图样的基本方法和培养基本的工程素养与能力。

(4)计算机绘图是本课程的一个重要的发展方向,通过该基础知识的学习,使学生能学会应用现代化的工具和高科技软件绘制高质量的工程图样,并为计算机辅助设计打下必要的基础。

1.3 本课程的学习方法

要学好本课程首先必须了解本课程的特点,并结合特点制订相应的学习方法:

(1) 实践性。本课程的知识来源于社会实践,同时又直接为社会实践服务,所以是一门实践性、应用性很强的课程。学习就是为了应用,同时在应用中不断提高。所以,要求学生在学习的过程中要理论联系实际,培养工程意识。

(2) 严谨性。本课程有完整的理论体系和严格的制图标准,通过投影理论和制图基础的学习,循序渐进地培养学生的空间想象能力;养成正确使用绘图仪器和工具,按照制图标准的有关规定正确地循序制图和准确作图的习惯;培养认真负责的工作态度和严谨细致的工作作风。

(3) 美术性。工程图样在很久以前叫"工程画",说明它与画有千丝万缕的联系,从字体、图线到构图等很多方面都有美学的要求,所以要求学生在学习的过程中要从美学的高度要求与审视自己的作业与作品,提高美学修养,为未来建造美好的建筑物、创造美好的环境打下必备的基础。

(4) 难学性。画法几何也叫投影几何,素有"头疼几何"之称,充分说明了它的难度。空间想象能力(包括形象思维能力和逻辑思维能力)的建立有一个循序渐进的过程,必须由空间到平面、平面到空间不断反复训练才能逐步地建立,因此要求学生必须通过一定数量的练习,并且勤于和善于思考才能取得好的效果。同样,绘图技能的提高也需要大量的动手实践(绘图)并且严格要求才能练就。所以,总的要求就是多画、多问、多思考。

1.4 本课程的发展简史和方向

工程图样在我国有着悠久的历史。据《史记·秦始皇本纪》记载,"秦每破诸侯,写仿其宫室,作之咸阳北阪上",这是关于建筑图样的较早的记载。到了宋代李戒所著的《营造法式》,其建筑技术、艺术和制图已经相当完美,也是世界上较早刊印(1103)的建筑图书,书中所运用的图示方法和现代建筑制图所用方法很接近。如图 1-1 所示即为《营造法式》中的四幅图样。上面的两幅与现在使用的多面正投影类似;下面的两幅则分别类似于现代制图的轴测投影(左)和透视投影(右)。可惜的是,这些绘图方法没有形成完整的理论体系。

1794 年,法国数学家、几何学家加斯帕·蒙日(Gaspard Monge,1746—1818)将投影原理成功地用于堡垒设计,并将其方法于 1795 年正式发表,所以这个原理也叫"蒙日几何"。画法几何或投影几何是后来人们根据其实际内容而翻译命名的。

随着画法几何和数学的高度结合,逐步发展出了解析几何、微分几何、拓扑几何和多维几何等。计算机技术的发展,又出现了计算几何,即计算机图形学,这是工程制图的一个重要的发展方向,计算机绘图则是其具体应用。

计算机绘图及在其基础上发展起来的计算机辅助设计,已经成为教学、科研、生产和管理等部门的一种非常重要的工具,特别是在工程技术领域有着十分广阔的应用前景。

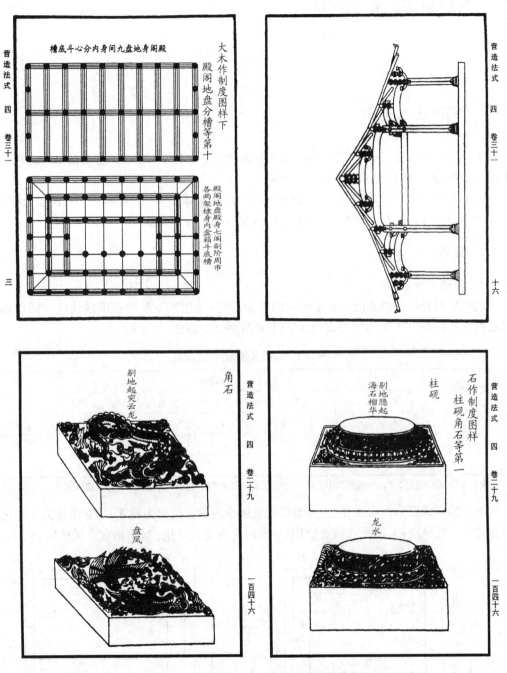

图 1-1 《营造法式》中建筑工程图样示例

2 制图基本知识

2.1 制图基本规定

为便于技术交流,国家制定了统一的制图标准,它是工程图样必须遵守的基本法规。国家标准简称国标,用代号 GB/T 或 GB 表示。

本节主要介绍和使用国家《技术制图标准》和《房屋建筑制图统一标准》(GB/T 50001—2017)中的有关内容,包括图幅、字体、图线、比例等。

2.1.1 图纸

1) 图纸幅面

图纸幅面是指图纸宽度与长度组成的图面,图框是图纸上绘图范围的边线。图纸幅面和图框尺寸应符合表 2-1 的规定及图 2-1 和图 2-2 的格式。

表 2-1　幅面及图框尺寸(mm)

尺寸代号	幅面代号				
	A_0	A_1	A_2	A_3	A_4
$b \times l$	841×1189	594×841	420×594	297×420	210×297
c	10			5	
a	25				

注:表中 b 为幅面短边尺寸,l 为幅面长边尺寸,c 为图框线与幅面线间宽度,a 为图框线与装订边间宽度。

图纸的样式可分为横式和立式,图纸以短边作为垂直边称为横式,以短边作为水平边称为立式。一般 $A_0 \sim A_3$ 图纸宜横式使用,必要时也可立式使用;A_4 图纸宜立式使用。

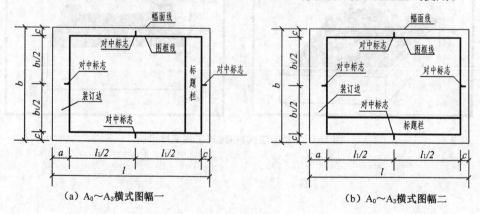

（a）$A_0 \sim A_3$ 横式图幅一　　　　　　　（b）$A_0 \sim A_3$ 横式图幅二

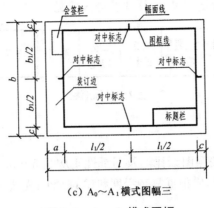

（c）A₀~A₁横式图幅三

图 2-1　A₀~A₃横式图幅

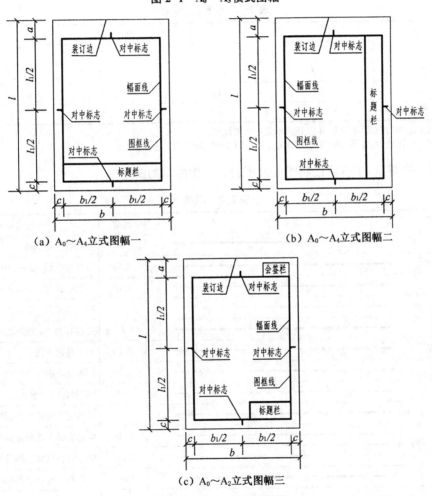

（a）A₀~A₄立式图幅一　　　　　　　　（b）A₀~A₄立式图幅二

（c）A₀~A₂立式图幅三

图 2-2　A₀~A₄立式图幅

2）标题栏

标题栏是图样中填写工程或产品名称,设计单位名称,设计、绘图、校核、审定人员的签名、日期,以及图样名称,图样编号、材料、重量、比例等内容的表格。每幅图纸上都必须带有标题栏,标题栏应符合图 2-3 的规定(竖式标题栏的内容和横式一样,这里省略),也可根据实际需要由工程单位选择确定其尺寸、格式及分区情况。

设计单位名称区	注册师签章区	项目经理签章区	修改记录区	工程名称区	图号区	签字区	会签栏	附注栏

图 2-3　标题栏

2.1.2　图线

图线的基本线宽 b，宜按照图纸比例及图纸性质从 0.5 mm、0.7 mm、1.0 mm、1.4 mm 线宽系列中选取。每个图样，应根据复杂程度和比例大小，先选定基本线宽 b，再选用表 2-2 中相应的线宽组。

表 2-2　线宽组(mm)

线宽比	线　宽　组			
b	1.4	1.0	0.7	0.5
$0.7b$	1.0	0.7	0.5	0.35
$0.5b$	0.7	0.5	0.35	0.25
$0.25b$	0.35	0.25	0.18	0.13

注：(1) 需要缩微的图纸，不宜采用 0.18 mm 及更细的线宽。
　　(2) 同一张图纸内，各不同线宽中的细线，可统一采用较细的线宽组的细线。

制图标准规定，工程建设制图应选用表 2-3 中所示的图线。

表 2-3　图线

线名及代码		线　型	线宽	一般用途
实线	粗		b	主要可见轮廓线
	中粗		$0.7b$	可见轮廓线、变更云线
	中		$0.5b$	可见轮廓线、尺寸线
	细		$0.25b$	图例填充线、家具线
虚线	粗		b	见各有关专业制图标准
	中粗		$0.7b$	不可见轮廓线
	中		$0.5b$	不可见轮廓线、图例线
	细		$0.25b$	图例填充线、家具线
单点长画线	粗		b	见各有关专业制图标准
	中		$0.5b$	见各有关专业制图标准
	细		$0.25b$	中心线、对称线、轴线等
双点长画线	粗		b	见各有关专业制图标准
	中		$0.5b$	见各有关专业制图标准
	细		$0.25b$	假想轮廓线、成型前原始轮廓线
折断线	细		$0.25b$	断开界线
波浪线	细		$0.25b$	断开界线

绘制图样时,图线要求做到全局清晰整齐、均匀一致、粗细分明、交接正确。

其基本规定有:

(1) 同一张图纸内,相同比例的各图样,应选用相同的线宽组。

(2) 相互平行的图例线,其净间隙或线中间隙不宜小于 0.2 mm。

(3) 虚线、单点长画线或双点长画线的线段长度和间隔宜各自相等。虚线、单点长画线与其他图线交接时的画法见图 2-4 所示。

(4) 图线不得与文字、数字或符号重叠、混淆,不可避免时,应首先保证文字的清晰。

图线综合举例:

常用的各种图线画法如图 2-5 的建筑平面图所示。被剖切到的墙体轮廓用粗实线绘制;未剖切到的台阶、窗台用中粗实线绘制;看不见的轮廓线用中粗虚线表示;定位轴线用细点画线绘制;断面材料图例用 45°的细实线绘制;折断线用作图形的省略画法,采用细实线绘制;尺寸标注时,尺寸线和尺寸界线采用中实线(非专业图样用细实线),45°的起止符号采用中粗实线绘制。

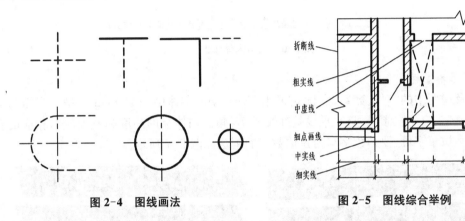

图 2-4　图线画法　　　　　图 2-5　图线综合举例

2.1.3　文字

工程图中的字体包括汉字、字母、数字和符号等。国标规定工程图中的字体应做到:笔画清晰,字体端正,排列整齐,标点符号应清楚、正确。

1) 字高

文字的字高应从表 2-4 中选用。字高大于 10 mm 的文字宜采用 True type 字体,当需书写更大的字时,其高度应按 $\sqrt{2}$ 的倍数递增。

表 2-4　文字的字高(mm)

字体种类	中文矢量字体	True type 字体及非中文矢量字体
字高	3.5、5、7、10、14、20	3、4、6、8、10、14、20

2) 汉字

国标规定:图样及说明中的汉字宜优先采用 True type 字体中的宋体字型,采用矢量字体时应为长仿宋体字型。同一张图纸字体种类不应超过两种。长仿宋体的字高与字宽的比例大约为 1:0.7,且应符合表 2-5 的规定,打印线宽宜为 0.25~0.35 mm;True type 字体的宽高比宜为1。大标题、图册封面、地形图等的汉字,也可书写成其他字体,但应便于辨认,其宽高比宜为1。

表2-5 长仿宋字高宽关系

字高	3.5	5	7	10	14	20
字宽	2.5	3.5	5	7	10	14

书写长仿宋体字的要领是:横平竖直,注意起落,结构均匀,填满方格。如图2-6所示。

10号 土木工程专业制图课程
7号 土木工程专业制图课程字体工整
5号 土木工程专业制图课程字体工整笔画清楚
3.5号 土木工程专业制图课程横平竖直注意起落结构均匀填满方格

图2-6 长仿宋体示例

3)字母和数字

图样及说明中的字母、数字,宜优先采用 True type 字体中的 Roman 字型。当需写成斜体字时,字头应向右倾斜,与水平线基准线成75°角。斜体字的高度和宽度应与相应的直体字相等。拉丁字母、罗马数字与阿拉伯数字的写法如图2-7所示。

图2-7 拉丁字母、罗马数字与阿拉伯数字示例

2.1.4 尺寸注法

工程图样中除了画出工程形体的形状外,还必须标注尺寸以确定其大小。

1)尺寸组成

图样上的尺寸由尺寸界线、尺寸线、尺寸起止符号和尺寸数字四部分组成(如图2-8(a)

所示)。

（1）尺寸界线

尺寸界线应用细实线绘制,一般应与被注长度垂直,其一端应离开图样的轮廓线不小于2 mm,另一端宜超出尺寸线 2～3 mm,如图 2-8(a)所示。必要时可利用轮廓线作为尺寸界线(如图 2-8(a)中的尺寸 240 和 3070)。

（2）尺寸线

尺寸线也应用细实线绘制,并应与被注长度平行,两端宜以尺寸界线为边界,也可超出尺寸界线 2～3 mm。图样本身的任何图线均不得用作尺寸线。

（3）尺寸起止符号

尺寸起止符号一般用中粗斜短线绘制,其倾斜方向应与尺寸界线成顺时针 45°角,长度宜为 2～3 mm。半径、直径、角度及弧长的尺寸起止符号宜用箭头表示,箭头宽度 b 不宜小于 1 mm,如图 2-8(b)所示。

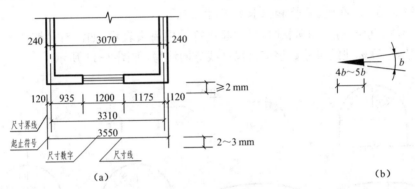

图 2-8　尺寸的组成

（4）尺寸数字

图样上标注的尺寸,除标高及总平面图以米为单位外,其他均以毫米为单位,图上尺寸数字都不再注写单位。本书文字和插图中的数字,一般没有特别注明单位的,也一律以毫米为单位。图样上的尺寸,应以所注尺寸数字为准,不得从图上直接量取。尺寸数字字头的方向,应按图 2-9(a)的规定注写,基本要求是向左或者向上。若尺寸数字在 30°斜线区内,宜按图 2-9(b)的形式注写。

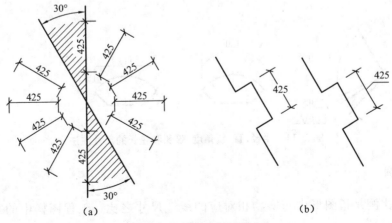

图 2-9　尺寸数字的注写方向

尺寸数字一般应依据其方向注写在靠近尺寸线的上方中部。如没有足够的注写位置，最外边的尺寸数字可注写在尺寸界线的外侧，中间相邻的尺寸数字可上下错开注写（图 2-10）。

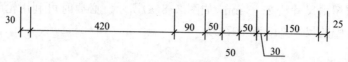

图 2-10 尺寸数字的注写位置

（5）尺寸标注的主要事项

尺寸宜标注在图样轮廓以外，不宜与图线、文字及符号等相交。

互相平行的尺寸线，应从被注写的图样轮廓线由近向远整齐排列，注意小尺寸在里面，大尺寸在外面。距图样轮廓线最近的尺寸线，其间距不宜小于 10 mm。平行排列的尺寸线之间的间距宜为 7~10 mm，并应保持一致。

2）半径、直径、角度、弧长和弦长的尺寸注法

标注半径、直径、角度和弧长时，尺寸起止符号用箭头表示，如没有足够位置画箭头，可用圆点代替，角度标注的尺寸数字应沿尺寸线方向注写，如图 2-11 所示。

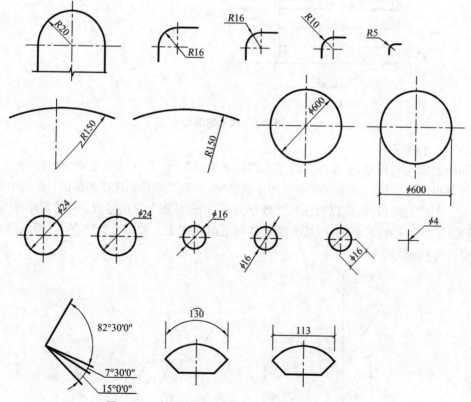

图 2-11 半径、直径、角度、弧长和弦长的尺寸注法

2.1.5 比例

图样的比例是指图形中与实物相对应的线性尺寸之比。工程图样中的常用比例为

$1 : (1、2、5) \times 10^n (n = 0,1,2,3,\cdots)$，见表 2-6 所示。

表 2-6 绘图所用比例

常用比例	1:1、1:2、1:5、1:10、1:20、1:50、1:100、1:150、1:200、1:500、1:1000、1:2000、1:5000

如果一张图纸上各个图样的比例相同,则比例可集中标注。否则,比例宜注写在图名的右侧,字的基准线应取平;字高宜比图名的字高小一号或小二号(如图 2-12 所示)。

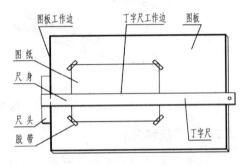

图 2-12 比例的注写

2.2 绘图工具和仪器的使用

2.2.1 图板和丁字尺

图板用于固定图纸,其大小一般与图纸规格相配套,使用时将图纸的四个角用胶带固定在图板合适的位置,如图 2-13 所示。丁字尺主要用来和图板配合绘制水平线,或者与三角尺配合绘制竖直线以及 30°、45°、60° 等斜线。丁字尺由尺头和尺身两部分组成,使用时尺头需与图板的工作边靠紧,上下滑动,利用尺身带刻度一侧绘制一系列的水平线,如图 2-14 所示。

图 2-13 图板与丁字尺

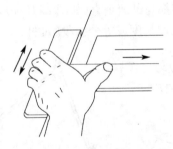

图 2-14 用丁字尺画水平线　　　图 2-15 用丁字尺和三角尺画竖直线

2.2.2 三角尺

一副三角尺由两块组成,一块是 30°、60° 角,一块是 45° 角,与丁字尺配合可以绘制竖直线以及 30°、45°、60° 等 15° 角整数倍的斜线。两个三角尺组合还可以画任意方向的平行线和垂直线。如图 2-15 和图 2-16 所示。

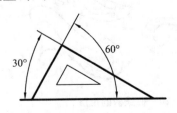

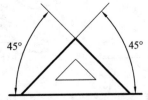

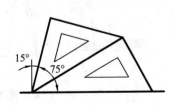

图 2-16 三角尺的用法

2.2.3 铅笔

绘图使用的铅笔型号分为 3 种，一种是画底稿时使用的笔芯较硬的铅笔，如 H、2H 等，画出的线颜色较淡，易擦除；一种是加深描粗图线时使用的笔芯较软的铅笔，如 B、2B 等，画出的线颜色较深（黑）；另一种介于软、硬之间的为 HB，常用于写字。

打底稿的铅笔笔芯应削成锥形（如图 2-17(a)上），并在画线过程中不断旋转，以保持图线均匀；加深描粗的铅笔笔芯宜削成扁平状，宽度与加深的线宽一致（如图 2-17(a)下）。

画线时铅笔的姿势如图 2-17(b)所示，正面看与图纸成 60°～70°角，侧面看与图纸垂直。

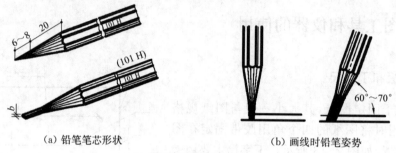

(a) 铅笔笔芯形状　　　　　　　(b) 画线时铅笔姿势

图 2-17　铅笔用法

2.2.4 圆规和分规

圆规主要用来绘制圆或圆弧。圆规的脚一般有针尖、铅芯、鸭嘴等，可替换使用。画圆时，使用铅芯脚和带有针肩的针尖脚，铅芯应磨削成 65°左右的斜面（如图 2-18(a)），将针尖固定在圆心上，使铅芯脚与针尖长度对齐，按顺时针方向，并稍向前进方向倾斜，一次旋转完成（如图 2-18(b)）。画较大圆时，则应使圆规的两脚都与纸面垂直（如图 2-18(c)）。

圆规的两个脚都是针尖时便是分规，主要用于截取长度或等分线段（如图 2-19）。

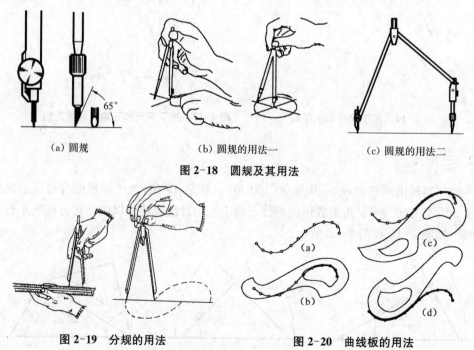

(a) 圆规　　　　　　(b) 圆规的用法一　　　　　　(c) 圆规的用法二

图 2-18　圆规及其用法

图 2-19　分规的用法　　　　　　**图 2-20　曲线板的用法**

2.2.5 曲线板和比例尺

曲线板主要用于绘制非圆曲线。曲线板的使用方法如图 2-20 所示,先定出曲线上的若干点,并徒手将各点轻轻连成曲线,然后找出曲线板上与曲线上 3～4 个点曲度大概一致的一段,沿曲线板将曲线描深,不断重复直至曲线绘制完成。为了保证每段曲线间的光滑过渡,前后两段曲线应至少有 1～2 个点的重合。

比例尺主要用来量取不同比例时的长度,一般为三棱柱状,如图 2-21 所示,共有六种不同比例的刻度。画图时可按所需比例,用比例尺上相应的刻度直接量取距离,不需再做换算。

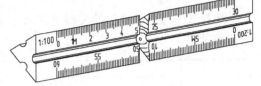

图 2-21　比例尺

2.3　几何图形的尺规作图方法

2.3.1　等分线段

如图 2-22 所示,将已知线段 AB 五等分。先过某一端点 A 做任意直线 AC,并将 AC 等分为 5 段,连接 B5,然后过 AC 上的 1、2、3、4 四个等分点作 B5 的平行线,交于 AB 上四个等分点,即为所求。

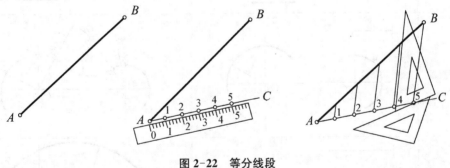

图 2-22　等分线段

2.3.2　正多边形的画法

这里以正七边形为例,介绍圆内接任意正多边形的通用近似画法。如图 2-23 所示。
（1）先将圆的竖向直径 AB 七等分,得等分点 1、2、3、4、5、6。

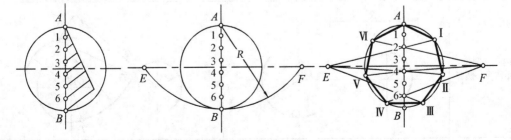

图 2-23　圆内接正七边形的画法

（2）以点 A 为圆心、AB 为半径画弧,交水平直径延长线于 E、F 两点。

（3）将 E、F 点与 AB 上的偶数点(2、4、6)相连并延长,与圆周相交于Ⅰ、Ⅱ、Ⅲ、Ⅳ、Ⅴ、Ⅵ点。

（4）顺次连接 A、Ⅰ、Ⅱ、Ⅲ、Ⅳ、Ⅴ、Ⅵ各点,即可作出正七边形。

注:如果正多边形为偶数边,那么上述第(3)步就改为连接奇数点。

2.3.3 圆弧连接

用圆弧连接已知图形的关键是求出连接圆弧圆心和连接点的位置。各种圆弧连接的作图步骤见图 2-24 所示。

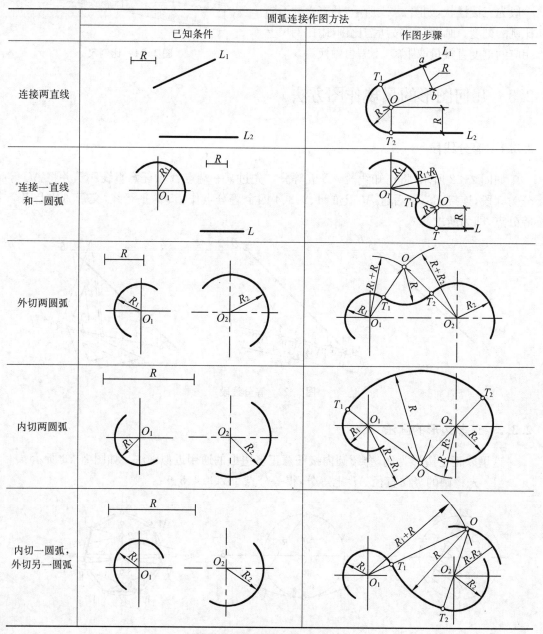

圆弧连接作图方法		
	已知条件	作图步骤
连接两直线		
连接一直线和一圆弧		
外切两圆弧		
内切两圆弧		
内切一圆弧,外切另一圆弧		

图 2-24　圆弧连接的作图方法

2.3.4 平面图形的画法

1) 平面图形的尺寸分析

平面图形中的尺寸是确定其大小和形状的必要要素,按其作用可分为定形尺寸和定位尺寸两种。

(1) 定形尺寸

确定平面图形中线段的长度、圆的直径或半径,以及角度大小等的尺寸,称为定形尺寸。如图 2-25(a)中,48、10 是确定线段长度的尺寸,R13、ϕ12、R8 等是确定圆弧半径大小的尺寸,都是定形尺寸。

(2) 定位尺寸

确定平面图形中各部分之间相对位置的尺寸称为定位尺寸。定位尺寸应以尺寸基准作为标注尺寸的起点。平面图形中应有长度和宽度两个方向的尺寸基准。通常以图形的对称线、中心线或较长的直轮廓线作为尺寸基准。如图 2-25(a)中,长度方向以左边 ϕ12 圆的竖向中心线为基准,宽度方向以线段 48 为基准,而 4、40 和 18 即为相应圆圆心的定位尺寸。

2) 平面图形的线段分析

平面图形是由若干条线段(直线段或曲线段)连接而成的,作图时,需要先对图形进行分析,确定线段绘制的先后顺序。

平面图形中的线段按给出尺寸的情况可分为:

(1) 已知线段。尺寸齐全,根据基准线位置和定形尺寸就能直接画出的线段。如图 2-25(a)中,圆弧 R13、圆 ϕ12 以及线段 48、线段 10 和线段 L_1 都是已知线段。

(2) 中间线段。尺寸不齐全,只知道一个定位尺寸,另一个定位尺寸必须借助于已知线段的连接条件确定的线段。如图 2-25(a)中,圆弧 R26 和 R8 即为中间线段。

(3) 连接线段。缺少定位尺寸,需要依靠与其两端相邻线段的连接条件才能确定的线段。如图 2-25(a)中,圆弧 R7 和线段 L_2 即为连接线段。

3) 平面图形的绘图步骤

(1) 准备工作

包括绘图工具和仪器的准备(如削好铅笔、固定图纸等)、选定图幅和比例、进行图样分析、了解绘图要求等。

(2) 画底稿

①在图纸合适的位置画两个方向的基准线,如图 2-25(b);②画已知线段,如图 2-25(c);③画中间线段,如图 2-25(d);④画连接线段,如图 2-25(e)。

(3) 加深描粗图线

对上述底稿进行检查、复核,确认无误后加深描粗图线,顺序同画底稿。另外,对于整体图样,应该按照自上而下、从左到右依次画出同一线型、同一线宽的各图线。当图形中有曲线时,应先画曲线后画直线,以便其连接处平整光滑。加深描粗后的成果应该是图面上的图线深度一致而线型和线宽有别,如图 2-25(f)。

(4) 注写文字及符号

一般在图形绘制好后再书写各种文字和符号,包括文字说明、尺寸数字等,如图 2-25(a)。

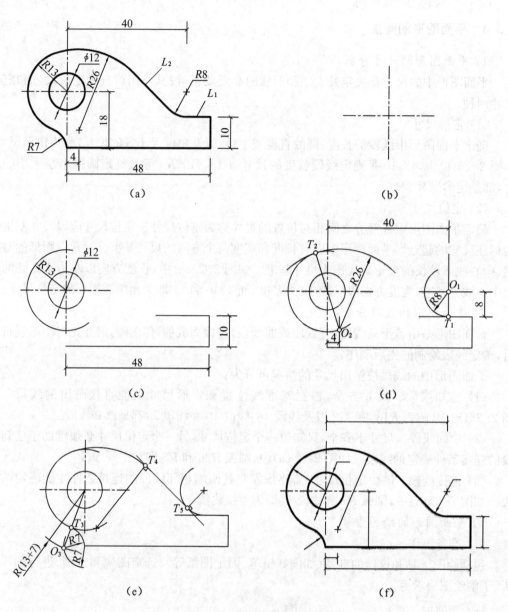

图 2-25　平面图形的画法

2.4　徒手作图的方法

2.4.1　直线的画法

画直线时,水平线应自左向右画出,笔杆放平些(如图 2-26(a));铅垂线自上而下画出,笔杆要立直些(如图 2-26(b))。画斜线时从斜上方开始,向斜下方画出(如图 2-26(c));也可将纸转动,按水平线画出。直线绘制时的技巧是目测终点,小指压住纸面,手腕随线移动,一次完成。

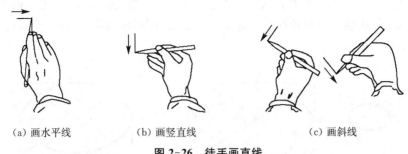

（a）画水平线　　　　（b）画竖直线　　　　（c）画斜线

图 2-26　徒手画直线

2.4.2　角度的画法

徒手画角度时,可采用图 2-27 所示的画法:先画出相互垂直的两条直线,以其交点为圆心,以适当长度为半径,勾画出 1/4 圆周。如果要画 45°角,可将该 1/4 圆周估分为两等份,如图 2-27(c);如将 1/4 圆周三等分,则每份为 30°,可得到 30°和 60°角,如图 2-27(d)。

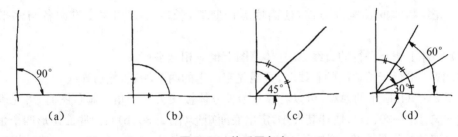

（a）　　　　　　（b）　　　　　　（c）　　　　　　（d）

图 2-27　徒手画角度

2.4.3　圆的画法

画小圆时,一般只画出垂直相交的中心线,并在其上按半径定出 4 个点,然后勾画成圆,如图 2-28(a)。画较大圆时,可加画两条 45°斜线,并按半径在其上再定 4 个点,一共 8 个点连成一个圆,如图 2-28(b)。画更大的圆时,可先画出圆的外切正方形,找到 4 个对角线的三分之二分点,连同正方形的中点,将 8 个点连接成圆,如图 2-28(c)。

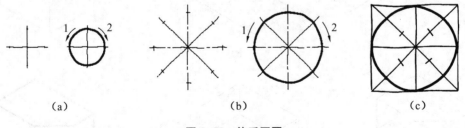

（a）　　　　　　　　（b）　　　　　　　　（c）

图 2-28　徒手画圆

2.4.4　椭圆的画法

画椭圆的方法与画圆大致相同。画小椭圆时,一般只画出垂直相交的中心线,并在其上按长短轴定出 4 个点,然后勾画成椭圆,如图 2-29(a)。画大椭圆时,可先根据长短轴画出椭圆的外切矩形,找到 4 个对角线的三分之二分点,连同矩形的中点,将 8 个点连接成椭圆,如图 2-29(b)。

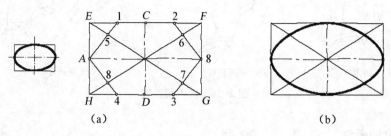

图 2-29　徒手画椭圆

2.4.5　立体草图的画法

画立体草图时应注意以下三点:

(1) 先定物体的长宽高方向,使高度方向竖直,长度方向和宽度方向各与水平线倾斜 30°。

(2) 物体上相互平行的直线,在立体草图上也应相互平行。

(3) 画不平行于长宽高的斜线时,只能先定出它的两个端点,然后连线。

如图 2-30(f)所示的模型,可以看成一个长方体被切去一个角。画草图时,可先确定长宽高的方向(图 2-30(a)),估计其大小,定出底面矩形(图 2-30(b));由底面矩形四个角点沿竖向定出四条棱线的高度,再连接上底面,得出完整的长方体(图 2-30(c));然后根据切角大小,先在上底面沿两条底边定出斜线的两个端点后连接(图 2-30(d)),再由两个端点沿竖向画线定出下底面斜线两个端点后连接(图 2-30(e));最后擦除多余的线条并加深图线即可。

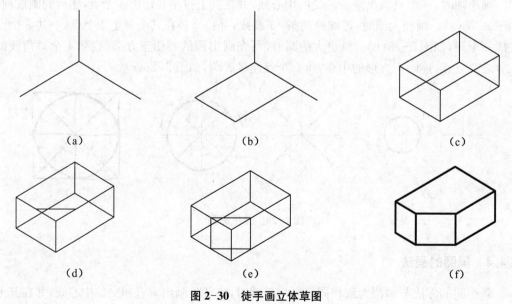

图 2-30　徒手画立体草图

3 投影的基本知识

在工程设计中,为了表达像地面、建筑物、机器等的形状、大小、位置等信息,需采用几何学中将空间物体抽象成点、线、面、体等几何形体的方法。研究这些几何形体在平面上如何用图形来表达,以及如何通过作图来解决相关的几何问题。绘制和识读工程图需要有图示空间形体和图解空间几何问题的能力,能够正确使用绘图仪器和工具,掌握绘图的方法和技巧,并具备空间想象能力和逻辑思维能力。

3.1 投影的形成与分类

投影的形成来源于日常的自然现象:当光线照射物体时,就会在地上产生影子。如图3-1 所示。影子只能反映物体的外轮廓,人们在这种自然现象的基础之上,对影子的产生过程进行了科学的抽象:把光线抽象为投射线,把物体抽象为形体,把地面抽象为投影面,于是创造出投影的方法。如图 3-2 所示。投射线、形体、投影面是投影的三要素。

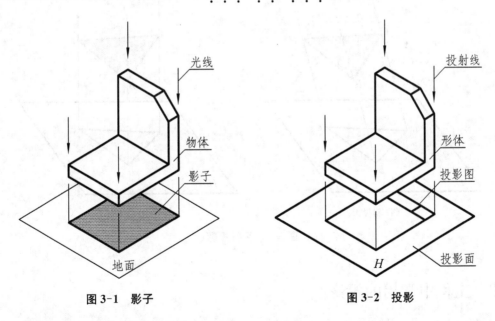

图 3-1 影子   图 3-2 投影

投影能把形体上的点、线、面都显示出来,所以在平面上可以利用投影图把空间形体的几何形状和大小表示出来。

按照投射线之间的关系,投影可以划分为中心投影和平行投影。

当投射线都是从一点发出时称为中心投影,如图 3-3 所示。

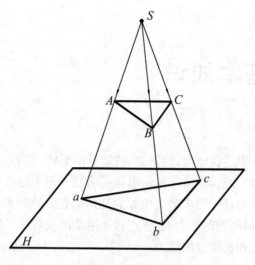

图 3-3　中心投影

当投射线相互平行时称为平行投影,在平行投影中,又根据投射线与投影面之间的相对位置分为正投影、斜投影,如图 3-4 所示。

当投射线和投影面倾斜时称为斜投影,如图 3-4(a)所示;当投射线和投影面垂直时称为正投影,如图 3-4(b)所示。

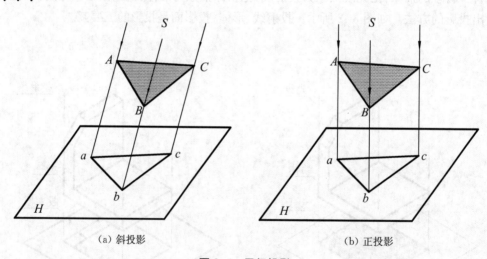

（a）斜投影　　　　　　　　　　　　　　　（b）正投影

图 3-4　平行投影

3.2　工程中常用的投影图

土木建筑工程中常用的投影图主要有三种:平行正投影、标高投影、透视投影。

平行正投影图用于施工图的绘制,主要有建筑施工图、结构施工图、设备施工图等。其形式如图 3-5 所示。

标高投影用于建筑总平面图、地形图等,其形式如图 3-6 所示。

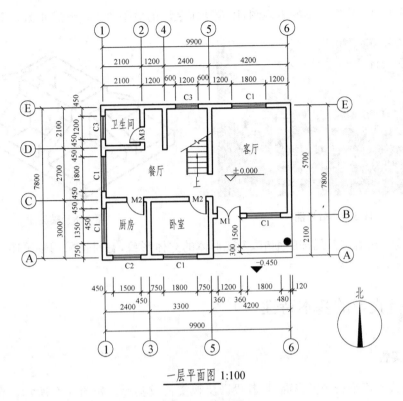

一层平面图 1:100

图 3-5 施工图

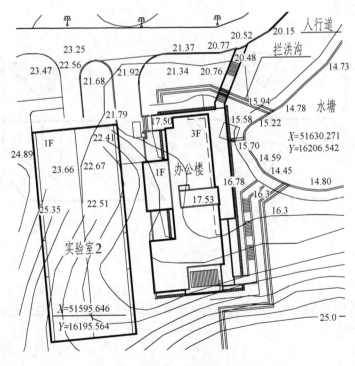

图 3-6 地形图

透视投影用于建筑方案的表现图,以及建筑装潢的效果图。其形式如图 3-7 所示。

图 3-7　效果图

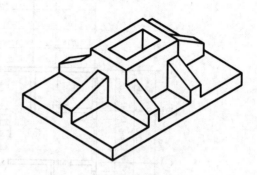

图 3-8　轴测图

另外,为了讲解建筑局部的细节,表述形体的立体形象,有时也采用轴测图。轴测图的图示形式如图 3-8 所示。

3.3　平行投影的基本特性

3.3.1　真实性

当直线或平面平行于投影面时,其投影反映实长或实形。如图 3-9 所示。直线 AB 平行于投影面 H,其投影 ab 反映 AB 的真实长度,即 $ab = AB$。平面 $\triangle CDE$ 平行于 H 面,其投影 $\triangle cde \cong \triangle CDE$。

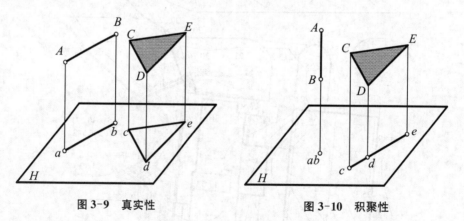

图 3-9　真实性

图 3-10　积聚性

3.3.2　积聚性

当直线或平面平行于投射线,或正投影中垂直于投影面时,其投影积聚为一点或一直线,如图 3-10 所示。直线 AB 和平面 $\triangle CDE$ 垂直于投影面而产生积聚性,直线积聚为一点,平面积聚为一直线。

3.3.3　类似性

一般情况下,直线或平面不平行于投射线,其投影仍为直线或平面。当直线或平面不平行于投影面时,其投影不反映实长或实形。如图 3-11 所示,直线 AB 不平行于投射线,也不平行于 H 面,故其投影 $ab \neq AB$。平面 $\triangle CDE$ 不平行于投射线,亦不平行于 H 面,其投影 $\triangle cde$ 不反映 $\triangle CDE$ 的实形,是其类似形。

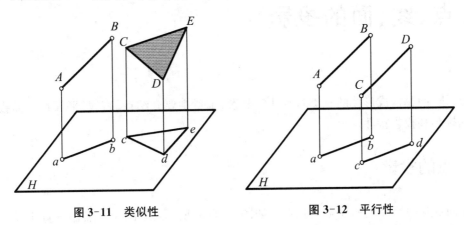

图 3-11　类似性　　　　　　　　　图 3-12　平行性

3.3.4　平行性

当空间两直线互相平行时,它们的投影仍互相平行,而且它们的投影长度之比等于空间长度之比。如图 3-12 所示。空间两直线 $AB /\!/ CD$,它们的投影 $ab /\!/ cd$,且 $ab : cd = AB : CD$。

由于正投影属于平行投影,因此以上性质同样适用于正投影。

本书的内容主要针对正投影,若无特别说明,所谓的"投影"均指"正投影"。

4 点、线、面的投影

点、线、面是构成形体的三类基本几何要素,本章主要介绍点、直线、平面在三面投影体系中的投影和投影特性。

4.1 点的投影

空间点在投影面上的投影仍是点。如图 4-1(a)所示,过空间 A 点作垂直于投影面 P 的投射线,投射线与投影面 P 的交点 a,即为空间 A 点的正投影。反之,由投影点 a 不能唯一确定空间 A 点,如图 4-1(b)所示。

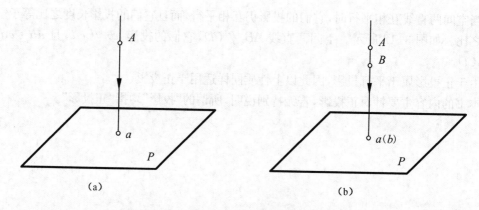

图 4-1　点的单面投影

4.1.1 点的三面投影及其特性

设在三面投影体系中有一空间点 A,过 A 点分别作 H 面、V 面、W 面的垂直投射线:投射线与 H 投影面的交点 a 即为 A 点的水平面投影;与 V 投影面的交点 a' 即为 A 点的正平面投影;与 W 投影面的交点 a'' 即为 A 点的侧平面投影。如图 4-2(a)所示。将三个投影面展开后,得到空间点 A 的三面投影图,如图 4-2(b)所示。考虑到投影面可以无限扩大,其边框对作图没有影响,所以展开后可以去除边框,如图 4-2(c)所示。

在表示空间点的三面投影时,一般规定采用大写字母表示空间点,相对应的小写字母表示点的 H 面投影,小写字母上标加一撇表示空间点的 V 面投影,小写字母上标加两撇表示空间点的 W 面投影。例如空间点 A,其 H 面投影表示为 a,V 面投影表示为 a',W 面投影表示为 a''。

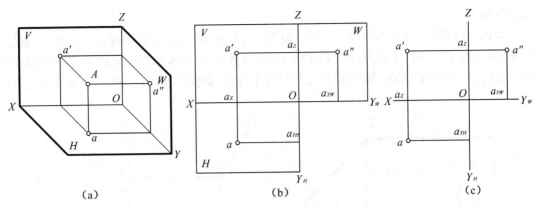

图 4-2 点的三面投影

点的三面投影特性：

（1）点的投影连线垂直于相应的投影轴。即：

点的 H 面投影与 V 面投影的连线垂直于 OX 轴——$a'a \perp Ox$；

点的 V 面投影与 W 面投影的连线垂直于 OZ 轴——$a'a'' \perp Oz$。

（2）某一投影到投影轴的距离等于该点到相应投影面的距离。即：

$a'a_Z = aa_{YH} = Aa''$，反映空间点到 W 面的距离，即点的 X 坐标。

$aa_X = a''a_Z = Aa'$，反映空间点到 V 面的距离，即点的 Y 坐标。

$a'a_X = a''a_{YW} = A'a$，反映空间点到 H 面的距离，即点的 Z 坐标。

【例 4-1】 如图 4-3(a)所示，已知 A 点的 H 面投影 a 和 V 面投影 a'，求 A 点的 W 面投影 a''。

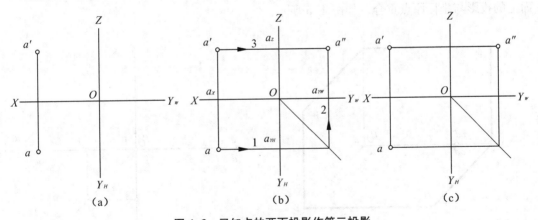

图 4-3 已知点的两面投影作第三投影

【解】 根据点的三面投影特性，已知点的两面投影，可作出点的第三投影。

过 a 向 OY_H 轴作垂线 1 并延长，与 45°辅助线相交；再由交点向上作 OY_W 轴垂线 2；过 a' 向 OZ 轴作垂线 3，该垂线与垂线 2 的交点即为其 W 面投影 a''。

4.1.2 特殊点的三面投影

（1）投影面内的点

投影特点为：在该投影面上的投影与空间点自身重合，另外两个投影面上的投影在相应的坐标轴上。

如图 4-4 所示，A 点在 V 面内，其 V 面投影与自身重合，H 面投影在 OX 轴上，W 面投影在 OZ 轴上；B 点在 H 面内，其 H 面投影与自身重合，V 面投影在 OX 轴上，W 面投影在 OY_W 轴上；C 点在 W 面内，其 W 面投影与自身重合，H 面投影在 OY_H 轴上，V 面投影在 OZ 轴上。

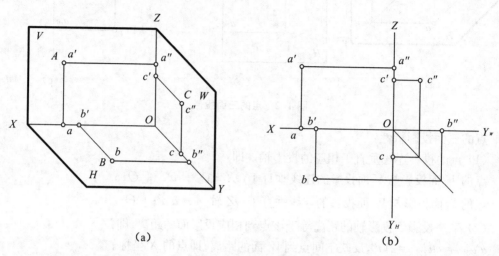

(a)   (b)

图 4-4　投影面内的点

(2) 投影轴上的点

投影特点为：在与该投影轴相关的两个投影面上的投影与空间点自身重合，在另一投影面上的投影与坐标原点重合。如图 4-5 所示。

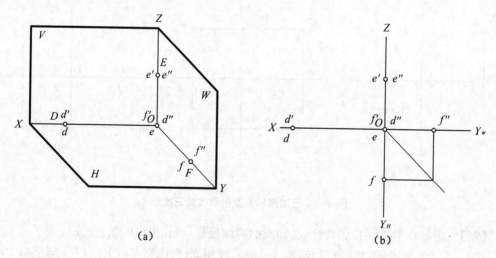

(a)   (b)

图 4-5　投影轴上的点

4.1.3　两点的相对位置

两点的相对位置是指空间两点的左右、前后、上下的方位关系。根据两点投影的坐标差，可以确定两点的相对位置。判断依据为：

（1）两点的左右关系，X 坐标大的在左，小的在右。

（2）两点的前后关系，Y 坐标大的在前，小的在后。

（3）两点的上下关系，Z 坐标大的在上，小的在下。

如图 4-6 所示，为了判断 A、B 两点的空间位置，可以任意选择一点如 B 为参照点，然后将点 A 的坐标与点 B 的坐标比较。

由于 $X_A < X_B$，则 A 点在 B 点的右侧；$Y_A < Y_B$，则 A 点在 B 点的后方；$Z_A > Z_B$，则 A 点在 B 点的上方。即：A 点在 B 点的右后上方。

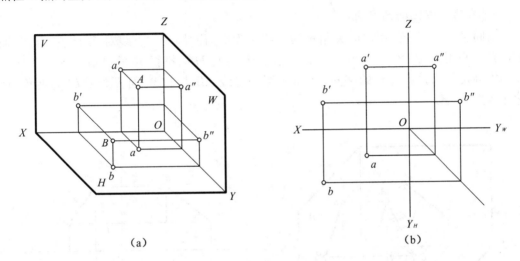

（a）　　　　　　　　　　　（b）

图 4-6　两点的相对位置

4.1.4　重影点的可见性判别

当空间两点位于同一投射线上时，则该两点在对应的投影面上的投影重合为一点，这两点称为对此投影面的重影点。如图 4-7 所示，A、B 两点在 H 面上的投影重合为一点，A 和 B 两点称为 H 面的重影点。相应的 B 和 C 两点称为 V 面的重影点，A 和 D 两点称为 W 面的重影点。

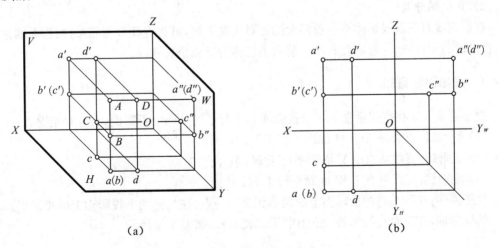

（a）　　　　　　　　　　　（b）

图 4-7　重影点的可见性

在投影图中,需判断重影点的可见性:将不可见点的投影字母加括号表示。判断的基本原则是:看第三坐标,大者可见。因为两个点在某一投影面上重影,就说明有两个坐标相等,其第三坐标反映了它们对该投影面的相对位置。对应于 V、H、W 投影面,则有"前遮后"、"上遮下"、"左遮右"的规律。

4.2　直线的投影

1) 直线对投影面的倾角

空间直线与三个投影面的夹角称为直线对投影面的倾角。直线对 H 面、V 面、W 面的倾角分别用 α、β、γ 表示。倾角 α 等于直线 AB 与其 H 面投影 ab 的夹角,倾角 β 等于直线 AB 与其 V 面投影 $a'b'$ 的夹角,倾角 γ 等于直线 AB 与其 W 面投影 $a''b''$ 的夹角,如图 4-8。

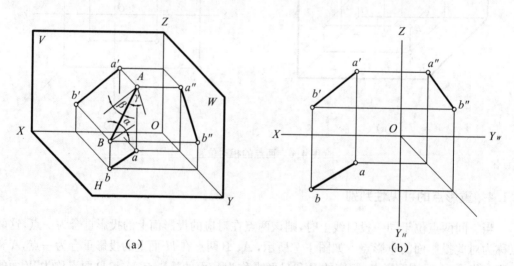

（a）　　　　　　　　　　　　（b）

图 4-8　直线的三面投影和倾角

2) 直线的分类

根据直线对三面投影体系中投影面的相对位置不同,可将直线分为三类:投影面的垂直线、投影面的平行线、一般位置直线。前两类统称为特殊位置直线。

4.2.1　投影面垂直线

投影面垂直线在空间垂直于一个投影面而平行于另外两个投影面,有三种情况:

(1) 铅垂线:直线垂直于 H 面而平行于 V、W 面。

(2) 正垂线:直线垂直于 V 面而平行于 H、W 面。

(3) 侧垂线:直线垂直于 W 面而平行于 H、V 面。

投影特性:在所垂直的投影面上的投影积聚为一点;在另外两个投影面上的投影平行于相关的投影轴,并反映直线实长(图中用"TL"表示)。如表 4-1 所示。

表 4-1 投影面垂直线

名 称	铅垂线	正垂线	侧垂线
立体图			
投影图			

投影特征		铅垂线	正垂线	侧垂线
	H	$a(b)$ 积聚为一点	$cd = CD$, $cd /\!/ OY_H$	$ef = EF$, $ef /\!/ OX$
	V	$a'b' = AB$, $a'b' /\!/ OZ$	$c'(d')$ 积聚为一点	$e'f' = EF$, $e'f' /\!/ OX$
	W	$a''b'' = AB$, $a''b'' /\!/ OZ$	$c''d'' = CD$, $c''d'' /\!/ OY_W$	$e''(f'')$ 积聚为一点
倾角		$\alpha = 90°$, $\beta = \gamma = 0°$	$\beta = 90°$, $\alpha = \gamma = 0°$	$\gamma = 90°$, $\alpha = \beta = 0°$

4.2.2 投影面平行线

投影面平行线在空间平行于一个投影面而倾斜于另外两个投影面。也有三种情况：

(1) 水平线：平行于 H 面而倾斜于 V、W 面。

(2) 正平线：平行于 V 面而倾斜于 H、W 面。

(3) 侧平线：平行于 W 面而倾斜于 V、H 面。

投影特性：直线在所平行的投影面上的投影反映实长,该投影与投影轴的夹角,反映直线与另两个相关的投影面的倾角;另外两个投影垂直于相关的投影轴,投影长度小于实长。如表 4-2 所示。

表 4-2 投影面平行线

名　称	水平线	正平线	侧平线
立体图	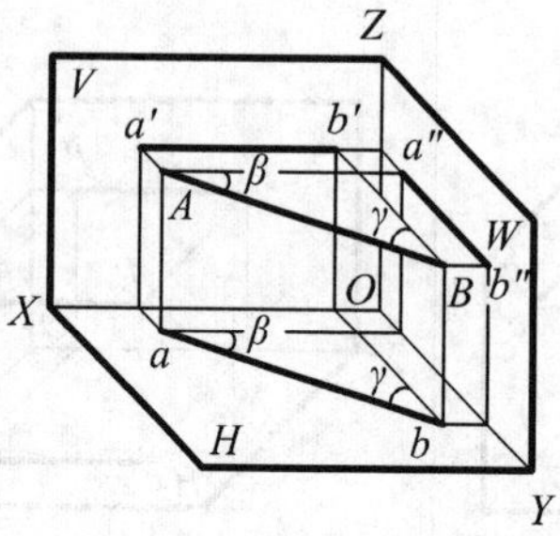	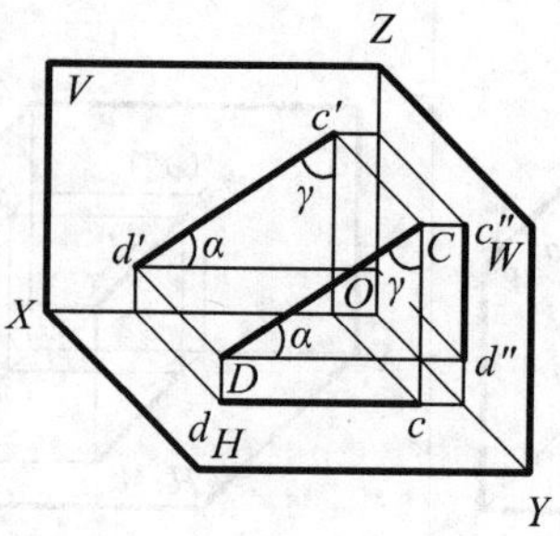	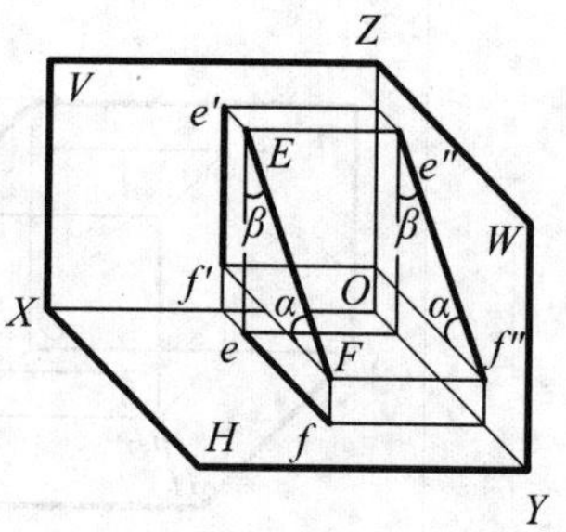
投影图	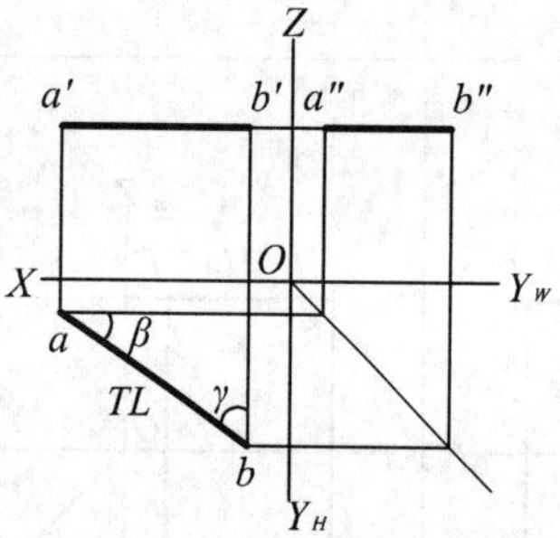	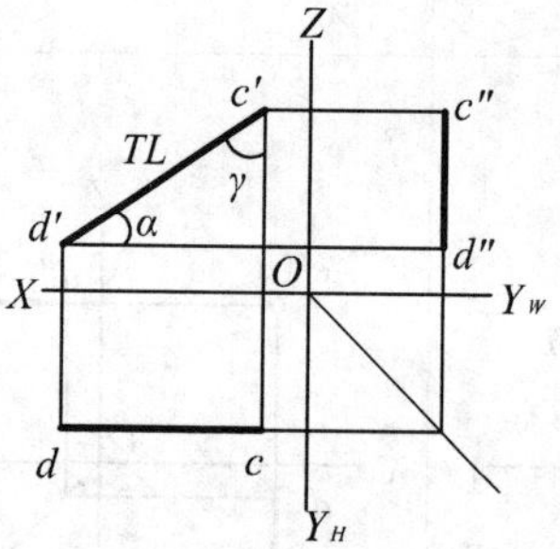	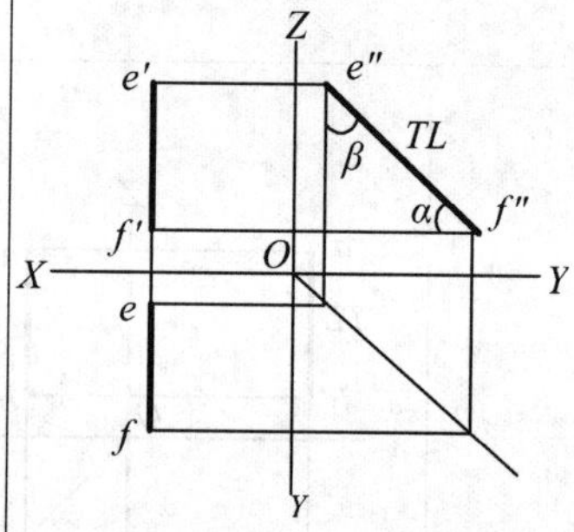

投影特性	H	$ab = AB$ 实长,反映 β、γ 倾角	$cd \perp OY_H$,$cd < CD$	$ef \perp OX$,$ef < EF$
	V	$a'b' \perp OZ$,$a'b' < AB$	$c'd' = CD$ 实长,反映 α、γ 倾角	$e'f' \perp OX$,$e'f' < EF$
	W	$a''b'' \perp OZ$,$a''b'' < AB$	$c''d'' \perp OY_W$,$c''d'' < CD$	$e''f'' = EF$ 实长,反映 α、β 倾角
倾角		$\alpha = 0°$,$0° < \beta$、$\gamma < 90°$	$\beta = 0°$,$0° < \alpha$、$\gamma < 90°$	$\gamma = 0°$,$0° < \alpha$、$\beta < 90°$

4.2.3　一般位置直线

一般位置直线在空间与三个投影面均倾斜,如图 4-8 所示。

投影特性:在三个投影面上的投影均倾斜于投影轴,并且投影长度小于实长。

由一般位置直线的投影特性可知其三面投影不能直接反映实长和倾角,但可以根据直线的投影采用作图的方法求出实长和倾角,此方法通常称为直角三角形法。

如图 4-9(a)所示。AB 为一般位置直线,ab、$a'b'$ 为直线 AB 的两面投影,过 B 点作 $BA_1 /\!/ ab$,由于 $Aa \perp ab$,则 $AA_1 \perp BA_1$。在直角三角形 ABA_1 中,直角边 BA_1 为水平投影 ab 的长度;直角边 AA_1 为 A、B 两点的 Z 坐标之差 $\triangle Z$;斜边 AB 为直线实长;斜边与直角边 BA_1 的夹角为倾角 α。

如图 4-9(b)所示,过水平投影 ab 的任一端点(如 a)作 ab 垂线,并量取 $\triangle Z$ 的长度得 a_1。则直角三角形 $aba_1 \cong$ 直角三角形 ABA_1。那么,斜边 ba_1 为直线段 AB 的实长,斜边 ba_1 与直角边 aa_1 的夹角为倾角 α。同理可求 β 角(如图 4-9(c))和 γ 角(需求出 W 投影,这里略)。

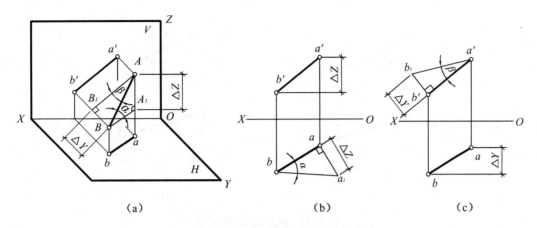

图 4-9　求一般位置直线的实长和倾角 α

4.2.4　直线上的点

直线是点的集合,所以直线上点的投影特性为:

(1) 从属性。若点在直线上,则点的投影必在该直线的同面投影上,并满足空间点的三面投影特性。如图 4-10 所示,如果 C 点在直线 AB 上,则 c 在 ab 上,c' 在 $a'b'$ 上,c'' 在 $a''b''$ 上,并符合点的投影特性。反之,若点的三面投影均在直线的同面投影上,则此点必定在该直线上。

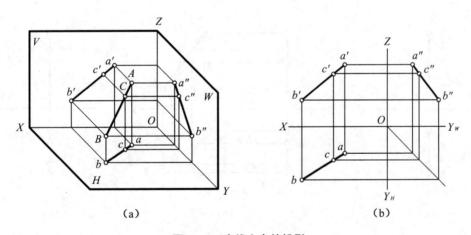

图 4-10　直线上点的投影

(2) 定比性。直线上的点将直线分段,由平行投影特性可知,各段长度之比与它们的同面投影长度之比相等。如图 4-10 所示,C 在 AB 上,则 $AC:CB = a'c':c'b' = a''c'':c''b''$。

【例 4-2】　如图 4-11(a)所示,已知直线段 AB 的两面投影 ab 和 $a'b'$,在直线 AB 上求作一点 K,使 $AK:KB = 2:3$。

【解】　根据直线上点的定比性求解。过 a 作一射线,从 a 点开始量取五条相同的线段,得点 1、2、3、4、5;连接 5 点和 b,过 2 点作 $5b$ 的平行线,与 ab 交于 k 点;过 k 点作 OX 轴的垂线,与 $a'b'$ 交于 k',则 K 点即为所求。

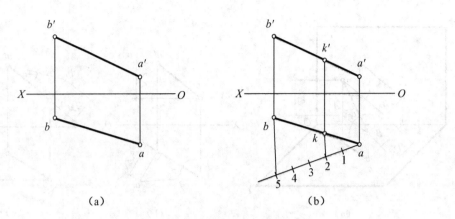

（a）　　　　　　　　　　　　（b）

图 4-11　求直线上定比的点

【例 4-3】　如图 4-12(a)所示,已知侧平线 AB 和 M、N 两点的 H 面和 V 面投影,判断 M 点和 N 点是否在 AB 上。

【解一】　根据直线上点的从属性判断。如图 4-12(b)所示,作出直线 AB 和 M、N 两点的 W 面投影,即可得知 M 在 AB 上,N 不在 AB 上。

【解二】　根据直线上点的定比性判断。如图 4-12(c)所示,过 a' 作一直线,在其上量取:$a'1 = am$,$a'2 = an$,$a'3 = ab$。连接 $b'3$,$m'1$,$n'2$,因 $m'1 \parallel b'3$,可得知 M 在 AB 上;因 $n'2$ 不平行于 $b'3$,则 N 不在 AB 上。

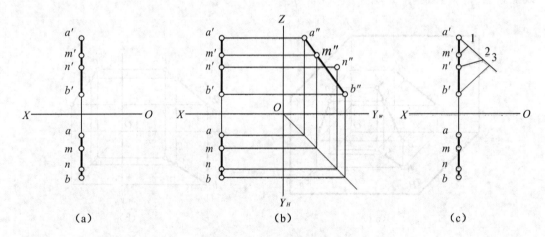

（a）　　　　　　　　　　（b）　　　　　　　　　　（c）

图 4-12　判断点是否在直线上

4.3　两直线的相对位置

两直线的相对位置有三种:平行、相交和交叉。两直线垂直是相交和交叉的特殊情况。

4.3.1　两直线平行

平行两直线的投影特性为:两直线的同面投影互相平行;两直线的长度之比和同面投影

的长度之比相等。如图 4-13 所示,空间直线 $AB \parallel CD$,则 $ab \parallel cd$,$a'b' \parallel c'd'$,$a''b'' \parallel c''d''$;并且 $AB : CD = ab : cd = a'b' : c'd' = a''b'' : c''d''$。

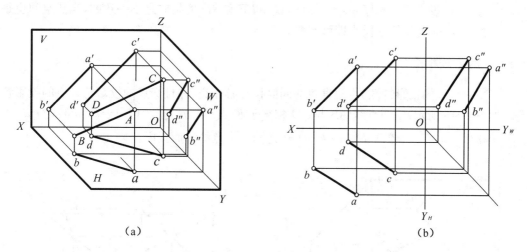

(a) (b)

图 4-13 两直线平行

判断两直线是否平行,应注意:

(1) 对于两一般位置直线,若有两个同面投影均互相平行,则空间两直线平行。

(2) 对于平行于同一投影面的两直线,若两个同面投影均互相平行,并且其中一投影反映直线实长,则两直线平行。

【例 4-4】 如图 4-14(a)、(c)所示,已知两侧平线 AB 和 CD、EF 和 GH 的两面投影,判断 AB 和 CD、EF 和 GH 是否平行。

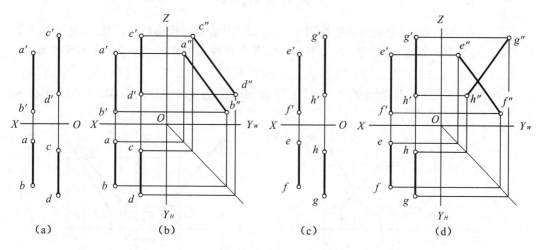

(a) (b) (c) (d)

图 4-14 判断两侧平线是否平行

【解一】 根据已知条件可知两直线均为侧平线,但是并不能据此就可判定两直线空间平行。方法之一是作出第三投影,根据第三投影可以看出,AB 和 CD 是平行的,而 EF 和 GH 是不平行的,如图 4-14(b)、(d)所示。

【解二】 虽然从线段的投影看,AB 和 CD、EF 和 GH 的 V、H 投影是相互平行的,但仔细分析可以发现，AB 和 CD 的 V、H 投影字母顺序是一样的，而且投影长度也是相等的，说明 AB 和 CD 的指向是一致的，所以不要作第三投影也可判断它们空间是平行的；而 EF 和 GH 的 V、H 投影字母顺序是不一样的，说明 EF 和 GH 的指向是不一致的，当然空间也是不平行的，也不需要作第三投影即可判断。

4.3.2 两直线相交

相交两直线的投影特性为：两直线的同面投影必相交，并且交点的投影符合点的投影特性。如图 4-15 所示，空间直线 AB 与 CD 相交于 K 点，则 ab 与 cd 相交于 k，$a'b'$ 与 $c'd'$ 相交于 k'，$a''b''$ 与 $c''d''$ 相交于 k''，k、k' 和 k'' 是同一个点的三面投影。

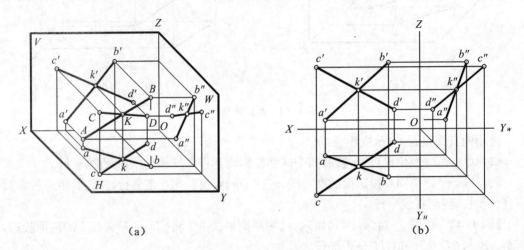

（a） （b）

图 4-15 两直线相交

反之，若两直线的三个同面投影均相交，并且交点符合点的投影特性，则此两直线必相交。

判断直线是否相交，应注意：若其中有一条直线是投影面平行线，那么在不反映实长的两个投影面上的投影可能是相交的，但是不能据此判定两直线在空间也是相交的，如图 4-16 所示，AB 与 EF 都是侧平线，它们在 H 面和 V 面的投影中分别与 CD 和 GH 相交，但

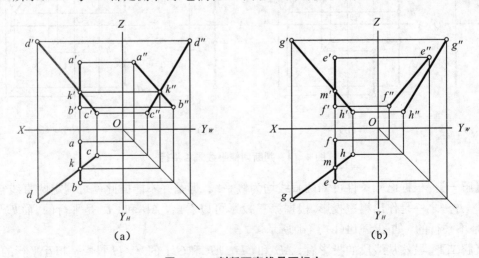

（a） （b）

图 4-16 判断两直线是否相交

是从 W 面投影可知 EF 和 GH 是不相交的。当然,也可以不作 W 面投影,而根据定比性判断它们是否相交:由于 $ak:kb = a'k':k'b', ck:kd = c'k':k'd'$,则 AB 与 CD 相交于 K 点;反之,由于 $em:mf$ 不等于 $e'm':m'f'$,即直线上各相应投影的线段之比不等,则两直线不相交,故 EF 与 GH 不相交于 M 点。

4.3.3 两直线交叉

两直线既不平行又不相交,称为交叉两直线或异面直线。其投影既不符合平行两直线的投影特性,亦不符合相交两直线的投影特性。也就是说,交叉两直线可能存在一个或两个同面投影相互平行,但不存在三个同面投影都平行;可能有一个、两个或三个同面投影相交,但交点不符合点的投影特性,因为交叉两直线没有真正的交点。

如图 4-17 所示,空间两直线 AB 与 CD 为交叉直线,H 面投影 ab 与 cd 相交,但交点表示 AB 上 Ⅰ 点与 CD 上 Ⅱ 点在 H 面的重影点;V 面投影 $a'b'$ 与 $c'd'$ 相交,但交点表示 AB 上 Ⅳ 点与 CD 上 Ⅲ 点在 V 面的重影点。根据重影点的可见性判断,$Z_Ⅰ > Z_Ⅱ$,则 Ⅰ 点在上, Ⅱ 点在下,H 面投影用 1(2) 表示;$Y_Ⅲ > Y_Ⅳ$,则 Ⅲ 点在前, Ⅳ 点在后,V 面用 $3'(4')$ 表示。

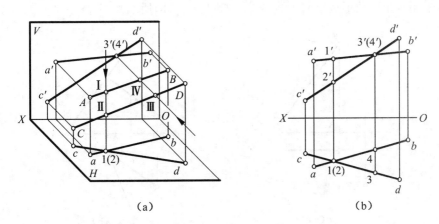

（a） （b）

图 4-17 两直线交叉

4.3.4 两直线垂直

若两直线所成夹角为直角,则称两直线垂直,可分为相交垂直和交叉垂直两种情况。垂直两直线的投影特性:若空间两直线垂直,且有一条线平行于某一投影面,那么在该投影面上的投影仍然反映直角。该特性称为"直角投影定理"。

如图 4-18 所示,已知 $AB \perp BC$,$AB \parallel H$。直角投影定理证明如下:

(1) 由 $AB \parallel H$,$Bb \perp H$,则 $AB \perp Bb$。

(2) 由 $AB \perp BC$,$AB \perp Bb$,可得 $AB \perp$ 平面 $BCcb$。

(3) 由 $AB \parallel H$,则 $AB \parallel ab$。

(4) 由 $AB \parallel ab$,$AB \perp$ 平面 $BCcb$,可得 $ab \perp$ 平面 $BCcb$,则 $ab \perp bc$。

根据证明可知,直角定理的逆定理也是成立的:若相交两直线的同面投影反映直角,且有一条直线平行于该投影面,则两直线必垂直。

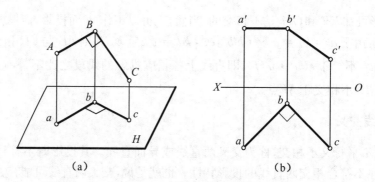

图 4-18 直角投影定理

【例 4-5】 如图 4-19(a)所示,已知直线 AB 和点 C 的两面投影,求 C 点到 AB 的距离。

【解】 过 C 点作 $CD \perp AB$,D 点为垂足,则 CD 的实长即为所求距离。由于 AB 为正平线,根据直角投影定理可知 AB 和 CD 的 V 面投影反映垂直关系。作图如下:

(1) 过 c' 作 $a'b'$ 的垂线,交于 $a'b'$ 于 d'。

(2) 过 d' 作投影连线交于 ab 于 d,则求得 $CD \perp AB$。

(3) 采用直角三角形法求 CD 的实长。如图 4-19(b)所示。

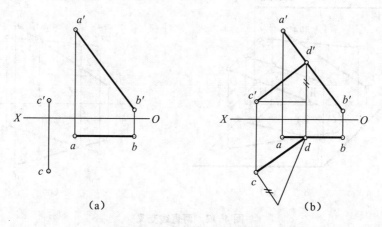

图 4-19 求点到直线的距离

【例 4-6】 求交叉直线 AB 和 CD 的距离 MN 的实长及其投影,如图 4-20(a)所示。

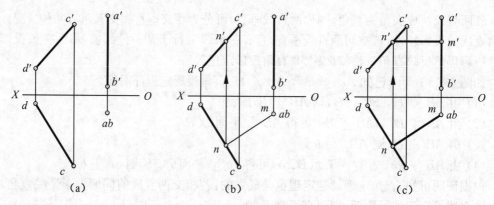

图 4-20 求交叉直线的公垂线

【解】 两直线的距离即垂直距离，AB 和 CD 的距离 MN 即为 AB 和 CD 的公垂线。由于 AB 为铅垂线，则 MN 为水平线。根据直角投影定理，MN 和 CD 的 H 面投影反映直角，MN 的实长为所求距离。作图如 4-20(b) 和图 4-20(c) 所示。

(1) 过 $ab(m)$ 作 cd 的垂线，交 cd 于 n，mn 即为 MN 的实长。

(2) 过 n 作投影连线交 $c'd'$ 于 n'，过 n' 作水平线，交 $a'b'$ 于 m'。

4.4 平面的投影

4.4.1 平面的表示法

1）几何元素表示法

(1) 不在同一直线上的三点，如图 4-21(a)。

(2) 一直线和直线外一点，如图 4-21(b)。

(3) 相交两直线，如图 4-21(c)。

(4) 平行两直线，如图 4-21(d)。

(5) 几何图形，如三角形、平行四边形等，如图 4-21(e)。

以上几种表示方法形式不同，但可以互相转化，常采用几何图形表示平面。

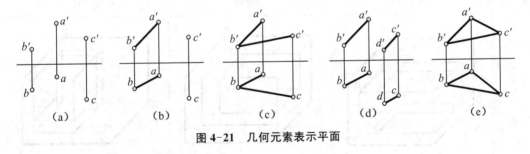

图 4-21　几何元素表示平面

2）迹线表示法

平面与投影面的交线称为迹线。如图 4-22(a)所示，平面 P 与 H 面、V 面、W 面的交线分别称为水平迹线 P_H、正面迹线 P_V、侧面迹线 P_W。

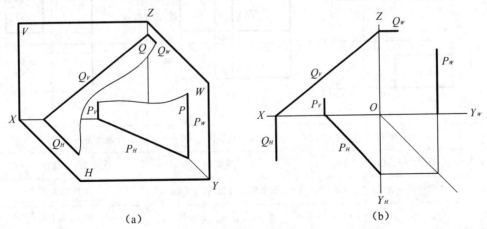

（a）　　　　　　　　　　　　　　（b）

图 4-22　迹线表示平面

迹线是投影面内的直线,它的一个投影就是其本身,另两个投影与投影轴重合。如图 4-22(b)所示,铅垂面 P 的 H 面迹线 P_H 在 H 面上的投影与自身重合,其 V 面投影在 X 轴上;另两个迹线平行于它们相关的投影轴 OZ;正垂面 Q 的 V 面迹线 Q_V 在 V 面上的投影与自身重合,其 H 面投影在 X 轴上;另两个迹线平行于它们相关的投影轴 OY。

4.4.2 各种位置平面

根据平面与投影面的相对位置不同,可将平面分为三类:投影面平行面、投影面垂直面、一般位置平面。前两类统称为特殊位置平面。

1) 投影面平行面

投影面平行面平行于某一投影面,并与另两个投影面垂直。有三种情况:

(1) 水平面:平行于 H 面,垂直于 V 面、W 面。

(2) 正平面:平行于 V 面,垂直于 H 面、W 面。

(3) 侧平面:平行于 W 面,垂直于 H 面、V 面。

投影特性:在所平行的投影面上的投影反映实形(用"TS"表示实形),在另外两个投影面上投影积聚成直线,且垂直于相关的投影轴。各投影面平行面投影特性见表 4-3。

表 4-3 投影面平行面

名称		水平面	正平面	侧平面
立体图				
投影图				
投影特性	H	p 反映实形	q 积聚成一直线,$q \perp OY_H$	r 积聚成一直线,$r \perp OX$
	V	p' 积聚成一直线,$p' \perp OZ$	q' 反映实形	r' 积聚成一直线,$r' \perp OX$
	W	p'' 积聚成一直线,$p'' \perp OZ$	q'' 积聚成一直线,$q'' \perp OY_W$	r'' 反映实形
倾角		$\alpha = 0°$,$\beta = \gamma = 90°$	$\beta = 0°$,$\alpha = \gamma = 90°$	$\gamma = 0°$,$\alpha = \beta = 90°$

2）投影面垂直面

投影面垂直面垂直于某一投影面，而倾斜于另外两个投影面。也有三种情况：

（1）铅垂面：垂直于 H 面，倾斜于 V、W 面。

（2）正垂面：垂直于 V 面，倾斜于 H、W 面。

（3）侧垂面：垂直于 W 面，倾斜于 H、V 面。

投影特性：在所垂直的投影面上的投影积聚成直线，该直线与投影轴的夹角反映平面与相关的投影面的倾角；在另两个投影面上的投影是类似图形。如表 4-4 所示。

表 4-4   投影面垂直面

名 称	铅垂面	正垂面	侧垂面
立体图	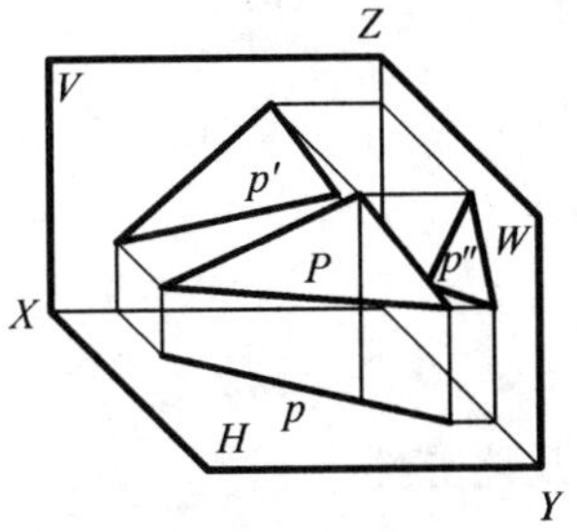	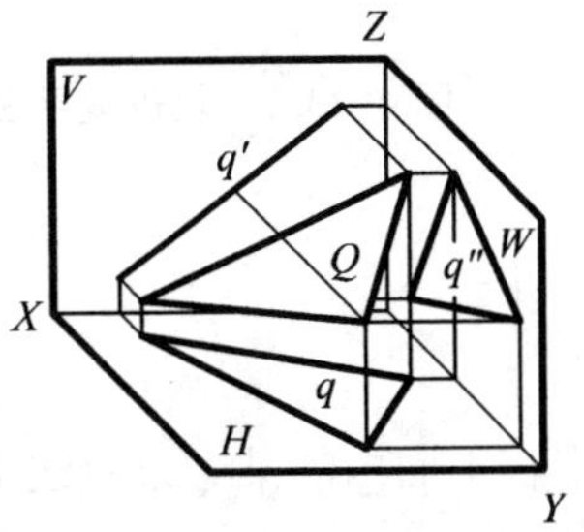	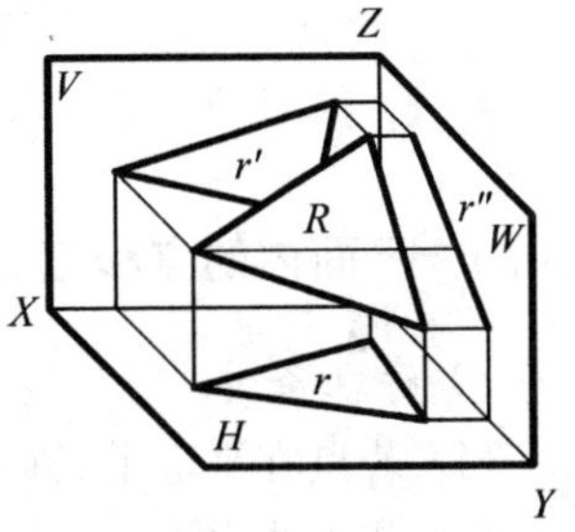
投影图	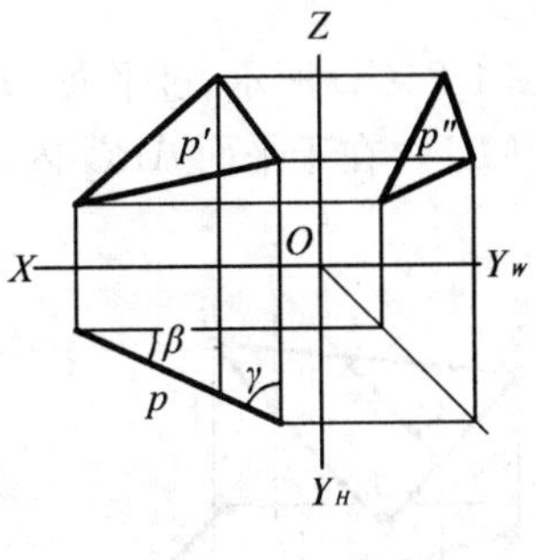	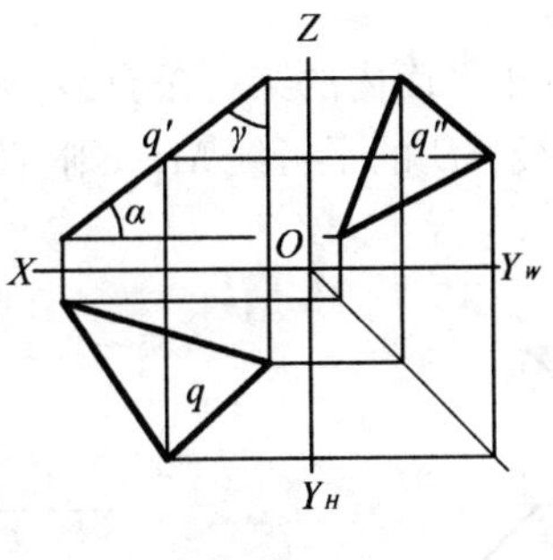	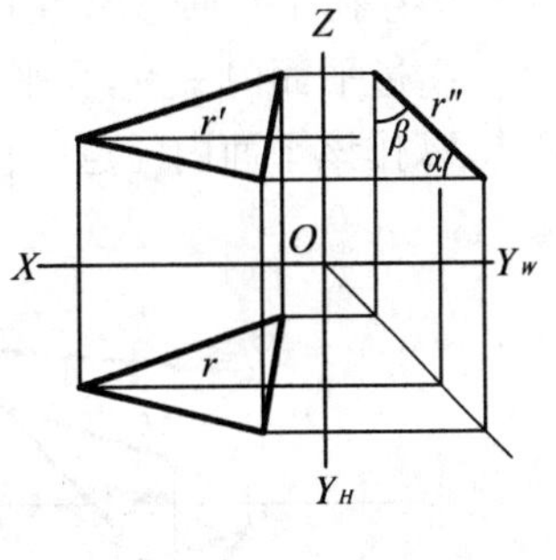

投影特性		铅垂面	正垂面	侧垂面
投影特性	H	p 积聚成一直线	q, Q 为类似图形	r, R 为类似图形
	V	p', P 为类似图形	q' 积聚成一直线	r', R 为类似图形
	W	p'', P 为类似图形	q'', Q 为类似图形	r'' 积聚成一直线
倾角		p 与投影轴夹角反映 β、γ $\alpha = 90°$，$0° < \beta$、$\gamma < 90°$	q' 与投影轴夹角反映 β、γ $\beta = 90°$，$0° < \alpha$、$\gamma < 90°$	r'' 与投影轴夹角反映 β、γ $\gamma = 90°$，$0° < \alpha$、$\beta < 90°$

3）一般位置平面

一般位置平面对三个投影面都倾斜。其投影特性：三个投影均与平面是类似图形，且面积小于实形面积；不反映平面对投影面的倾角。

如图 4-23 所示，△ABC 是一般位置平面，它的三个投影均是三角形，但都小于实形。

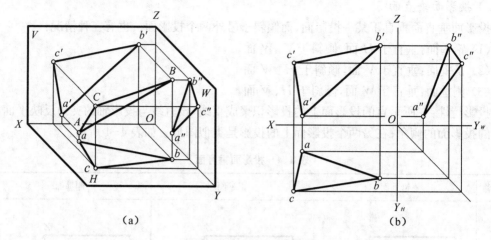

（a）　　　　　　　　　　　　　（b）

图 4-23　一般位置平面

4.4.3　平面内的点和直线

1）存在条件

（1）若点在平面上，则一定在平面内的某一条直线上，反之亦然。

（2）若直线在平面上，则：

① 必通过平面内的两个点。如图 4-24(a)所示，M 点和 N 点存在于平面 ABC 内，则直线 MN 存在于平面 ABC 内。

② 过平面内一点，且平行于平面内的某一条直线。如图 4-24(b)所示，过平面 ABC 内的一点 M 作该平面内任意一直线 AB 的平行线 ME，则直线 ME 存在于平面 ABC 内。

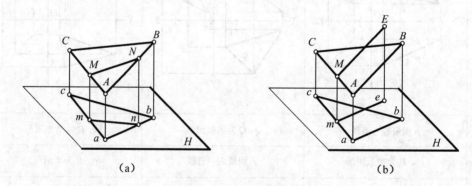

（a）　　　　　　　　　　　　　（b）

图 4-24　平面的点和直线

【**例 4-7**】　如图 4-25 所示，判断点 D 是否在平面 ABC 内。

【**解**】　根据点在平面内的存在条件求解：

（1）过 d 作一直线 cd，cd 交 ab 于 e。

（2）由 e 点作出 e'，连接 $c'e'$。

（3）由图可知，d' 不在直线 $c'e'$ 上，所以，点 D 不在平面 ABC 的直线 CE 上，即点 D 不在平面 ABC 内。

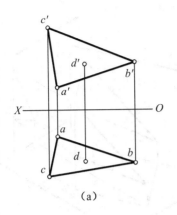

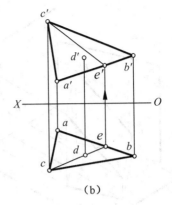

（a）　　　　　　　　　　　　（b）

图 4-25　判断点是否在平面内

2）平面内的投影面平行线

平面内的投影面平行线分为水平线、正平线和侧平线三种，它们分别与相应的迹线平行，即水平线 // P_H，正平线 // P_V，侧平线 // P_W。如图 4-26 所示。

平面内的投影面平行线必须符合直线在平面内的存在条件，并满足投影面平行线的投影特性。

如图 4-27 所示，AD、BE 和 CF 分别是 $\triangle ABC$ 平面内的水平线、正平线和侧平线。

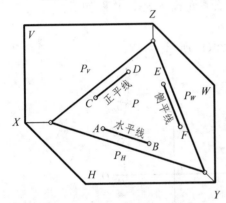

图 4-26　平面内的投影面平行线

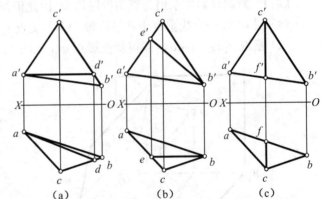

（a）　　　　　　（b）　　　　　　（c）

图 4-27　作平面内的水平线、正平线、侧平线

4.5　换面法

4.5.1　基本概念

换面法指空间几何元素位置不变，对投影面进行更换，使空间几何元素对更换的新投影面处于有利于解题的特殊位置。如图 4-28 所示。

进行投影变换时，新投影面的位置必须符合下列两个条件：

（1）新投影面必须垂直于一个原有投影面，即新的投影体系仍是直角投影体系。

（2）新投影面必须和空间几何元素处于便于解题的特殊位置。

现以点为例，介绍换面法的基本作图方法和规律。

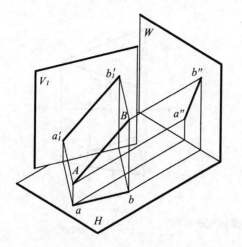

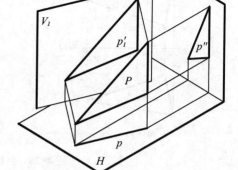

(a) 一般位置直线变换为投影面平行线　　　　　(b) 投影面垂直面变换为投影面平行面

图 4-28　换面法的基本概念

1) 点的一次变换

【例 4-8】　如图 4-29(a)所示,已知点 A 的两个投影 a 和 a',旧投影轴 OX 和新投影轴 O_1X_1,求点 A 的新投影 a_1'。

【解】　新的投影体系仍为直角投影体系,因此仍符合直角投影规律,作图如下:

(1) 过 a' 作一直线垂直于新投影轴 O_1X_1,交点为 a_{X1}。

(2) 量取 $a_1a_{X1} = aa_X$,即得新投影点 a_1,如图 4-29(b)所示。

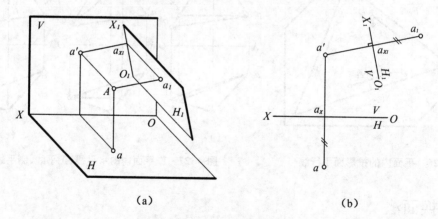

　　　　　　(a)　　　　　　　　　　　　　　　　　(b)

图 4-29　求点 A 的新投影 a_1'

由上述作图,可以看出有如下规律:

(1) 新的投影连线垂直于新的投影轴,$a'a_1 \perp O_1X_1$。

(2) 新投影到新投影轴的距离,等于被替换的旧投影到旧投影轴的距离,$a_1a_{X1} = aa_X$。

2) 点的二次变换

点的二次换面是在一次换面的基础上再进行一次变换。如图 4-30(a)所示,第一次换面用 V_1 替换 V,组成 $V_1 \perp H$ 投影体系,其交线为 O_1X_1,点 A 的 V_1 投影为 a_1'。第二次换面用 H_2 替换 H,组成新体系 $H_2 \perp V_1$,其交线为 O_2X_2,点 A 的 H_2 面投影为 a_2。根据换面规律,

存在 $a_2a_1' \perp O_2X_2$，$a_2a_{X2} = aa_{X1}$，如图 4-30(b)。

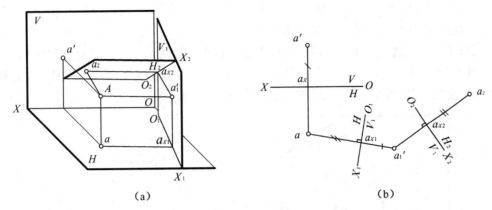

(a)　　　　　　　　　　　　(b)

图 4-30　点的二次换面

采用换面法进行投影变换时，应注意：每次只能变换一个投影面，而且新的投影面必须和保留下的一个旧投影面构成直角投影体系；多次换面时，V 和 H 应交替更换。多次换面后投影的表示，规定在相应的字母旁加注下标数字，含义为变换的次数。如 a_1' 表示第一次变换后的投影，a_2 表示第二次变换后的投影，投影的上标要与投影面协调。

换面法通过解决如下六个基本问题，继而可以解决许多其他复杂的问题。

4.5.2　六个基本问题

1）一般位置直线变换成投影面平行线

一般位置直线通过一次变换即可变成投影面平行线。如图 4-31(a)所示，在原投影体系中，AB 为一般位置直线。设新投影面 V_1 替换 V，使 $V_1 /\!/ AB$，$V_1 \perp H$，且 $O_1X_1 /\!/ ab$。则 AB 在新投影面 V_1 上的投影反映实长，并反映倾角 α 实形，如图 4-31(b)所示。

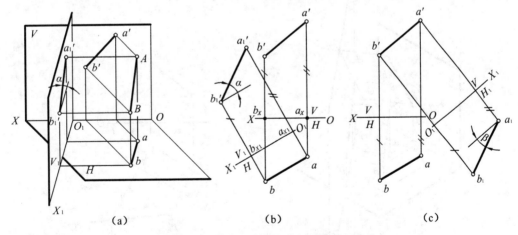

(a)　　　　　　　(b)　　　　　　　(c)

图 4-31　一般位置直线变换为投影面平行线

根据投影变换规律，AB 的变换投影，只需作出两端点 A 和 B 的新投影 a_1' 和 b_1'，并连接得 $a_1'b_1'$。作图过程为：① 作 $O_1X_1 /\!/ ab$。② 过 a 和 b 分别作新投影轴 O_1X_1 的垂线，交于 a_{X1} 和 b_{X1}。③ 在垂线上分别量取 $a_1'a_{X1} = a'a_X$，$b_1'b_{X1} = b'b_X$。即得新投影点 a_1' 和 b_1'，连接得 $a_1'b_1'$。

同理,若求一般位置直线 AB 的实长和倾角 β,用新投影面 H_1 替换 H,使 $H_1 /\!/ AB$,$H_1 \perp V$,其交线为 O_1X_1,且 $O_1X_1 /\!/ a'b'$,如图 4-31(c) 所示。

2) 投影面平行线变换成投影面垂直线

投影面平行线通过一次变换可变成投影面垂直线。如图 4-32 所示,在原投影体系中,AB 为水平线,设新投影面 V_1 替换 V,使 $V_1 \perp AB$,$V_1 \perp H$,且 $O_1X_1 \perp ab$。则 AB 变为新的投影面垂直线,在新投影面 V_1 上的投影积聚成一点。

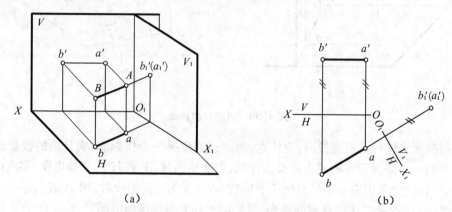

(a)　　　　　　　(b)

图 4-32　水平线变换为 V_1 面垂直线

3) 一般位置直线变换成投影面垂直线

一般位置直线变换成投影面垂直线需进行两次换面:第一次使其变换成投影面平行线;第二次使其变换成投影面垂直线。

如图 4-33 所示,一般位置直线 AB,第一次换面,V_1 替换 V,使 $V_1 /\!/ AB$,$V_1 \perp H$,则

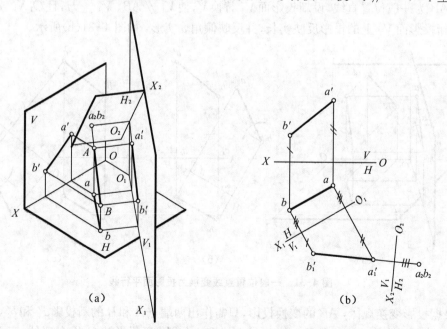

(a)　　　　　　　(b)

图 4-33　一般位置直线变换成投影面垂直线

$O_1X_1 /\!/ ab$，作出 $a_1'b_1'$。第二次换面，H_2 替换 H，使 $H_2 \perp AB$，$H_2 \perp V_1$，则 $O_2X_2 \perp a_1'b_1'$，作出 a_2b_2 积聚成一点。

同理，若第一次换面，用 H_1 替换 H，第二次换面，用 V_2 替换 V，则 AB 在 V_2 上的投影积聚成一点。读者可按变换次序作图。

4）一般位置平面变换成投影面垂直面

一般位置平面变换成投影面垂直面，新设投影面必须垂直于一般位置平面，使其新投影积聚成直线，并反映倾角。可通过使一般位置平面内某一投影面平行线成为新投影面的垂直线来实现变换。

如图 4-34(a)所示，新投影面 V_1 替换 V：作一般位置平面 $\triangle ABC$ 内的任一水平线 BE，使 $V_1 \perp BE$，则 $V_1 \perp \triangle ABC$，$V_1 \perp H$。故 $O_1X_1 \perp be$。作出 $\triangle ABC$ 在 V_1 上的新投影 $a_1'b_1'c_1'$ 直线，其与 O_1X_1 的夹角反映倾角 α。如图 4-34(b)。

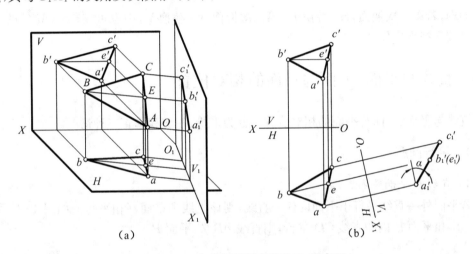

(a)　　　　　　　　(b)

图 4-34　一般位置平面变换成 V_1 垂直面

若用新投影面 H_1 替换 H，作 $\triangle ABC$ 内的任一正平线，使 H_1 垂直于此正平线，则 $\triangle ABC$ 在 H_1 上的新投影 $a_1b_1c_1$ 积聚成直线，其与 O_1X_1 的夹角反映倾角 β。请读者自己完成。

5）投影面垂直面变换成投影面平行面

投影面垂直面变换成投影面平行面，新设投影面必须平行于该投影面垂直面，使其新投影反映实形，如图 4-28(b)所示。

如图 4-35(a)所示，$\triangle ABC$ 为正垂面，新投影面 H_1 替换 H，使 $H_1 /\!/ \triangle ABC$，则 $H_1 \perp V$，故 $O_1X_1 /\!/ a'b'c'$。作出 $\triangle ABC$ 在 H_1 上的新投影 $\triangle a_1b_1c_1$，则 $\triangle a_1b_1c_1 \cong \triangle ABC$。

若已知平面为铅垂面，新投影面 V_1 替换 V，同样可得到实形。如图 4-35(b)所示。

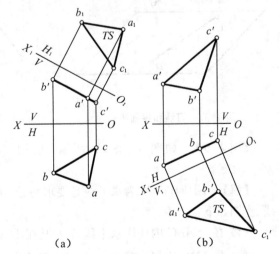

(a)　　　　　　　　(b)

图 4-35　投影面垂直面变换成投影面平行面

6）一般位置平面变换成投影面平行面

一般位置平面变换成投影面平行面需进行两次换面：第一次使其变换成投影面垂直面；第二次使其变换成投影面平行面。

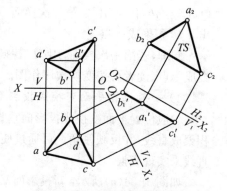

如图 4-36 所示，第一次换面，V_1 替换 V，作一般位置平面 $\triangle ABC$ 内的任一水平线 AD，使 $V_1 \perp AD$，则 $V_1 \perp \triangle ABC$，$V_1 \perp H$，故 $O_1X_1 \perp ad$。作出 $\triangle ABC$ 在 V_1 上的新投影 $a'_1b'_1c'_1$ 直线。第二次换面，H_2 替换 H，使 $H_2 \perp V_1$，$H_2 \parallel \triangle ABC$，则 $O_2X_2 \parallel a'_1b'_1c'_1$，作出 $\triangle ABC$ 在 H_2 上的新投影 $\triangle a_2b_2c_2$，则 $\triangle a_2b_2c_2 \cong \triangle ABC$。

图 4-36 一般位置平面变换成 投影面平行面

同理，若第一次换面，H_1 替换 H，第二次换面，V_2 替换 V，则也可求得 $\triangle ABC$ 的实形。读者可按变换次序作图。

4.6 直线与平面、平面与平面的相对位置

直线与平面、平面与平面的相对位置可分为平行、相交和垂直三种情况。

4.6.1 平行问题

1）直线和平面平行

若平面外一直线平行于平面内任一直线，则该直线和平面互相平行。如图 4-37 所示，直线 AB 和平面 P 内的直线 CD 平行，则直线 $AB \parallel$ 平面 P。

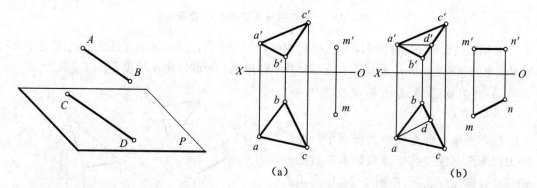

(a) (b)

图 4-37 直线和平面平行   **图 4-38 过点作水平线平行于已知平面**

【例 4-9】 如图 4-38(a) 所示，已知 $\triangle ABC$ 和 M 点，作过 M 点的水平线 $MN \parallel \triangle ABC$。

【解】 因所作 MN 为水平线且要求与 $\triangle ABC$ 平行，故 MN 必平行于 $\triangle ABC$ 内的水平线。作图如下：

(1) 在 $\triangle ABC$ 内任作水平线 AD，其在 H 和 V 上的投影为 ad 和 $a'd'$。

(2) 作 $MN \parallel AD$，即 $mn \parallel ad$，$m'n' \parallel a'd'$，如图 4-38(b) 所示。

【**例 4-10**】   如图 4-39 所示，判断直线 *MN* 与平面 *ABCD* 是否平行。

【**解**】   在平面 *ABCD* 内任作一直线 *EF*，使 *e'f'* // *m'n'*；作出 *ef*，因 *ef* 不平行于 *mn*，所以直线 *MN* 不平行于平面 *ABCD*。

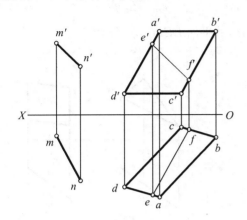

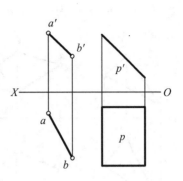

图 4-39   判断线面是否平行   图 4-40   直线与正垂面平行

当平面的某一投影具有积聚性时，则该投影可反映平面和直线的平行关系。如图 4-40 所示，平面 *P* 是正垂面，*a'b'* // *p'*，故 *AB* // *P*。

2）平面和平面平行

若两平面内分别有一对相交直线对应平行，则两平面互相平行。如图 4-41 所示，平面 *P* 内的两条相交直线 *AB* 和 *BC* 分别平行于平面 *Q* 内的两条相交直线 *DE* 和 *EF*，则平面 *P* // 平面 *Q*。

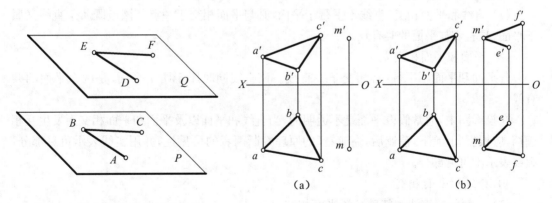

图 4-41   两平面平行的几何条件   图 4-42   作平面平行于已知平面

【**例 4-11**】   如图 4-42(a) 所示，已知 △*ABC* 和 *M* 点，过 *M* 点作平面平行于 △*ABC*。

【**解**】   若过 *M* 点作两条相交直线分别与 △*ABC* 平面内的两条相交直线平行，则由这两条相交直线所确定的平面必平行于 △*ABC*。作图如下：

（1）作 *ME* // *AB*，即 *me* // *ab*，*m'e'* // *a'b'*。

（2）作 *MF* // *AC*，即 *mf* // *ac*，*m'f'* // *a'c'*，故平面 [*ME* × *MF*] // △*ABC*。如图 4-42(b) 所示。

【例 4-12】 如图 4-43 所示，判断 △ABC 和平面 DEFG 是否平行。

【解】 欲判断两平面是否平行，只要看在一平面内能否作出一对相交直线平行于另一个平面内的两条相交直线。作图如下：

（1）在平面 DEFG 内作 EM 和 EN，使 e'm' // a'c'，e'n' // a'b'。

（2）作 em 和 en，因为 em // ac，en // ab，故平面 DEFG // △ABC。

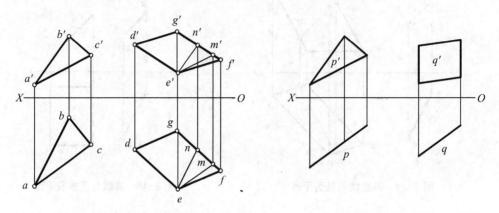

图 4-43　判断两平面是否平行　　　　　图 4-44　两铅垂面平行

当两平面均垂直于某投影面时，它们有积聚性的投影可直接反映平行关系。如图 4-44 所示，两铅垂面 P 和 Q 的 H 面投影 p // q，则 P // Q。

4.6.2　相交问题

这里相交问题分为两类。

（1）直线和平面相交：直线不平行于平面，必与平面相交于一点。该点既属于直线又属于平面，是直线与平面的共有点。

（2）平面和平面相交

若平面和平面不平行，必相交于一直线。该直线同时属于两个平面，是两个平面的共有线。

在投影图中，通常假设平面是不透明的，当直线和平面以及平面和平面相交而发生互相遮挡，应根据"上遮下，前遮后，左遮右"的原理判断两者的可见性，并用实线表示可见部分，虚线表示不可见部分。

1）直线和平面相交

（1）一般位置直线和特殊位置平面相交

若平面处于特殊位置，其某一投影具有积聚性，则直线与平面的交点可利用直线与平面的积聚性投影相交而直接求得。

【例 4-13】 如图 4-45(a) 所示，一般位置直线 AB 与铅垂面 P 相交，求作交点 K。

【解】 由于交点 K 既在 AB 上，又在平面 P 内，且平面 P 在 H 上投影为一直线，故该直线与 ab 的交点 k 即为所求。作图如下：

① 确定直线 AB 与平面 P 在 H 上的交点 k。

② 过 k 点作 OX 轴的垂线，与 a'b' 交于 k'。

③ 根据 H 面投影判断，KA 段在平面 P 之前可见，$a'k'$ 投影为实线；KB 段在 P 面之后，$k'b'$ 有部分被遮挡不可见，投影为虚线，如图 4-45(b)所示。

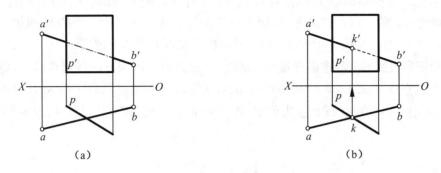

图 4-45 作一般位置直线与铅垂面的交点

(2) 投影面垂直线和一般位置平面相交

【例 4-14】 如图 4-46(a)所示，正垂线 MN 与一般位置平面 $\triangle ABC$ 相交，求作交点 K。

【解】 由于交点 K 既在 MN 上，又在平面 $\triangle ABC$ 内，且 MN 在 V 上投影为一点，故该点即为 MN 与平面 $\triangle ABC$ 的交点 K 在 V 上的投影 k'。作图如图 4-46(b)所示。

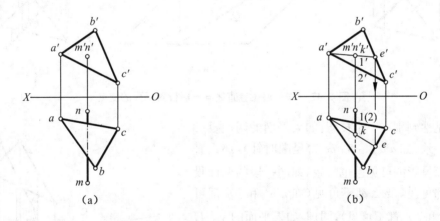

图 4-46 作正垂线与一般位置平面的交点

根据交叉两直线的重影点判断可见性：mn 和 ac 的交点 1(2)，是 MN 上 Ⅰ 点和 AC 上 Ⅱ 点的重影点，由 V 面投影可知，Ⅰ 点在 Ⅱ 点之上，故 NK 段可见，nk 投影为实线；KM 段有部分不可见，其投影为虚线。

(3) 一般位置直线和一般位置平面相交

若直线和平面均处于一般位置，则两者的投影均无积聚性，所以，交点的投影无法直接从投影图中得到，可采用辅助平面法求作。其作图步骤如下：

① 包含一般位置直线作一辅助平面，通常作投影面的垂直面。

② 作辅助平面和一般位置平面的交线。

③ 求作此交线和一般位置直线的交点。

【例 4-15】 如图 4-47(a)所示，一般位置直线 MN 和一般位置平面 $\triangle ABC$ 相交，求作

交点 K，并判别可见性。

【解一】 根据上述分析，作图如下：

① 包含 MN 作辅助铅垂面 Q，其 H 投影 Q_H 与 mn 重合，如图 4-47(b)所示。

② 确定 Q_H 和 △abc 的交线 ef，即为 Q 平面与 △ABC 的交线 EF 的 H 投影。

③ 作出 $e'f'$，与直线 $m'n'$ 相交于 k'，即为所求交点 K 的 V 面投影。

④ 根据各投影面上的重影点判断可见性。在 H 投影中，ab 和 mn 的交点 $e(1)$，由 V 面投影可知，E 点在 I 点之上，故 $k1$ 段不可见，应画虚线，另一段 $k'n'$ 则画实线。在 V 投影中，$b'c'$ 和 $m'n'$ 的交点 $2'(3')$，由 H 面投影可知，II 点在 III 点之前，故 $k'2'$ 段可见，应画实线，另一段画虚线。

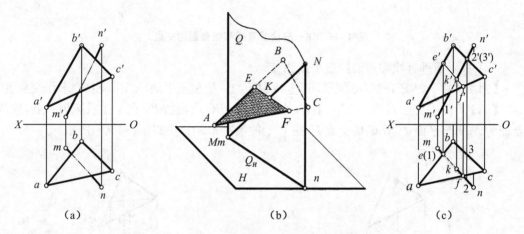

图 4-47　作一般位置直线与一般位置平面的交点

可见性判别有一个技巧：如果平面的两面投影的顺序一致（如 $a'b'c'$ 和 abc 都是顺时针），那么直线的两面投影的可见性也一致，即同一段的两面投影要么都可见，要么都不可见（如 $k'n'$ 和 kn 都可见，$k'm'$ 和 km 都不可见）；同理，如果平面的 V、H 投影的顺序不一致，那么直线的两面投影的可见性刚好相反。请读者自己验证。

【解二】 换面法解题。新设投影面垂直于 △ABC，其新投影积聚成一直线 $a_1'b_1'c_1'$；作出直线 MN 的新投影 $m_1'n_1'$，交直线 $a_1'b_1'c_1'$ 于 k_1' 点，反向作出 k 和 k'，即为所求。如图 4-48 所示。在新体系中的可见性判别同图 4-45。

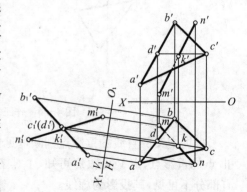

图 4-48　换面法作一般位置直线与一般位置平面的交点

2）平面和平面相交

（1）两特殊位置平面相交

两平面相交，且均垂直于某一投影面，其交线必垂直于该投影面，则两平面的交线可利用平面的积聚性投影求得。

【例 4-16】 如图 4-49(a)所示,水平面 Q 与正垂面 P 相交,求作交线 KL。

【解】 由于水平面 $Q \perp V$,正垂面 $P \perp V$,则交线 $KL \perp V$,故在 V 上投影积聚成一点,即为水平面 Q 和正垂面 P 在 V 上的投影之交点 $k'l'$。其 H 投影 $kl \perp OX$。

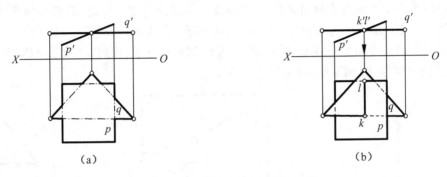

图 4-49 作水平面与正垂面的交线

根据平面的积聚性投影判断,交线左侧水平面 Q 在上为可见,右侧正垂面 P 在上为可见。即在 H 上,kl 左侧水平面 Q 投影画实线,kl 右侧正垂面 P 投影画实线。

（2）一般位置平面与特殊位置平面相交

两平面的交线可利用特殊位置平面的积聚性投影求得。

【例 4-17】 如图 4-50(a)所示,求作一般位置平面 $\triangle ABC$ 与铅垂面 Q 的交线 KM。

【解】 由于铅垂面 $Q \perp H$,故交线 KL 在 H 上的投影 kl 与 q 重合。k' 和 l' 分别在 $a'b'$ 和 $a'c'$ 上。根据 H 面投影判断,$\triangle ABC$ 的 AKL 部分在平面 Q 之前,所以,$a'k'l'$ 是可见的,画实线,另一部分不可见,画虚线,如图 4-50(b)所示。

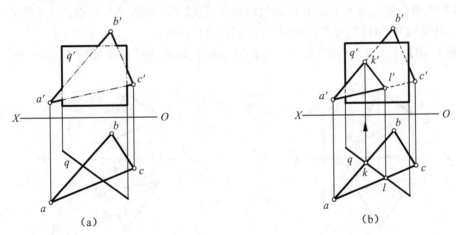

图 4-50 作铅垂面与一般位置平面的交线

（3）两一般位置平面相交

两个一般位置平面的交线可采用直线与平面求交点的方法求得。取一平面内的任意两条直线,作出它们与另一平面的交点,则交点一定是两平面交线上的点,连接两交点得两平面的交线。也可以用换面法,将其中一个面变换为投影面垂直面,从而将问题转化为投影面垂直面和一般面相交的问题解决,这里不作要求。

4.6.3 垂直问题

1）直线与平面垂直

若直线垂直于平面内的两相交直线，则该直线与平面垂直。反之，若直线与平面垂直，则该直线垂直于平面内的所有直线。如图 4-51 所示，直线 MN 垂直于平面 P 内的相交直线 AB 和 CD，则直线 $MN \perp$ 平面 P。反之，若直线 MN 垂直于平面 P，则直线 MN 垂直于平面 P 内的任意直线，即 $MN \perp EF$，$MN \perp KL$。

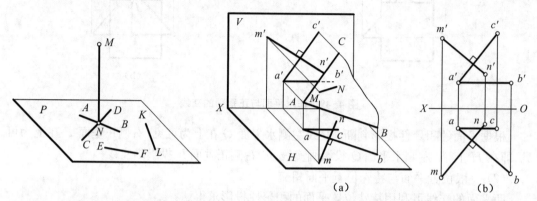

图 4-51 直线与平面垂直的几何条件   图 4-52 直线与平面垂直的投影特性

由上可知，直线与平面垂直的问题可转化为两直线垂直的问题。

如图 4-52 所示，直线 $MN \perp$ 平面 P，必垂直于平面 P 内的水平线 AB 和正平线 AC。由直角定理可知，在投影图中，$mn \perp ab$，$m'n' \perp a'c'$。因此，直线与平面垂直的投影特性为：直线的 H 面投影与平面内水平线的 H 面投影垂直；直线的 V 面投影与平面内正平线的 V 面投影垂直；直线的 W 面投影与平面内侧平线的 W 面投影垂直。

【例 4-18】 已知 $\triangle ABC$ 和 M 点，求 M 点到 $\triangle ABC$ 的距离，如图 4-53(a) 所示。

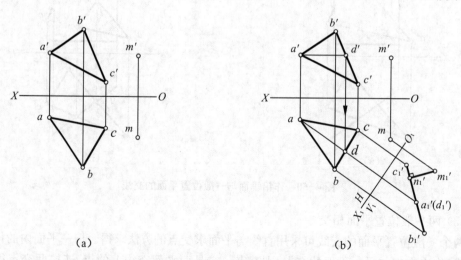

（a）   （b）

图 4-53 求点到平面的距离

【解】 采用换面法解题，作图如下：

(1) 将 $\triangle ABC$ 变换为投影面垂直面,其新投影积聚成一直线 $c_1'a_1'b_1'$。

(2) 作出 M 点的新投影 m_1',过 m_1' 点作直线 $c_1'a_1'b_1'$ 的垂线 $m_1'n_1'$,$m_1'n_1'$ 的长度即为所求距离,如图 4-53(b)所示。

【例 4-19】 如图 4-54(a)所示,求点 M 到直线 AB 的距离。

【解】 采用换面法解题,需进行两次投影变换:

(1) 将直线 AB 变换为投影面平行线,注意同时变换 M 点的投影。

(2) 将新的投影面平行线变换为投影面垂直线,使其新投影积聚成一点 $a_2'b_2'$。

(3) 作出 M 点的新投影 m_2',则 m_2' 和 $a_2'b_2'$ 两点之间的距离即为所求,如图 4-54(b)所示。

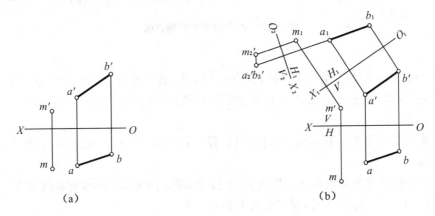

图 4-54 求点到直线 AB 的距离

2) 平面与平面垂直

若直线垂直于平面,则包含此直线的所有平面均和该平面垂直。反之,若两平面互相垂直,过其中一平面内任一点作另一平面的垂线,则垂线必在该平面内。如图 4-55 所示,直线 MN 垂直于平面 P,则过直线 MN 的平面 Q 和 R 均垂直于平面 P。反之,若平面 Q⊥平面 P,过平面 Q 内的 M 点作 MN⊥平面 P,则直线 MN 在平面 Q 内,如图 4-56 所示。

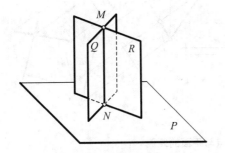

图 4-55 平面与平面垂直的几何条件

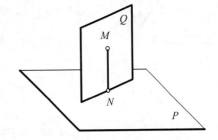

图 4-56 判断两平面是否垂直

【例 4-20】 如图 4-57(a)所示,过直线 MN 求作一平面垂直于 $\triangle ABC$。

【解】 首先,作出 $\triangle ABC$ 内的水平线 AB,正平线 AC,并分别作出两直线在 H、V 上的投影。然后,作直线 ml⊥ab,$m'l'$⊥$a'c'$,则 ML⊥$\triangle ABC$。所以,由直线 MN、ML 确定的平面垂直于 $\triangle ABC$,如图 4-57(b)所示。

【例 4-21】 如图 4-58(a)所示,在直线 MN 上求点 K,使 K 点到平面 $\triangle ABC$ 的距

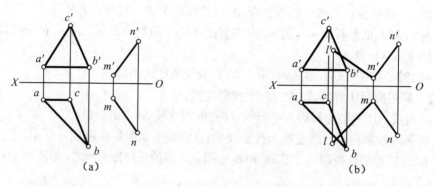

图 4-57　作已知平面的垂直面

离为 L。

【解】　求作的 K 点满足两个条件：在直线 MN 上，且与平面 $\triangle ABC$ 的距离为 L。满足第二个条件的点必在与平面 $\triangle ABC$ 平行且相距为 L 平面 P 内。则平面 P 与直线 MN 的交点即为 K 点。作图如下：

（1）将 $\triangle ABC$ 变换为投影面垂直面，其新投影积聚成一直线 $c_1'a_1'b_1'$，并作出直线 MN 的新投影 $m_1'n_1'$。

（2）作出平面 P 的新投影 p_1'，并使 p_1' 平行于直线 $c_1'a_1'b_1'$，且两者的距离为 L。

（3）p_1' 与 $m_1'n_1'$ 相交于 k_1'，返回求得 k 和 k'。

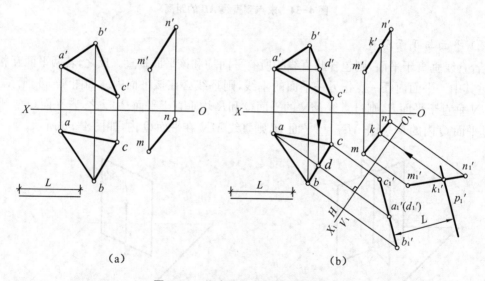

图 4-58　作直线上点与平面的距离

5　曲线和曲面的投影

在工程构筑物的表面经常可以见到一些曲线和曲面。本章主要介绍这些常用曲线、曲面的形成、投影特性和作图方法。

5.1　曲线

5.1.1　曲线的形成和分类

曲线是一系列点的集合，也可以看作是不断改变方向的点连续运动的轨迹。根据点的运动有无规律，曲线可以分为规则曲线和不规则曲线。曲线又可分为平面曲线和空间曲线。所有的点都位于同一个平面上的曲线，称为平面曲线，如圆、椭圆、双曲线和抛物线等。若曲线上任意四个连续的点不在同一个平面上，则此曲线称为空间曲线，如圆柱螺旋线等。

5.1.2　圆

图 5-1 中所示的圆曲线是工程中最常见的平面曲线。当圆倾斜于投影面时，其投影为椭圆(图 5-1(a))；当圆平行于投影面时，其投影为实形(图 5-1(b))；当圆垂直于投影面时，其投影积聚为直线段，长度等于圆的直径(图 5-1(c))。

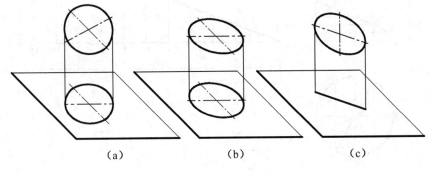

（a）　　　　　　　　（b）　　　　　　　　（c）

图 5-1　圆的投影

5.1.3　圆柱螺旋线

圆柱螺旋线是工程上应用最为广泛的一种规则空间曲线。设圆柱表面上一动点 A 绕圆柱的轴线作等速回转运动，同时沿圆柱的轴线方向作等速直线运动，则此动点 A 的运动轨迹即为圆柱螺旋线,如图 5-2(a)所示。点 A 旋转一周沿轴向移动的距离称为导程,用 S 表示。由于动点的旋转方向不同,圆柱螺旋线有右圆柱螺旋线和左圆柱螺旋线之分:当圆柱的轴线为铅垂线时,若螺旋线按逆时针方向螺旋上升的,称为右螺旋线,如图 5-2(b);若按顺时针方向螺旋上升的,则称为左螺旋线,如图 5-2(c)。

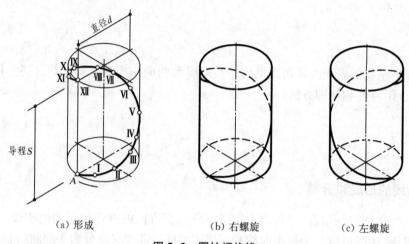

(a) 形成　　　　　　　　(b) 右螺旋　　　　　　　　(c) 左螺旋

图 5-2　圆柱螺旋线

圆柱的直径、导程和旋向是形成圆柱螺旋线的三个基本要素。改变圆柱螺旋线的基本要素,就可以得到不同的圆柱螺旋线。如图 5-3(a)所示,圆柱的轴线为铅垂线,直径为 d,导程为 S,起点为 A 的右圆柱螺旋线,其投影作图步骤如下:

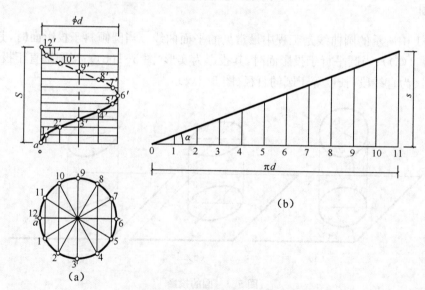

图 5-3　圆柱螺旋线的投影及展开

(1) 作出直径为 d、高为 S 的圆柱面的两面投影,然后将水平投影(圆)和正面投影上的导程分成相同的等份,图中为 12 等份。

(2) 由圆周上各等分点引竖直线,与导程上相应各等分点所作的水平线相交,交点 a',

$1'$，$2'$，…，$12'$，即为螺旋线上各点的正面投影。

（3）依次将 a'，$1'$，$2'$，…，$12'$ 各点连成光滑曲线，即得到螺旋线的正面投影。在圆柱面可见部分上的螺旋线是可见的，其投影画成实线，在不可见部分上的螺旋线是不可见的，其投影画成虚线。

圆柱螺旋线的正面投影是正弦曲线，水平投影是圆。图 5-3(b) 是圆柱面的展开图，根据圆柱螺旋线的形成规律，螺旋线在展开图上是一直线，该直线为直角三角形的斜边，底边为圆柱面圆周的周长 πd，高为螺旋线的导程 S，直角三角形的斜边与底边的夹角 α 称为螺旋线的升角。

5.2　曲面

在建筑工程中，经常会遇到各种复杂曲面，有些建筑物的表面就是由某些特殊的曲面构成的。

5.2.1　曲面的形成和分类

曲面可以看成是一条动线在空间连续运动形成的轨迹。形成曲面的这条动线称为母线。当母线处于曲面上任一位置时称为该曲面的素线。控制母线运动的一些不动的点、线和面分别称为导点、导线和导面（图 5-4）。

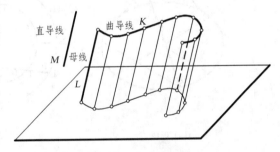

图 5-4　曲面的形成

母线及约束母线运动的几何元素（导线、导面等）为形成曲面的基本要素。

曲面可以按照母线的运动方式不同分为两类：母线绕一轴线旋转而形成的曲面，称为回转曲面，否则称为非回转曲面。

曲面还可以按照母线的形状不同分为两类：母线是直线的曲面，称为直纹曲面；母线是曲线的曲面，称为非直纹曲面。若一个曲面既可由直母线又可由曲母线形成时，通常仍称为直纹曲面。

曲面的种类很多，关于常见的回转曲面将在第六章中讨论，本节仅介绍建筑工程中常用的直纹曲面的形成及其表示方法。

5.2.2　单叶回转双曲面

一条直母线绕着与它交叉的轴线旋转，所形成的曲面叫做单叶回转双曲面。如图 5-5(a) 所示，AB 与 OO 为两交叉直线，AB 绕 OO 回转时，AB 上各点运动的轨迹都是垂直于 OO 的纬圆，端点 A、B 的轨迹是顶圆和底圆，AB 上距 OO 最近的点 C 形成的圆最小，称为喉圆或颈圆。

单叶回转双曲面投影图的画法有素线法和纬圆法。以素线法为例，其作图步骤如图 5-5(b) 所示。

（1）画出母线 AB 与轴线 OO 的投影。

（2）以 O 为圆心, Oa、Ob 为半径画圆,得到顶圆和底圆的水平投影,向上投得相应的正面投影。把两圆分成相等的 12 等份,并且用数字 1、2、…、12 顺序标注。

（3）连接对应点,得到各素线的水平投影 $1\text{-}1_1$、$2\text{-}2_1$、$3\text{-}3_1$、…、$12\text{-}12_1$ 及正面投影 $1'1_1'$、$2'2_1'$、$3'3_1'$、…、$12'12_1'$。

（4）作各条素线正面投影的包络线,得到单叶回转双曲面的正面投影轮廓线。以 O 为圆心,作与各条素线水平投影相切的圆,得到喉圆的水平投影。

单叶回转双曲面广泛应用于塔式建筑中,如电厂、化工厂的冷凝塔等。

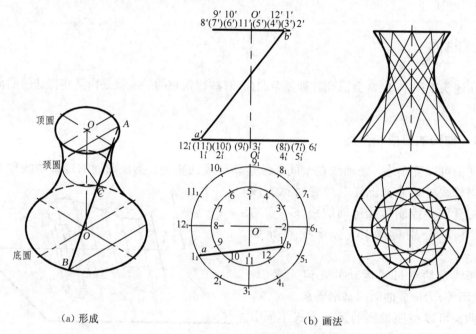

（a）形成　　　　　　　　　　　　（b）画法

图 5-5　单叶回转双曲面的形成及投影画法

5.2.3　柱状面

直母线 AB 沿着两条曲导线运动,并始终平行于导平面 P,这样形成的曲面称为柱状面。如图 5-6 所示的柱状面,是由直母线 AB 沿着两条曲导线 AD 和 BC 移动,且平行于导平

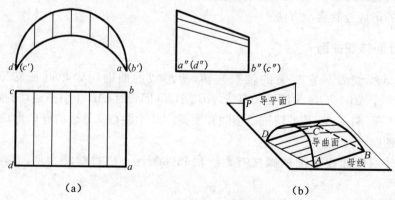

（a）　　　　　　　　　　　（b）

图 5-6　柱状面的形成及投影

面 P 而形成的。图 5-6(a) 是该柱状面的投影图,为了使该曲面的投影表达得更加清楚,在投影图上还画出了曲面上的若干条素线的投影。由于导平面 P 是侧平面,因此这些素线均为侧平线。图 5-6(b) 是其立体示意图。

5.2.4 锥状面

直母线 AB 一端沿着直导线运动,另一端沿着曲导线运动,并且始终平行于一个导平面,这样形成的曲面称为锥状面。如图 5-7 所示的锥状面,是由直母线 AB 沿着直导线 BC 和曲导线 AD 移动,并始终平行于导平面 P 面而形成的。图 5-7(a) 是该锥状面的投影图,在投影图上还画出了曲面上的若干条素线,这些素线均为水平线,且间距相等。图 5-7(b) 是其立体示意图。

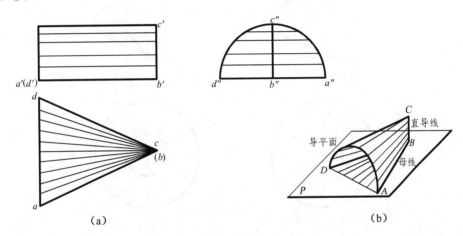

图 5-7 锥状面的形成及投影

5.2.5 双曲抛物面

一条直母线沿着两条交叉直线移动,并且始终与一导平面平行,所形成的曲面称为双曲抛物面。如图 5-8 所示的双曲抛物面,是由一条直母线 AC 沿着两条交叉导直线 AB 和 CD 移动,且始终平行于导平面 P 而形成的。

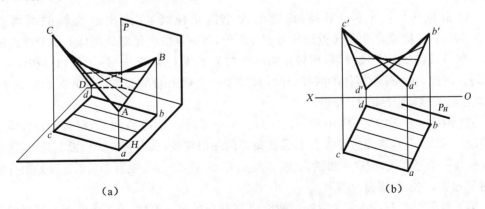

图 5-8 双曲抛物面的形成及投影

5.2.6 平圆柱螺旋面

平圆柱螺旋面是由一条直母线以圆柱螺旋线为曲导线,以该螺旋线的回转轴线为直导线,并始终平行于与轴线垂直的导平面运动所形成的曲面,简称平螺旋面。图 5-9(a) 所示为平圆柱螺旋面的投影,这时的轴线是铅垂线,导平面是 H 面,各条素线都是与轴线垂直相交的水平线。如果该螺旋面被一个同轴小圆柱面所截,其投影如图 5-9(b) 所示,此时的小圆柱面与螺旋面的交线是一条导程相同的螺旋线。

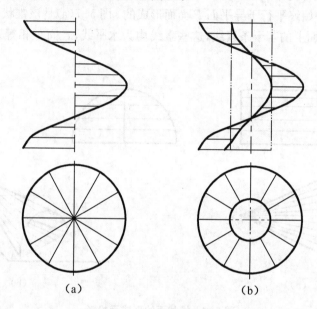

(a)   (b)

图 5-9　平圆柱螺旋面

在建筑工程中,平螺旋面的应用比较广泛,常见的如螺旋楼梯、螺旋坡道等。

下面以螺旋楼梯的投影图为例,介绍其画法,如图 5-10 所示。

(1) 确定螺旋面的螺距及其所在圆柱面的直径。为简化作图,假设沿螺旋楼梯走一圈有十二级,一圈高度就是该螺旋面的螺距。螺旋楼梯内外侧到轴线的距离,分别是内外圆柱的半径。

(2) 根据内、外圆柱的半径、螺距的大小以及梯级数,画出螺旋面的两面投影(图 5-10(a))。把螺旋面的 H 投影分为十二等份,每一等份就是螺旋楼梯上一个踏面的 H 投影。螺旋楼梯踢面的 H 投影,积聚在两踏面的分界线上,如图中 $(1_1)2_1 2_2 (1_2)$ 和 $(3_1)4_1 4_2 (3_2)$ 等。因此,在画螺旋楼梯的两投影时,只要按一个螺距的步级数目等分螺旋面的 H 投影,就完成了螺旋楼梯的 H 投影。

(3) 画第一步级的 V 投影(图 5-10(b))。第一级踢面 $I_1 II_1 II_2 I_2$ 的 H 投影积聚成一水平线段 $(1_1)2_1 2_2 (1_2)$,踢面的底线 $I_1 I_2$ 是螺旋面的一根素线,求出它的 V 投影 $1_1' 1_2'$ 后,过两端点分别画一条竖直线,截取一级的高度,得点 $2_1'$ 和 $2_2'$。连 $2_1'$、$2_2'$,矩形 $1_1' 2_1' 2_2' 1_2'$ 就是第一级踢面的 V 投影,它反映踢面的实形。

第一级踢面的 H 投影 $2_1 2_2 3_2 3_1$ 是螺旋面 H 投影的第一等分。第一级踏面的 V 投影积聚成一水平线段 $2_1' 2_2' 3_2' (3_1')$,其中 $(3_1')3_2'$ 是第二级踢面的底线(螺旋面的另一根素线)的 V 投影(图 5-10(b))。

(4) 画第二步级的 V 投影(图 5-10(c))。过点 $3'_1$ 和 $3'_2$ 分别画一竖直线,截取一级的高度,得点 $4'_1$ 和 $4'_2$。矩形 $3'_1 3'_2 4'_2 4'_1$ 就是第二级踢面的 V 投影。

第二级踏面的 V 投影积聚成一水平线段 $4'_1 4'_2 5'_2 (5'_1)$,它与该踏面的 H 投影 $4_1 4_2 5_2 5_1$ 相对应。其中线段 $(5'_1) 5'_2$ 也是第三级踢面底线的 V 投影。

如此类推,依次画出其余各级的踢面和踏面的 V 投影。必须注意,第四级和第十级踢面平行于 W 面,它的 V 投影积聚成一铅垂直线段。第五至第九级的踢面,由于被螺旋楼梯本身所挡住,因此它们的 V 投影是不可见的。各级的投影如图 5-10(c)所示。

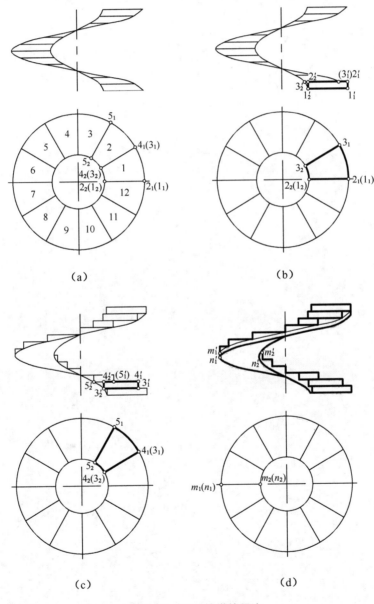

图 5-10　螺旋楼梯的画法

（5）最后画螺旋楼梯板底面的投影。梯板底面也是一个螺旋面，它的形状和大小与梯级的螺旋面完全一样，只是两者相距一个梯板沿竖直方向的厚度罢了。梯板底面的 H 投影与各梯级的 H 投影重合。

画梯板底面的 V 投影，可对应于梯级螺旋面上的各点，向下截取相同的高度，求出底板螺旋面相应各点的 V 投影。比如第七级踢面底线的两端点是 M_1 和 M_2。从它们的 V 投影 m_1' 和 m_2' 向下截取梯板沿竖直方向的厚度，得 n_1' 和 n_2'，即所求梯板底面上与 M_1、M_2 相对应的两点 N_1、N_2 的 V 投影。同法求出其他各点后，用光滑曲线连接，即为梯板底面的 V 投影。完成后的螺旋楼梯两面投影如图 5-10(d) 所示。

6 基本体的投影

所谓基本体,就是简单的几何形体,包括棱柱、棱锥、棱台等平面立体和常见的圆柱、圆锥、圆球和圆环等回转体。这里主要研究这些基本体的投影特点及其表面上取点、线的问题,还有平面和立体相交以及两个立体相交的问题。

6.1 平面立体的投影

平面立体也称多面体,它的表面都是由平面围成的,常见的简单的平面体有棱柱、棱锥和棱台,它们的投影各有特点,分述如下。

6.1.1 棱柱体

棱柱体的特点是有一组相互平行的棱线和两个平行的底面。当底面与棱线垂直时称为直棱柱,底面各边相等的直棱柱称为正棱柱。工程上常见的棱柱为直棱柱或正棱柱,且往往处于特殊位置,即棱线垂直于投影面。

图 6-1(a)所示为一棱线垂直于 H 面的正五棱柱,按点、线、面的投影规律,作出其三面投影如图 6-1(b)所示:五棱柱的上、下底为水平面,所以其 H 投影重合为反映实形的正五边形,五边形的各边分别是五棱柱各个侧面的积聚投影,五个顶点则是各棱线的积聚投影;V 面投影的外框为矩形,矩形的上、下两条边分别是五棱柱上、下底面的积聚投影,三条可见

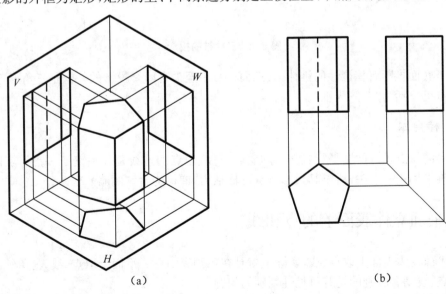

（a）   （b）

图 6-1 正五棱柱的投影

的铅直线分别是左、前、右棱线的实长投影,构成的两个可见矩形则是左前、右前两个侧面的类似形投影,两条虚线是后方不可见棱线的投影;W 面投影的外框也是矩形,上、下两条边同样是五棱柱上、下底面的积聚投影,三条可见的铅直线分别是左后、左前和前棱线的实长投影,构成的两个矩形则分别是左后、左前侧面的类似形投影。

从图 6-1(b)可以看出:两个投影的外框是矩形,另一个投影反映形状特征。对于其他处于特殊位置的直棱柱同样也有这样的投影特点,所以可概括为"矩矩为柱"。

6.1.2 棱锥体

棱锥体的特点是有一个底面,其他各侧面的交线相交于一个顶点。

图 6-2(a)所示是一个三棱锥,三棱锥的底面平行于 H 面,其他三个侧面均为一般位置平面,其投影如图 6-2(b)所示:底面的 H 投影反映实形,V、W 投影积聚为水平线,三个侧面的三面投影均为类似图形。注意棱线 SC 的侧面投影不可见,所以用虚线表示。

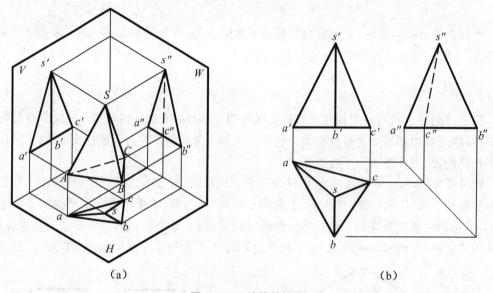

（a）　　　　　　　　　　　　　　　（b）

图 6-2 三棱锥的投影

对于底面投影有积聚性的锥体,其三面投影中至少有两个投影的外框是三角形,所以其投影特点可概括为"三三为锥"。

6.1.3 棱台体

棱台的特点是有两个平行且相似的底面,对应顶点的连线延长后交于一点。实际上就是将棱锥平切去一个头,所以其投影特点可概括为"梯梯为台"(图略)。

6.2 平面立体表面上的点和线

在平面立体表面上取点、线,实际上就是在各侧表面——平面上取点、线,与单纯的在平面上取点、线稍有区别的是有可见性判别的问题。

【例 6-1】 如图 6-3(a)所示,已知五棱柱表面上的一个点 A 和一条线 BC 的一个投影,求作它们的其他两面投影。

【解】 分析和作图如图 6-3(b)所示。

(1) 作 A 点的投影

从 a′ 的位置和可见性可以判别,A 点位于五棱柱的右前方侧表面上,先利用积聚性作出其 H 投影 a,然后再作出其 W 投影(a″),不可见。

(2) 作直线 BC 的投影

由 b″c″ 的位置及可见性可以判别,直线 BC 位于五棱柱的左后方侧表面上,先利用积聚性作出其 H 投影 bc,然后再作出其 V 投影(b′)(c′),不可见,画为虚线。

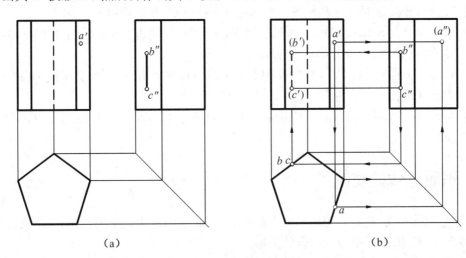

(a)　　　　　　　　　(b)

图 6-3　棱柱体表面上的点和线

【例 6-2】 如图 6-4(a)所示,已知三棱锥表面上的一个点 E 和一线段 MN 的一个投影,求作它们的其他两面投影。

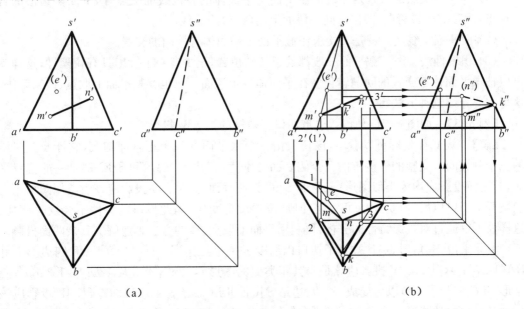

(a)　　　　　　　　　(b)

图 6-4　棱锥体表面的点和线

【解】 分析和作图如图 6-4(b)所示。

(1) 作 E 点的投影

由 (e′) 的位置及其不可见性可以知道，E 点位于三棱锥的 SAC 棱面。过 E 点在 SAC 棱面作辅助线 SⅠ(s′1′)，交底边 AC 于Ⅰ(1′)，再作出 SⅠ的 H 投影 s1，因为 E 点在 SⅠ上，从而得到 e 在 s1 上，最后根据 e 和 (e′) 作出 (e″)，不可见。

(2) 作线段 MN 的投影

根据 m′n′ 的位置和可见性可以判别，M 点位于三棱锥的 SAB 棱面上，N 点位于三棱锥的 SBC 棱面上，MN 横跨了两个棱面，所以 MN 在空间不是一个直线段，而是多了一个转折点的折线段，转折点 K 位于棱线 SB 上。先由 k′ 作出 k″，从而确定 k。

过 M 点 (m′) 在 SAB(s′a′b′) 上作辅助线 SⅡ(s′2′)，交底边 AB(a′b′) 于Ⅱ(2′)，再作出辅助线 SⅡ的 H 投影 s2，继而确定 m 和 m″。

过 N 点 (n′) 在 SBC(s′b′c′) 上作辅助线 N3(n′3′)//底边 BC(b′c′)，交棱线 BC(b′c′) 于Ⅲ(3′)，再作出辅助线 N3 的 H 投影 n3，继而确定 n 和 (n″)。

连接 mk、kn 和 m″k″、k″(n″)，因为棱面 SBC 的 W 投影 (s″b″c″) 不可见，所以 k″(n″) 不可见，画为虚线。

6.3 平面立体截交线

平面与立体相交，就是假想用平面去截切立体，此平面称为截平面，所得表面交线称为"截交线"。一般来说，截交线是闭合的图形。

平面体的表面都是由平面组成的，所以平面体的截交线一般是闭合的平面多边形，多边形的各边就是截平面与平面体各个表面的交线，各个顶点就是截平面与平面体各个棱线的交点。求平面体截交线的方法有如下几种：

(1) 线—面交点法。就是通过求截平面与平面体的各棱线的交点，即平面多边形的各个顶点，然后把相邻两点（即位于同一棱面上的两点）连成线。

(2) 面—面交线法。就是直接求作截平面与平面体各棱面的交线。

(3) 积聚性法。由于截平面一般都处于特殊位置，至少有一个投影具有积聚性，这样就可以把求平面体截交线的问题转化为在平面体各个表面——也就是平面上取点、线来解决。这里主要介绍这种方法。

【例 6-3】 如图 6-5(a)所示，求带切口三棱锥的 H、W 投影。

【解】 从 V 面投影可以看出，该切口由一个水平面和一个正垂面构成，它涉及三棱锥的三个侧表面。完整的三棱锥的三个侧表面分别为：三角形 SAB 和 SBC 都是一般位置平面，其三面投影应均为类似图形；三角形 SAC 为侧垂面，其 V、H 投影应该为类似图形。它们被开了切口以后，形状发生了变化，但是位置没有变化，因此投影的特性不会发生变化。这样就可以通过对投影特性的分析，再利用平面上取点、线的方法迅速解决其余两面投影。

具体来说，三角形 SAB 被开了切口以后变成一个三角形 SⅣⅤ(s′4′5′) 和四边形ⅠⅡBA(1′2′b′a′)，其 H、W 投影应该是与其相类似的图形 s45 和 s″4″5″ 及 12ba 和 1″2″b″a″；三角形 SBC 被开了切口以后变成一个六边形 SⅣⅢⅡBC(s′4′3′2′b′c′)，其 H、W 投影应该是与其相类似的图形 s432bc 和 s″4″3″2″b″c″；三角形 SAC 被开了切口以后变成一个六边形

$S V \mathrm{VII} \mathrm{I} AC$，其 H 投影应该是与其相类似的图形 $s561ac$，W 投影积聚为一直线。最后再分析由两个截平面相交而产生的交线 $\mathrm{III} \mathrm{VI}$ 及其投影的可见性并处理轮廓线。

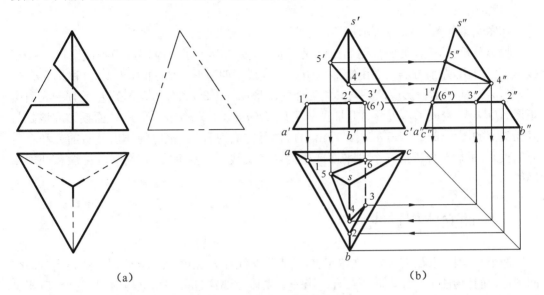

图 6-5　切口三棱锥的投影

具体作图过程如图 6-5(b)的箭头所示。

这里一定要注意：在作图之前，必须对立体各个表面的空间位置和被截平面截切前后的形状变化及其投影应该有什么样的特点进行分析，初学时还要学会对各个顶点进行编号，这样就可以明晰作图的思路，并对作图结果有一个准确的形状（类似图形）意识，最后即使不检验作图的过程也能一目了然的判断作图结果的正确与否。

【**例 6-4**】 补全如图 6-6(a)所示形体的 V、H 投影。

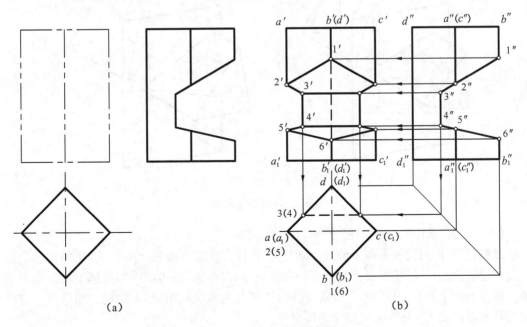

图 6-6　补全四棱柱的投影

【解】　首先进行形体分析：根据投影特点，可以知道这是一个四棱柱在其中前方被从左到右开通了一个切口，切口由两个侧垂面和一个正平面构成。开了切口以后，形体的左右依然是对称的。

作图结果如图6-6(b)所示。

投影分析：四棱柱的四个侧表面都是铅垂面，所以其V、W投影应为类似图形。从W投影可以看出，左前方侧表面由矩形ABB_1A_1变成了四边形ABⅠ Ⅱ $(a''b''1''2'')$和Ⅴ ⅥB_1A_1 $(5''6''b_1''a_1'')$，其V面投影应该是与其相类似的图形$(a'b'1'2')$和$(5'6'b_1'a_1')$；左后方侧表面由矩形ADD_1A_1变成了八边形AⅡ Ⅲ Ⅳ ⅤA_1D_1D $(a''2''3''4''5''a_1''d_1''d'')$，其$V$面投影应该是与其相类似的图形$(a'2'3'4'5'a_1'd_1'd')$；由于形体是左右对称的，相应的作出其右前方和右后方的投影；最后再分析由三个截平面产生的两条交线——侧垂线，并判别可见性和处理轮廓线。

6.4　平面立体相贯线

两个立体相交又称为两个立体相贯，其表面交线称为"相贯线"，相贯线一般是闭合的空间图形，而且为两个立体表面所共有。当一个立体全部穿过另一个立体时，称为全贯，相贯线有两组，如图6-7(a)所示；当两个立体都只有部分参与相交时，称为互贯，相贯线只有一组，如图6-7(b)所示。

两个平面立体的相贯线一般情况下为空间多边形(折线)，特殊情况下是平面多边形。实际上也就是一个立体的各个表面与另一个立体表面的截交线的组合。因此，求相贯线的问题完全可以转化为求截交线的问题，方法同求截交线一样，这里仍然重点介绍积聚性法。

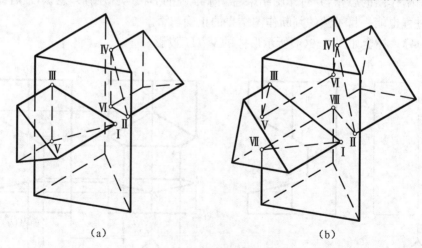

(a)　　　　　　　　　　　　　　(b)

图6-7　两个立体相交

【例6-5】　求作图6-8(a)所示两立体的相贯线。

【解】　形体分析：这是两个棱线分别垂直于H、W的三棱柱产生相贯，横向的三棱柱完全穿过直立的三棱柱，所以是全贯。相贯线分左、右两组：左边的一组实际上就是由直立的三棱柱的两个侧面DE和DF分别与横向三棱柱的截交线组成；右边的一组就是直立的三棱柱的右侧面EF与横向三棱柱的截交线。

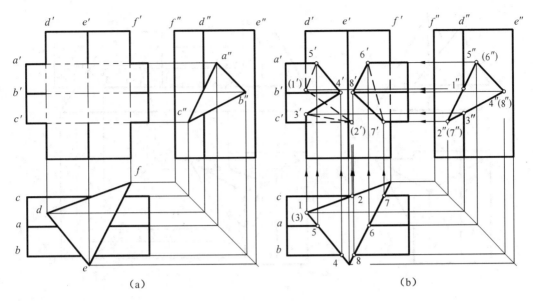

图 6-8 求作两个立体的相贯线(全贯)

投影分析:由于两个三棱柱的 H、W 面投影分别具有积聚性,所以只需要求相贯线的 V 面投影。因为直立三棱柱的三个侧面都是铅垂面,所以其 V 面投影和 W 面投影应为类似图形。它们被横向的三棱柱相贯以后,从 W 面投影看表面发生了如下变化:左后侧面 DF 多了Ⅰ—Ⅱ—Ⅲ($1''$—$2''$—$3''$)三个转折点,对应的图形由矩形变成了七边形;左前侧面 DE 多了Ⅲ—Ⅳ—Ⅴ—Ⅰ($3''$—$4''$—$5''$—$1''$)四个转折点,对应的图形由矩形变成了八边形;右前侧面 EF 的外框没有变,里面多了一个三角形Ⅵ—Ⅶ—Ⅷ($6''$—$7''$—$8''$)。

作图过程如图 6-8(b)所示。

(1) 作出各个转折点对应的 V 面投影。

(2) 依次连接各点成相贯线。这里注意连点的顺序必须和 W 面投影一致,遵循:同一平面上的两个点可以连,如Ⅰ—Ⅱ、Ⅱ—Ⅲ等;同一棱线上的两个点不能连,如Ⅰ—Ⅲ、Ⅱ—Ⅶ、Ⅳ—Ⅷ等。同时,注意各个侧面类似图形的分析,用形象思维确保作图的正确性。

(3) 判别可见性。Ⅰ—Ⅱ、Ⅱ—Ⅲ是直立三棱柱后侧面上的线段,所以其 V 面投影 $1''$—$2''$—$3''$不可见;Ⅴ—Ⅰ和Ⅵ—Ⅶ是横向三棱柱后侧面上的线段,所以其 V 面投影 $5''$—$1''$ 和 $6''$—$7''$不可见。这里就发现一个可见性的判别原则是:只有两个面的投影都可见时,其交线的投影才可见,只要有一个面的投影是不可见的,那么其交线的投影亦不可见。

(4) 处理轮廓线。参与相交的各棱线需连接到相应的转折点,并且按可见性画为实线和虚线,同一棱线上的两个转折点之间已和另一立体融为一体,没有线。没有参与相交的棱线也应按其可见性处理为实线或虚线,如 D、F 两条棱线没有参加相贯,其被横向三棱柱遮挡住的部分应画为虚线,未被遮挡住的部分应画为实线。

【例 6-6】 求作图 6-9(a)所示两立体的相贯线。

【解】 形体分析:这是一个棱线垂直于 V 面的三棱柱和一个三棱锥相贯,三棱柱只有两个侧面参与相交,所以是互贯,相贯线只有一组,实际上就是三棱柱的两个侧面 LM 和 MN 与三棱锥相交的截交线,所以此题和图 6-5 类似,所不同的是图 6-5 是空体(切口)相交,这里是实体相交。

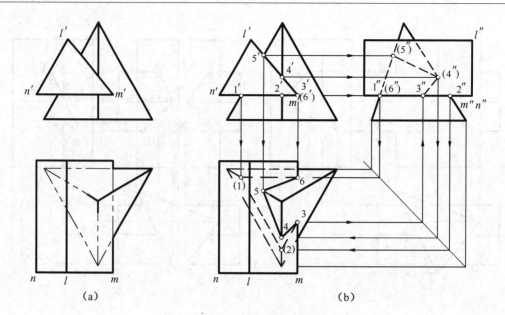

$$\text{图 6-9 \quad 求作两个立体的相贯线(互贯)}$$

投影分析与作图:由于三棱柱的 V 面投影具有积聚性,所以相贯线为已知:Ⅰ—Ⅱ—Ⅲ—Ⅳ—Ⅴ—Ⅵ(1″—2″—3″—4″—5″—6″)。又根据相贯线是共有的原则,它也在三棱锥表面上,这样就把求相贯线的问题转化为在三棱锥表面——平面上取点、线来解决,分析同例 6-3,这里不重复讲述(读者可对三棱锥进行编号后自己分析)。所不同的是这里的三棱柱是实体,因此,在其下底面 MN 上的线段Ⅰ—Ⅱ、Ⅱ—Ⅲ和Ⅰ—Ⅵ的 H 投影 1—2、2—3 和 1—6 是不可见的;在其右侧面 LM 上的线段Ⅲ—Ⅳ、Ⅳ—Ⅴ和Ⅴ—Ⅵ的 W 投影 3″—4″、4″—5″和 5″—6″是不可见的;另外,两个实体相贯的部分被认为是融为一体的,所以Ⅲ和Ⅵ之间是不能连线的。最后处理轮廓线,原则同上例。结果如图 6-9(b)所示。

6.5 回转体的投影

常见的回转体有圆柱、圆锥、圆球和圆环等。

6.5.1 圆柱

1) 圆柱的形成
如图 6-10(a)所示,一矩形平面绕着其中的一条边为轴线旋转一周,便形成了一个圆柱体。按此方式形成的圆柱体是一个包含上、下底的实心圆柱,侧面称为圆柱面,是由与轴线平行的一边旋转而形成的,该边旋转到某一具体位置时称为圆柱面的素线,圆柱面上的素线相互平行。

2) 圆柱的投影
图 6-10(a)所示为一轴线垂直于 H 面的铅直圆柱,其三面投影如图 6-10(b)所示:H 投影为圆柱的上、下底圆的实形投影,圆周则是整个圆柱面的积聚投影;V、W 投影均为矩形,矩形的上下两条边分别是圆柱上下底圆的积聚投影,另外两条边则分别是最左、最右素

线$(AA_1$、$BB_1)$和最前、最后素线$(CC_1$、$DD_1)$的投影$(a'a_1'$、$b'b_1'$ 和 $c''c_1''$、$d'd'')$。注意,这样的轮廓线在圆柱表面实际上是不存在的,仅仅是由于投影而产生的,所以也称为投影轮廓线,它们客观上也形成了前、后半柱和左、右半柱的分界线。对应的其他投影只表示了其位置$(a''a_1''$、$b'b_1'$ 和 $c'c_1'$、$d'd_1')$,而没有线的存在。

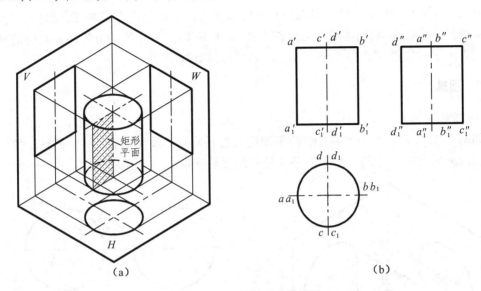

图 6-10　圆柱的形成及投影

6.5.2　圆锥

1) 圆锥的形成

如图 6-11(a)所示,一直角三角形绕其一直角边为轴线旋转一周便形成了一个圆锥体。按此方式形成的圆锥是一个包含底圆的实心圆锥,侧面称为圆锥面,它是由三角形的斜边旋转而形成的,该边旋转到某一具体位置时称为圆锥面的素线,锥面上所有的素线相交于锥顶。

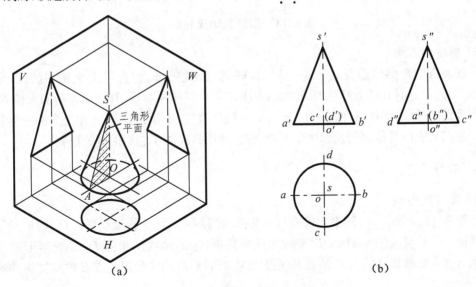

图 6-11　圆锥的形成及投影

2）圆锥的投影

图 6-11(a)为一轴线垂直于 H 面的直立圆锥，其 H 投影反映圆锥的下底圆的实形，同时也是所有锥面的投影；V、W 投影均为三角形，三角形的底边是圆锥下底圆的积聚投影，另外两条边则分别是最左、最右素线(SA、SB)和最前、最后素线(SC、SD)的投影($s'a'$、$s'b'$ 和 $s''c''$、$s''d''$)。同样，这样的轮廓线在圆锥表面实际上也是不存在的，仅仅是由于投影而产生的投影轮廓线，它们客观上也形成了前、后半锥和左、右半锥的分界线。对应的其他投影只表示了其位置($s''a''$、$s''b''$ 和 $s'c'$、$s'd'$)，同样没有线的存在。

6.5.3 圆球

1）圆球的形成

如图 6-12(a)所示，一半圆(或圆)平面绕其直径旋转一周便形成了一个圆球。按此方式形成的圆球当然也是实心的圆球，整个外表面便是球面。

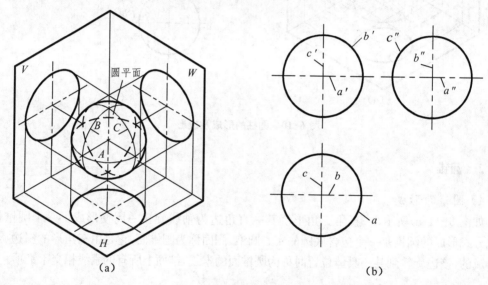

图 6-12 圆球的形成及投影

2）圆球的投影

从任何方向观察球面其效果是一样的，即其三面投影均为直径大小相等的圆，如图 6-12(b)所示。同样，球面是光滑的曲面，其上不存在任何轮廓线，其三面投影的大圆 b'、a 和 c'' 则分别是前、后半球(V 面)和上、下半球(H 面)及左、右半球(W 面)理论上的分界线的投影。它们对应的其他面的投影也是不存在的，图中只表明了它们的理论位置。

6.5.4 圆环

1）圆环的形成

如图 6-13(a)所示，一圆平面绕着与其共面的圆外一直线为轴线旋转一周，便形成了一个圆环面。靠近轴线的半圆 CBD 旋转形成内环面，远离轴线的半圆 DAC 旋转形成外环面。圆周上离轴线最远的点 A 的旋转轨迹称为赤道圆，离轴线最近的点 B 的旋转轨迹称为颈圆。

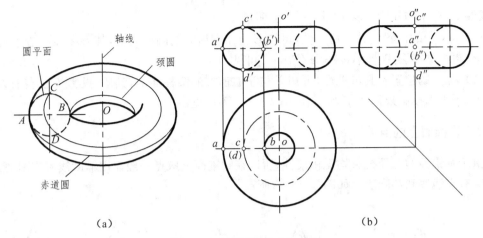

图 6-13　圆环的形成及投影

2) 圆环的投影

图 6-13(a)所示为一轴线垂直于 H 面的圆环,其三面投影如图 6-13(b)所示:H 投影为两个同心圆,分别是赤道圆和颈圆的投影;V、W 面投影为两个大小相等的"鼓形",鼓的上下两个底面分别是圆平面上最高、最低两个点的运动轨迹圆的积聚投影,V 面投影的左、右两个圆是前、后半环的分界线的投影,W 面投影前、后两个圆则是左、右半环的分界线的投影。

对于 H 面投影,上半环面可见,下半环面不可见;对于 V 面投影,只有前半环的外环面可见,其余均不可见;对于 W 面投影,只有左半环的外环面可见,其余均不可见。

6.6　回转体表面上的点

在回转体表面取点的方法有积聚性法、素线法和纬圆法等,分述如下。

6.6.1　圆柱面上的点

由于圆柱的一个投影具有积聚性,所以可以用积聚性法解决。

【例 6-7】　求作图 6-14(a)所示圆柱上的点 E 和 F 的其他两面投影。

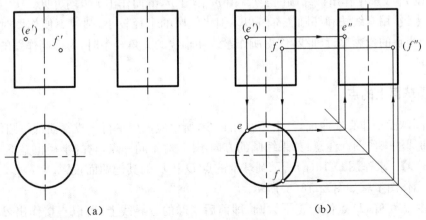

图 6-14　圆柱面上取点

【解】 分析与作图步骤如图 6-14(b)所示。

(1) 由 (e') 的位置及其不可见性,可知 E 位于左后方的圆柱面上,其 H 投影 e 在左后半圆周上,再根据投影规律由 (e') 和 e 作出 e'',可见。

(2) 由 f' 的位置及其可见性,可知 F 位于右前方的圆柱面上,其 H 投影 f 在右前方的圆周上,再根据投影规律由 f' 和 f 作出 (f'')——不可见。

6.6.2 圆锥面上的点

由于圆锥面的三面投影均无积聚性,所以在圆锥面上取点一般需用辅助线来作图,常用的方法有素线法和纬圆法。如图 6-15(a)所示。

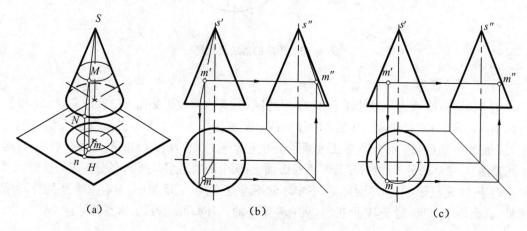

(a) (b) (c)

图 6-15 圆锥面上取点

【例 6-8】 已知圆锥上 M 的点 V 面投影,求作其他两面投影。

【解】 素线法作图步骤如图 6-15(b)所示。

(1) 由 m' 可知,点 M 在左前方锥面上,过 m' 作 $s'n'$,再作 sn 和 $s''n''$。

(2) 根据 m' 在 $s'n'$ 上,则分别在 sn 和 $s''n''$ 作出 m 和 m'',均可见。

纬圆法作图步骤如图 6-15(c)所示。

(1) 过 m' 作水平线与最左、最右投影轮廓线相交,从而确定纬圆的直径。

(2) 在 H 投影中作出该纬圆的实形,由 m' 作出 m,继而作出 m'',均可见。

一般来说,用素线法和纬圆法都可以。但当纬圆的半径较小,圆规不便作图时,可选用素线法;而当点的投影靠近轴线,使得所作素线和轴线的夹角较小时,为提高作图的精度,可选用纬圆法。

6.6.3 圆球面上的点

由于圆球面是非直纹曲面,其上不存在直线,所以应该用平行于投影面的纬圆作为辅助线,即用纬圆法来作图。注意:如果纬圆的方向不同,对于同一点,它的半径也是不一样的。

【例 6-9】 求作图 6-16(a)所示圆球上的点 D 和 E 的其他两面投影。

【解】 作图步骤如图 6-16(b)所示。

(1) 由 d' 可知,D 点位于正平大圆,即前后半球的分界线上,可以直接作出 d 和 (d'')。又因 D 点位于球的右上方,所以 d 可见,而 (d'') 不可见。

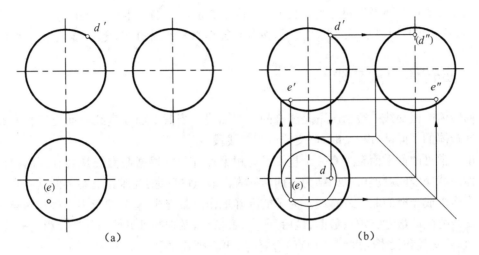

(a)　　　　　　　　　　　　(b)

图 6-16　圆球面上取点

（2）由(e)的位置及可见性可知，D点位于球的左前下方。先过点(e)作水平纬圆，再作出该水平纬圆的V面投影——水平线，其长度就是该圆的直径，继而作出e'和e"，均可见。

说明：虽然从理论上讲可以作任意方向的纬圆，但为避免初学者画任意方向的直线，容易和素线法混淆，所以建议遇到已知点就画一个纬圆，这样就可以明确该纬圆的性质。当然，如果已知点离球心太近，不便于画圆时，可以考虑作投影面的平行线。

6.6.4　圆环面上的点

和球面一样，环面也是非直纹曲面，只能用纬圆法来作图。

【例 6-10】　求作图 6-17(a)所示圆环上的点 E 和 F 的其他两面投影。

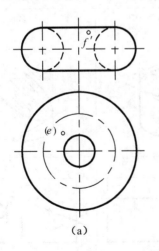
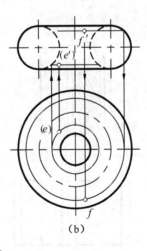

(a)　　　　　　　　　　　　(b)

图 6-17　环面上取点

【解】　作图步骤如图 6-17(b)所示。

（1）由(e)的位置及其不可见性，可知点 E 位于左后下方的内半环。先过(e)作水平纬圆，再作该纬圆的V面投影——水平线，长度等于水平纬圆的直径，继而作出(e')，不可见。

（2）由 f' 的位置及其可见性，可知点 F 位于右前上方的外半环。先过 f' 作水平线，交于环的外轮廓线，即得水平纬圆的直径，按其直径作水平纬圆的 H 投影，继而作出 f，可见。

6.7　回转体的截交线

回转体的截交线一般情况下是闭合的平面曲线。当截平面与直纹曲面交于直素线，或者与回转体的平面部分相交时，截交线可为直线段。

由于常见的截平面至少有一个投影具有积聚性，因此，根据截交线是共有线的特性，求回转体的截交线问题就可以归结为在回转体表面取点的问题：先求出一系列的共有点，然后再顺次连接成光滑的曲线或直线。为了能准确地作出截交线，首先要求出一些特殊点，如控制截交线范围的最左、最右、最前、最后、最高、最低点，及控制可见性的各个投影轮廓线上的点（也是截交线和投影轮廓线的切点）等，然后再根据需要作出一些中间点，并最终连成截交线。

回转体截交线投影的可见性与平面体截交线类似，当截交线位于回转体表面的可见部分时，这段截交线的投影是可见的，否则是不可见的。但若回转体被截断后，截交线成了投影轮廓线，那么该段截交线也是可见的（虽然它可能处于回转体的不可见部分，见图6-19的 W 面投影）。

6.7.1　圆柱的截交线

根据截平面与圆柱轴线的相对位置的不同，截交线的形状有三种情况，如表6-1所示。

表6-1　圆柱的截交线

截平面位置	平行于轴线	垂直于轴线	倾斜于轴线
截交线形状	矩形（或平行两直线）	圆	椭圆
立体图			
投影图			当 $\theta=45°$ 时，H、W 投影均为圆

当截平面与圆柱轴线平行时,截交线为矩形(与侧表面的交线为平行两直线);当截平面与圆柱轴线垂直时,截交线为圆;当截平面与圆柱轴线倾斜时,截交线为椭圆,特殊情况下投影为圆(夹角为 45°)。

【例 6-11】　求作图 6-18(a)所示带切口圆柱的其他两面投影。

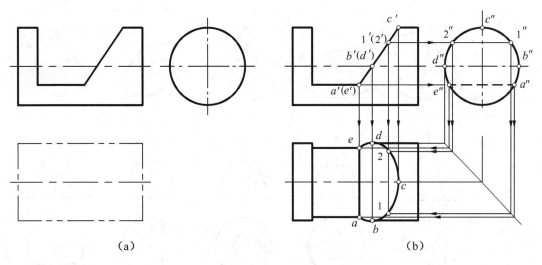

(a)　　　　　　　　　　　　　　(b)

图 6-18　求作切口圆柱的投影

【解】　该圆柱切口是由一个侧平面、一个水平面和一个正垂面一起切割圆柱而形成的。侧平面与圆柱轴线垂直,切得的截交线为侧平圆弧,其 W 投影在圆周上,H 投影积聚为一直线;水平面与圆柱轴线平行,切得的截交线为矩形,其 W 投影积聚为一不可见的直线(因为在切口的底部),H 投影反映实形;正垂面与圆柱轴线倾斜,切得的截交线为椭圆弧,其 W 和 H 投影为类似图形(分别为圆弧与椭圆弧)。

作图步骤如图 6-18(b)所示。

(1) 侧平圆弧的 H 投影积聚为一直线,可直接作出,其宽即为直径。

(2) 矩形截交线的宽由 W 投影所积聚的虚线确定,从而确定其 H 的实形投影。

(3) 椭圆弧的投影则通过确定一系列的点,再由这些点连接成光滑的曲线。首先是特殊点:最左点 A 和 E,也是最低点;最前点 B;最后点 D;最右点也是最高点 C。因为B 和 C 及 C 和 D 之间的距离较大,所以分别插入一般点Ⅰ和Ⅱ。作图顺序如箭头所示。

6.7.2　圆锥的截交线

根据截平面与圆锥的相对位置的不同,截交线的形状有五种情况,如表 7-2 所示。

当截平面通过圆锥的锥顶时,截交线为三角形(含锥底的交线,与锥面的交线为两条相交直线);当截平面垂直于圆锥的轴线时,截交线为圆;当截平面倾斜于圆锥的轴线且与所有素线都相交时,截交线为椭圆;当截平面只与圆锥面的一条素线平行时,截交线为"抛物弓形"(含锥底的交线,与锥面的交线为抛物线);当截平面与圆锥的轴线(或两条素线)平行时,截交线为"双曲弓形"(含锥底的交线,与锥面的交线为双曲线)。

表 6-2 圆锥的截交线

截平面位置	通过圆锥顶点	垂直于轴线 $\alpha=90°$	倾斜于轴线 $\alpha>\theta$	平行于一条素线 $\alpha=\theta$	平行于两条素线 $0°\leqslant\alpha<\theta$
截交线形状	三角形（或相交两直线）	圆	椭圆	抛物弓形（或抛物线）	双曲弓形（或双曲线）
立体图					
投影图					

【例 6-12】 求作图 6-19(a)所示截头圆锥的其他两面投影。

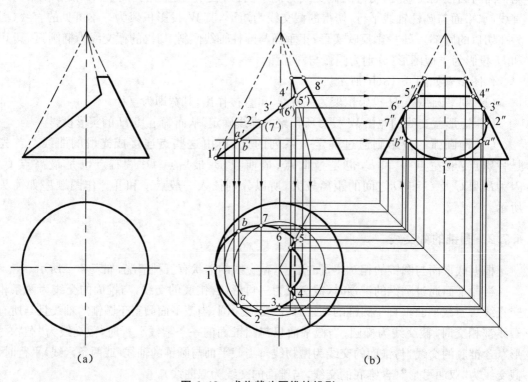

(a)　　　　　　　　　　　　(b)

图 6-19　求作截头圆锥的投影

【解】 这是一个圆锥被一个与圆锥轴线倾斜的正垂面、一个过锥顶的正垂面和一个与圆锥轴线垂直的水平面所截。过锥顶的正垂面所截的截交线是直线,水平面所截的截交线为水平圆弧,它们分别可以用素线法和纬圆法很快确定。与圆锥轴线倾斜的正垂面所截的截交线为椭圆弧,其作图较为繁琐,首先要求出一系列的特殊点,然后再增加一般点,最后再连接成光滑的曲线,其作图步骤如图 6-19(b)所示。

（1）确定最左、最低点 I；最右、最高点 IV 和 V；最前、最后投影轮廓线上的点 III 和 VI。

（2）椭圆弧上的最前、最后点 II 和 VII 按如下方法确定：延长正垂面与圆锥的最右轮廓线相交于 VIII,则正平线 I—VIII 即为椭圆的长轴,过长轴的中点作水平纬圆,则该纬圆的直径即为短轴的长,短轴为正垂线,水平投影反映实长,短轴的两个端点即是最前、最后点 II 和 VII。

（3）用纬圆法在点 I、II 和 I、VII 之间分别增加一般点 A 和 B。

最后依次连接各个点成光滑的曲线,并处理轮廓线。

6.7.3 圆球的截交线

无论截平面与球面的相对位置如何,它与球面的截交线总是圆。截平面越靠近球心,截得的圆越大,其最大直径就是球的直径,其时截平面通过球心。

当截平面与投影面平行时,截交线圆在该面上的投影反映实形,否则其投影为椭圆。

【例 6-13】 求作图 6-20(a)所示带切口圆球的其他两面投影。

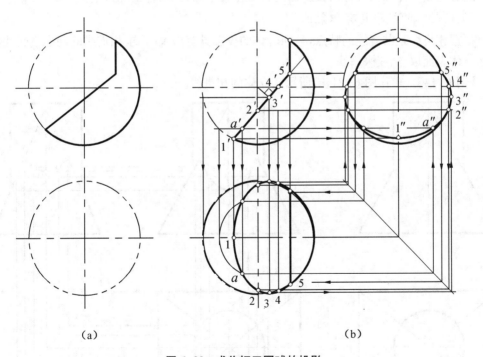

（a）　　　　　　　　　　（b）

图 6-20 求作切口圆球的投影

【解】 这是由一个侧平面和一个正垂面切去了球的右上方所形成的。侧平面切得的截交线为侧平圆弧,其 W 投影反映实形,H 投影积聚成直线,作图比较简单。正垂面切得的截交线为正垂圆弧,其 V 投影积聚成直线,H、W 投影均为椭圆弧,其作图较为繁琐,如图 6-20(b)所示。

（1）先作一系列的控制点：最左点也是最低点 I 在正平大圆上,由 $1'$ 而确定 1 和 $1''$；侧平大圆上的点Ⅱ，由 2′而确定 2″和 2；水平大圆上的点Ⅳ，由 4′直接确定 4 和 4″；最右点也是最高点Ⅴ就是侧平圆弧的端点；最前点Ⅲ的作法和图 6-19 类似，也可以过球心作积聚线的垂线，垂足就是 3′，再过 3′作水平纬圆，从而得到 3 和 3″。

（2）纬圆法作一般点 $A(a'—a—a'')$。

（3）对称作出后一半的点，并依次连接各点成光滑的曲线，最后判别可见性和处理轮廓线。

说明：虽然这里的正垂圆弧落在了球的左下方和右方，但是由于球的左上方被切掉而不存在了，所以其 H、W 投影均是可见的。

6.8 回转体的相贯线

6.8.1 平面立体与回转体的相贯线

平面立体与回转体的相贯线，一般是由一些平面曲线或者平面曲线和直线组成的闭合的空间曲线。实际上就是由平面立体的各表面与回转体表面的截交线的组合。同样有"全贯"和"互贯"之分。

随着平面立体和回转体对投影面的相对位置不同，分两种情况讨论：

1）回转体的投影具有积聚性

根据相贯线是共有线的特点，当回转体的投影具有积聚时，求相贯线的问题就转化为在平面立体表面取点、线来解决。

【例 6-14】 求作图 6-21(a)所示两立体的相贯线。

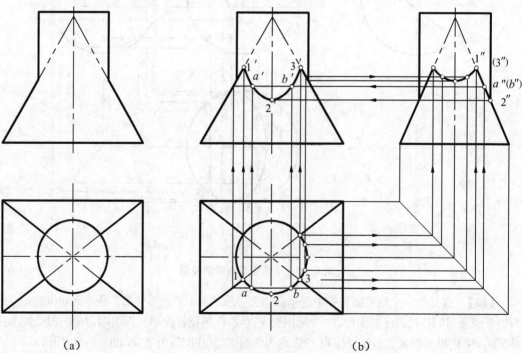

（a）　　　　　　　　　　　　　　　　　（b）

图 6-21 回转体具有积聚性的平-曲相贯

【解】　这是一个四棱锥和圆柱相贯,它们的轴线都垂直于 H 面,圆柱的 H 投影积聚为圆。根据相贯线是共有线的性质,组成该圆的四段弧也分别在四棱锥的四个表面上,知道其 H 投影,用平面上取点、线的方法求作其 V、W 投影。图形是左右、前后对称的,仅介绍前侧面的作图,如图 6-21(b)所示。

(1) 作控制点:由 H 投影可知,最左点Ⅰ(1)、最右点Ⅲ(3)分别在左右棱线上,离锥顶最近,所以也是最高点;最前点Ⅱ(2)离锥顶最远,所以也是最低点。它们可以直接作出。

(2) 用辅助线法增加一般点 A、$B(a$、b—a'、b'—a''、$b')$。

(3) 依次连接各点成光滑的曲线,并处理轮廓线。

2) 平面体的投影具有积聚性

当平面体的投影具有积聚时,求相贯线的问题就转化为在曲面立体表面取点、线来解决。

【例 6-15】　求作图 6-22(a)所示两立体的相贯线。

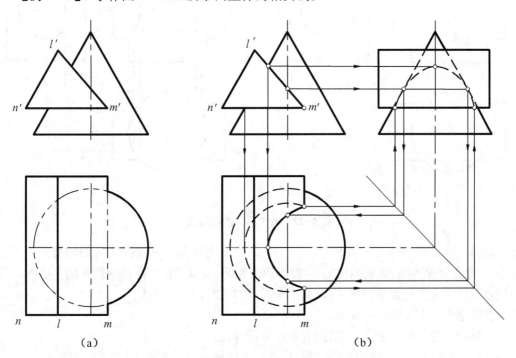

图 6-22　平面体具有积聚性的平-曲相贯

【解】　这是一个三棱柱和圆锥互贯的问题。三棱柱的 V 投影具有积聚性,所以根据相贯线是共有线的性质,问题可转化为在圆锥面上取点、线来解决。这里的相贯线实际上就是三棱柱的右侧面 LM 和下底面 MN 分别和圆锥的截交线:下底面 MN 截得的截交线为水平圆弧,其 H 投影反映实形,V、W 投影积聚为水平直线;右侧面 LM 截得的截交线为椭圆弧,V 投影积聚为直线,H、W 投影仍然是椭圆弧。

作图过程如图 6-22(b)所示。其中椭圆弧的画法可参照图 6-19。读者自己可以对各个点进行编号。

6.8.2 两回转体的相贯线

两个回转体的相贯线,一般情况下是闭合且光滑的空间曲线,特殊情况下为平面曲线或直线。下面分别讨论这两种情况下相贯线的投影特点及求法。

1) 一般情况

这里所说的一般情况是指两个回转体的直径大小及轴线之间的相对位置不符合特定的情况。当然,工程上常见的两个回转体相贯中一般至少有一个是圆柱,而且圆柱的投影具有积聚性,因此求两个回转体的相贯线问题就可以转化为在另一个回转体表面取点、线来解决。

【例 6-16】 求作图 6-23(a)所示两立体的相贯线。

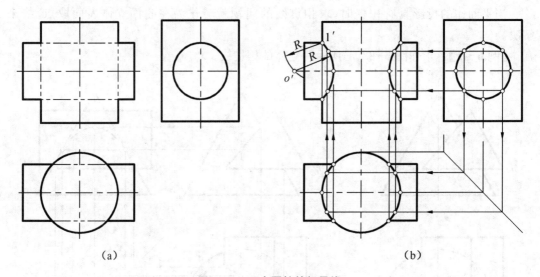

(a)   (b)

图 6-23 两个圆柱的相贯线

【解】 这是两个轴线分别垂直于 H、W 的铅垂圆柱和侧垂圆柱相贯的问题。铅垂圆柱的 H 投影积聚为圆,侧垂圆柱的 W 投影积聚为圆,所以只需要求作相贯线的 V 投影。因为侧垂圆柱完全穿过铅垂圆柱,因此属于全贯,相贯线分左、右两支。

作图过程如图 6-23(b)所示。

这里的特殊点和一般点,也请读者自己分析标注。

注意,对于轴线正交的两个圆柱相贯,其相贯线还可以用圆弧代替,其画法如下:

(1) 在 V 投影上,先以两个圆柱的轮廓线的交点 $1'$ 为圆心,大圆柱的半径 R 为半径作圆弧,交小圆柱的轴线于 O' 点。

(2) 再以 O' 点为圆心,大圆柱的半径 R 为半径作圆弧,即得所求相贯线。

【例 6-17】 求作图 6-24(a)所示两立体的相贯线。

【解】 这是一个侧垂圆柱和铅垂圆锥全贯的问题。侧垂圆柱全部横穿铅垂圆锥,所以相贯线分左右对称的两支。因为两个立体的轴线是相交的,所以每支相贯线的前后也是对称的。由于侧垂圆柱的 W 投影具有积聚性,因此,根据相贯线是共有线的性质,此问题就转化为在圆锥表面取点、线来解决 V、H 投影。作图过程如图 6-24(b)所示。

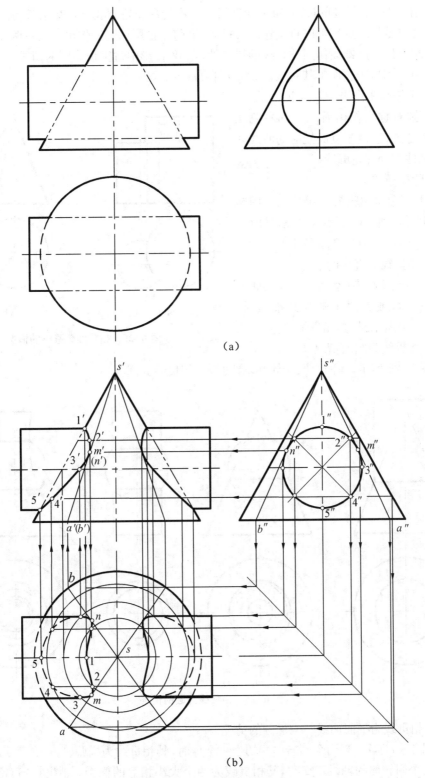

（a）

（b）

图 6-24　圆柱和圆锥的相贯线

（1）作特殊点：圆柱的最高、最低轮廓线与圆锥的最左轮廓线分别交于最高点 Ⅰ 和最低点 Ⅴ（同时也是最左点），可以直接作出其投影；最前点 Ⅲ 用纬圆法作出；左、右两支相贯线的最右、最左点位于过锥顶作圆柱切线的切点处，在 W 投影中过锥顶作圆的切线 $s'a'$、$s'b'$，切点为 m''、n''，用素线法作出其对应的 m'、n' 和 m、n。

（2）用纬圆法作出一般点 Ⅱ 和 Ⅳ。

（3）按对称性作出后一半和右侧相贯线上的各点，连接各点成光滑的曲线并判别可见性和处理轮廓线。

2）特殊情况

这里所说的特殊情况，是指两个回转体的大小或者轴线处于特殊情况，其时的相贯线又有直线、圆和椭圆等几种。

（1）相贯线为直线的情况

当两个圆柱轴线平行时，如图 6-25(a)所示，或者两个圆锥共锥顶时，如图6-25(b)所示时，其相贯线为直线。

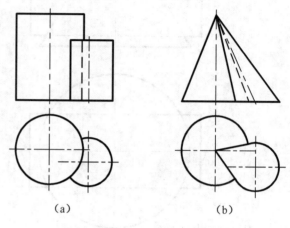

(a)　　　　　　　　(b)

图 6-25　相贯线为直线的情况

（2）相贯线为圆的情况

如图 6-26 所示，当两个回转体共轴线时，其相贯线为圆。

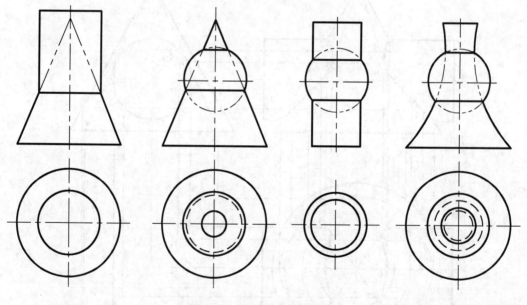

图 6-26　相贯线为圆的情况

（3）相贯线为平面曲线——椭圆的情况

如图 6-27 所示，当两个回转体共切于一个球时，其相贯线为椭圆。

当两个回转体的轴线正交时，其相贯线为两个大小相等的椭圆，如图 6-27(a)、(c)；当两个回转体的轴线斜交时，其相贯线为两个大小不等的椭圆，如图6-27(b)、(d)，由于是同一个圆柱相贯的，所以两个椭圆的短轴还是相等的。

在图 6-27 所示的四个图中,由于两个回转体的轴线都是平行于 V 面的,所以相贯线的 V 投影都积聚为直线。对于 H 投影,图 6-27(a)、(b)具有积聚性,而图 6-27(c)、(d)没有积聚性,其投影一般仍是椭圆。

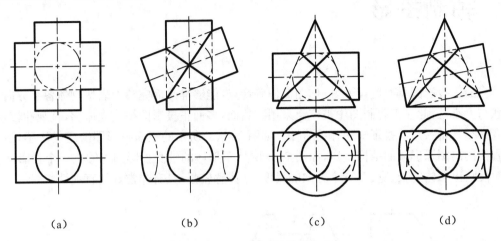

| (a) | (b) | (c) | (d) |

图 6-27 相贯线为椭圆的情况

7 轴测投影

多面正投影图具有度量性好、作图简便等特点,能够准确而完整地表达物体各个方向的形状与大小,因此在工程制图中被广泛采用。然而,多面正投影图缺乏立体感,直观性较差,读者必须具备一定的投影知识才能看懂。如图 7-1(a)所示的三面投影图缺乏立体感,不容易直接读出图示形体的结构特点,而图 7-1(b)所示形体的轴测投影图能够在一个投影面上同时反映出形体的长、宽、高三个方向的尺度,立体感较强,具有非常好的直观性。

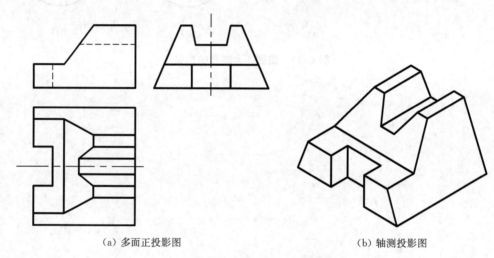

(a) 多面正投影图　　　　　　　　　　(b) 轴测投影图

图 7-1　多面正投影与轴测投影

7.1　轴测投影的基本知识

7.1.1　轴测投影图的形成和作用

将空间形体及确定其位置的直角坐标系按照不平行于任一坐标面的方向 S 一起平行地投射到一个平面 P 上,所得到的图形叫做轴测投影图,简称轴测图,如图 7-2 所示。其中,方向 S 称为投射方向,平面 P 称为轴测投影面。由于轴测图是在一个面上反映物体三个方向的形状,不可能都反映实形,其度量性较差,且作图较为繁琐,因而在

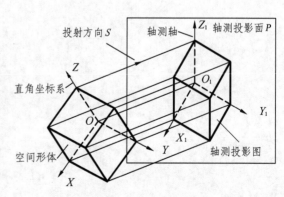

图 7-2　轴测投影图的形成

工程中一般仅作为多面正投影图的辅助图样。

7.1.2 轴间角和轴向伸缩系数

如图 7-3 所示,空间直角坐标系投影为轴测坐标系,OX、OY、OZ 轴的轴测投影分别为 O_1X_1、O_1Y_1、O_1Z_1,称为轴测投影轴,简称轴测轴;轴测轴之间的夹角,即 $\angle X_1O_1Z_1$、$\angle X_1O_1Y_1$、$\angle Y_1O_1Z_1$ 称为轴间角;轴测轴上的线段长度与相应直角坐标轴上的线段长度的比值称为轴向伸缩系数。在坐标轴 OX、OY、OZ 上分别取 A、B、C 三点,它们的轴测投影长度分别为 O_1A_1、O_1B_1、O_1C_1,由此得到:

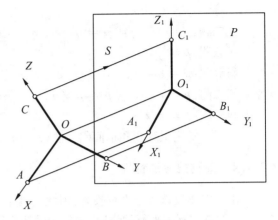

X 轴的轴向伸缩系数 $p = O_1A_1/OA$;

Y 轴的轴向伸缩系数 $q = O_1B_1/OB$;

Z 轴的轴向伸缩系数 $r = O_1C_1/OC$。

图 7-3 轴测轴、轴间角和轴向伸缩系数

7.1.3 轴测投影的分类

根据投射方向是否垂直于轴测投影面,轴测投影可分为两大类:当投射方向与轴测投影面垂直时,称为正轴测投影;当投射方向与轴测投影面倾斜时,称为斜轴测投影。如图 7-4

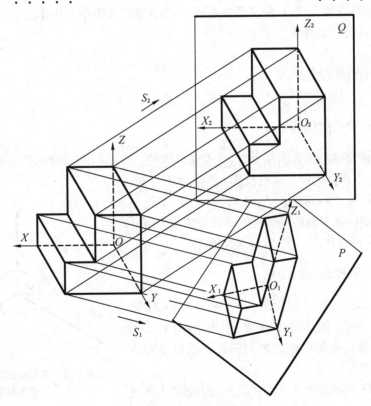

图 7-4 轴测投影的分类

所示,空间形体在投影面 P 上的投影为正轴测投影,其投射方向 S_1 与投影面 P 垂直;空间形体在投影面 Q 上的投影为斜轴测投影,其投射方向 S_2 与投影面 Q 倾斜。而且随着空间形体及其坐标轴对轴测投影面的相对位置的不同,轴间角与轴向伸缩系数也随之变化,从而得到各种不同的轴测图。正轴测投影和斜轴测投影各有三种:

正等测:$p = q = r$;

正二测:$p = r \neq q$ 或 $p = q \neq r$、$q = r \neq p$;

正三测:$p \neq q \neq r$;

斜等测:$p = q = r$;

斜二测:$p = r \neq q$ 或 $p = q \neq r$、$q = r \neq p$;

斜三测:$p \neq q \neq r$。

工程上常用正等测和正面斜二测($p = r \neq q$)。

7.1.4 轴测投影的特性

由于轴测投影属于平行投影,因此其具备平行投影的一些主要性质:

(1)空间互相平行的线段,它们的轴测投影仍互相平行。因此,凡是与坐标轴平行的线段,其轴测投影与相应的轴测轴平行。

(2)空间互相平行线段的长度之比,等于它们轴测投影的长度之比。因此,凡是与坐标轴平行的线段,它们的轴向伸缩系数相等。

所谓"轴测",就是轴向测量之意。所以作轴测图只能沿着与坐标轴平行的方向量取尺寸,与坐标轴不平行的直线,其伸缩系数不同,不能在轴测投影中直接作出,只能按坐标作出其两端点后才能确定该直线。

7.2 正等轴测投影

7.2.1 轴间角和轴向伸缩系数

当投射方向与轴测投影面相垂直,且空间形体的三个坐标轴与轴测投影面的夹角相等时所得到的投影,称为正等轴测投影,简称为正等测。如图 7-5 所示,三个轴间角 $\angle X_1 O_1 Z_1 = \angle X_1 O_1 Y_1 = \angle Y_1 O_1 Z_1 = 120°$,正等测的轴向伸缩系数理论值为 $p = q = r = 0.82$,但为作图简便,常取简化值 1。

7.2.2 正等轴测投影图的画法

画空间形体的正等轴测投影图时,通常将 $O_1 Z_1$ 轴画成竖直位置,其他两轴与水平线成 30°角,如图 7-5 所示。图 7-6 所示为空间形体的多面正投影图以及相应的正等轴测投影图。

在绘制空间形体的轴测投影图之前,首先要认真观

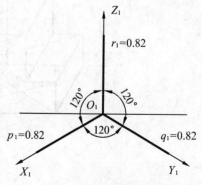

图 7-5 正等轴测图的轴间角与轴向伸缩系数

察形体的结构特点,然后根据其结构特点选择合适的绘制方法。主要有坐标法、叠加法和切割法等。

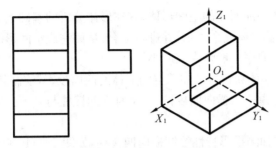

图7-6　正等轴测投影图

1) 坐标法

根据物体上各顶点的坐标,确定其轴测投影,并依次连接,这种方法称为坐标法。

【**例7-1**】　已知正五棱柱的两面投影图(如图7-7(a)),绘制其正等轴测投影图。

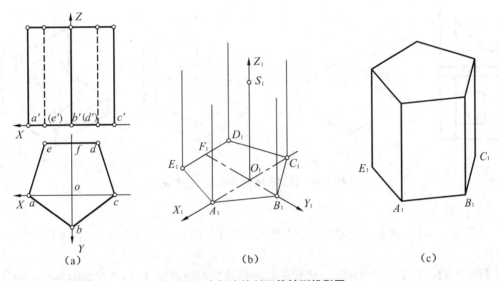

|　(a)　|　(b)　|　(c)　|

图7-7　坐标法绘制正等轴测投影图

【**解**】　作图步骤如下:

(1) 建立坐标系,并确定轴间角和轴向伸缩系数(正等测轴间角均为120°,轴向伸缩系数取1)。

(2) 在对应轴测轴上截取 $O_1A_1 = oa$, $O_1B_1 = ob$, $O_1C_1 = oc$, $O_1F_1 = of$,从而确定三个顶点 A_1、B_1 与 C_1,以及 D_1E_1 边中点 F_1。

(3) 过 F_1 作 X_1 轴平行线,并截取 $D_1F_1 = df$, $E_1F_1 = ef$,从而确定正五边形的另外两个顶点 D_1 与 E_1,并连接各顶点,得下底面投影,如图7-7(b)所示。

(4) 过各顶点向上作 O_1Z_1 轴平行线,并在正面投影上截取正五棱柱 OZ 方向高度,得上底面各顶点。

(5) 连接上述各顶点,并根据轴测投影图的可见性,擦去五棱柱中不可见的图线,将可见的图线加深,即完成五棱柱的正等轴测图,如图7-7(c)所示。

注意：在轴测图中一般不画不可见的轮廓线，最后的轴测轴也不需要画。

2）叠加法

对于由多个基本体叠加而成的空间形体，宜在形体分析的基础上，在明确各基本体相对位置的前提下，将各个基本体逐个画出，并进行综合，从而完成空间形体的轴测投影图，这种画法称为叠加法。画图顺序一般是先大后小。

【例 7-2】 如图 7-8(a)所示，已知某空间形体的两面投影，绘制其正等轴测投影图。

【解】 该空间形体由一个横向四棱柱、一个直立四棱柱与一个三棱柱三部分叠加而成，其作图步骤如下：

（1）根据坐标法和轴测投影特性绘制横向四棱柱，如图 7-8(b)所示。

（2）根据两个四棱柱的相对位置关系，在横向四棱柱上绘制直立四棱柱，如图 7-8(c)所示。

（3）根据三棱柱的底面形状及其与四棱柱的位置关系，绘制三棱柱，并处理和加深轮廓线，完成轴测投影图，如图 7-8(d)所示。

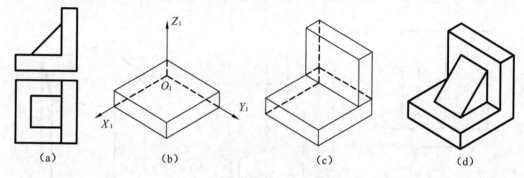

（a）　　　　　　（b）　　　　　　（c）　　　　　　（d）

图 7-8　叠加法绘制正等轴测投影图

3）切割法

对于有些形体，宜先画出原完整的基本体，然后在此基础上再进行切割，这种方法称为切割法。

【例 7-3】 如图 7-9(a)所示，已知某空间形体的两面投影，绘制其正等轴测投影图。

【解】 该形体可看成一个大的四棱柱在左上侧切去另外一个小的四棱柱，然后在左前侧再切去一个三棱柱而成。作图步骤如下：

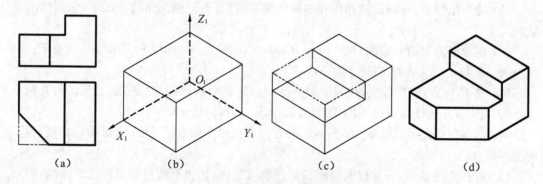

（a）　　　　　　（b）　　　　　　（c）　　　　　　（d）

图 7-9　切割法绘制正等轴测投影图

（1）绘制大四棱柱的轴测投影图，如图 7-9（b）所示。

（2）在大四棱柱的左上侧切去一个小四棱柱，如图 7-9（c）所示；并继续切去左前侧的三棱柱，从而完成空间形体的轴测投影图，如图 7-9（d）所示。

7.2.3 平行于坐标面的圆的正等轴测投影

圆的正等测投影为椭圆。由于三个坐标面与轴测投影面所成的角度相等，所以直径相等的圆，在三个轴测坐标面上的轴测椭圆大小也相等，且每个轴测坐标面（如 $X_1O_1Y_1$ 及与之平行的面）上的椭圆的长轴垂直于第三轴测轴（O_1Z_1）。如图 7-10 所示。

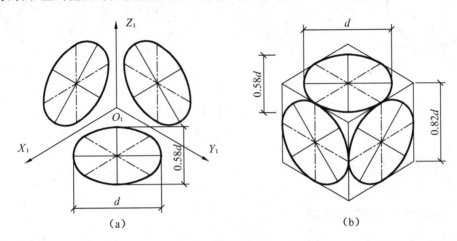

图 7-10 平行于坐标面的圆的正等测图

1）圆的正等测画法

圆的正等测图可以采用四心圆法近似画出，它是用四段圆弧近似地代替椭圆弧，可大大提高画图速度。作图过程如图 7-11 所示。

（1）画出圆外切正方形的轴测投影——菱形，并确定四个圆心，如图 7-11（b）所示。其中短对角线的两个端点 O_1、O_2 为两个圆心；O_1A_1、O_1D_1 与长对角线的交点 O_3、O_4 为另外两个圆心。

（2）分别以 O_1、O_2 为圆心，O_1A_1 为半径画弧 $\overset{\frown}{A_1D_1}$ 和 $\overset{\frown}{B_1C_1}$；以 O_3、O_4 为圆心，O_3A_1 为半径画弧 $\overset{\frown}{A_1B_1}$ 和 $\overset{\frown}{C_1D_1}$，即完成全图，如图 7-11（c）所示。

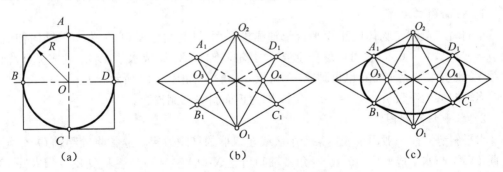

图 7-11 四心法绘制圆的正等轴测投影图

2）圆角的正等测画法

一般的圆角,正好是圆周的四分之一,因此它们的轴测图正好是近似椭圆四段弧中的一段。可采用圆的正等轴测投影的画法:过各圆角与连接直线的切点,作对应直线的垂线,两对应垂线的交点即为相应圆弧的圆心,半径则为圆心至切点的距离,如图 7-12 所示。

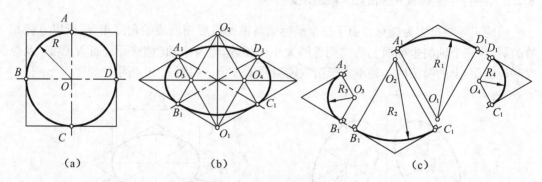

（a）　　　　　　　　（b）　　　　　　　　（c）

图 7-12　正等轴测投影图中圆角的画法

7.3　斜轴测投影

7.3.1　轴间角和轴向伸缩系数

在绘制斜轴测投影时,为了作图方便,通常使形体的某个特征面平行于轴测投影面,其轴测投影反映实形,相应的有两个轴测轴的伸缩系数为 1,对应的轴间角仍为直角;而另一个轴测轴可以是任意方向(通常取与水平方向成 30°、45°或 60°等的特殊角),对应的伸缩系数也可以取任意值,通常取 0.5,既美观又方便。

例如,当坐标面 XOZ 与轴测投影面 P 平行时,轴间角 $\angle X_1 O_1 Z_1 = 90°$,相应的 $p = r = 1, q = 0.5, O_1 Y_1$ 方向可任意选定,由此得到的轴测投影称为正面斜轴测投影;同样还有水平斜轴测投影和侧面斜轴测投影,相应的特点请读者自己分析。

7.3.2　常用的两种斜轴测投影图

工程上常用的两种斜轴测投影图分别是正面斜二测图和水平斜等测图。

1）**正面斜二测图**

正面斜二测就是物体的正面平行于轴测投影面,轴间角 $\angle X_1 O_1 Z_1$ 为 90°,轴向伸缩系数 $p = r = 1, q = 0.5$(也可以取任意值)。其轴测轴 $O_1 X_1$ 画成水平,$O_1 Z_1$ 画成竖直,轴测轴 $O_1 Y_1$ 则与水平成 45°角(也可画成 30°角或 60°角)。如图 7-13 所示。

当轴向伸缩系数 $p = q = r = 1$ 时,则为正面斜等轴测投影。

2）**水平斜等测图**

水平斜等测图一般用于表达某个小区或建筑群的鸟瞰效果。通常将轴测轴 $O_1 Z_1$ 画成竖直,$O_1 X_1$ 与水平成 60°、45°或 30°角。轴间角 $\angle X_1 O_1 Y_1 = 90°$,$\angle X_1 O_1 Z_1 = 120°$、135°或 150°,轴向伸缩系数 $p = q = r = 1$。图 7-14(a)、(b)为某建筑群的平面图及其水平斜等测图。

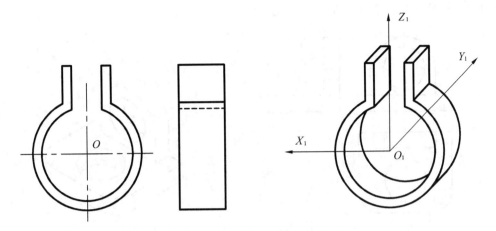

图 7-13　正面斜二测投影图

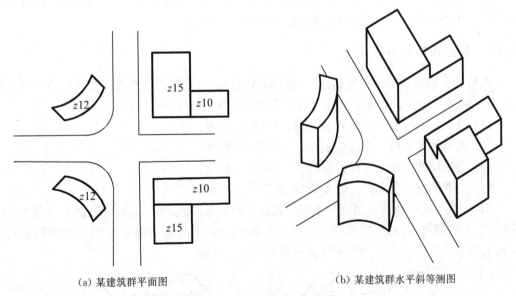

（a）某建筑群平面图　　　　　　　　　　　（b）某建筑群水平斜等测图

图 7-14　水平斜等轴测投影图

当轴向伸缩系数 $p=q=1,r=0.5$ 时,则称为水平斜二测投影图。

7.4　轴测投影的选择

在绘制轴测图时,首先需要解决的是选用哪种类型的轴测图来表达空间形体,轴测类型的选择直接影响到轴测图表达的效果。在轴测图类型确定之后,还需考虑投影方向,从而能够更为清晰、明显地表达重点部位。总之,应以立体感强和作图简便为原则。

7.4.1　轴测投影类型的选择

由于正等测图的三个轴间角和轴向伸缩系数均相等,尤其是平行于三个坐标面的圆的轴测投影画法相同,且作图简便。因此,对于锥体及其切割体和多个坐标面上有圆、半圆或圆角的形体,宜采用正等测。如图 7-15 所示。

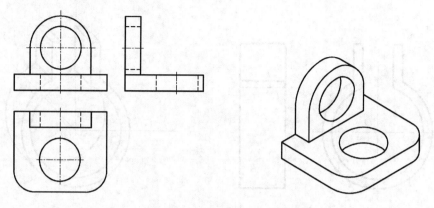

图 7-15　宜采用正等轴测投影图的情况

斜二测适用于特征面和某一坐标面平行且形状比较复杂的柱体,因为此时该特征面在斜二测图中能够反映实形,画图较为方便,如图 7-13 所示。

7.4.2　轴测投影方向的选择

在确定了轴测投影图的类型之后,根据形体自身的特征,还需要进一步确定适当的投影方向,使轴测图能够清楚地反映物体所需表达的部分。具体来说,有如下原则:

(1) 当形体的左前上方比较复杂时,宜选择左俯视。

(2) 当形体的右前上方比较复杂时,宜选择右俯视。

(3) 当形体的左前下方比较复杂时,宜选择左仰视。

(4) 当形体的右前下方比较复杂时,宜选择右仰视。

图 7-16 为同一物体采用四种不同的投影方向所画出的斜二等轴测图,图中分别列出前左俯视、前右俯视、前左仰视和后左仰视的轴测图。很明显,从本例可以看出,选择前左俯视和前右俯视的投影方向所绘制的轴测图效果是比较好的。

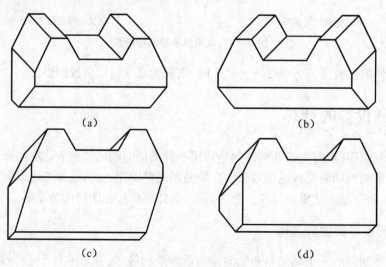

（a）　　　　　　　　　　　　（b）

（c）　　　　　　　　　　　　（d）

图 7-16　选择合适的投影方向

8 组合体的投影

工程建筑物的形状一般较为复杂,为了便于认识、把握它的形状,常把复杂物体看成是由多个基本形体(如棱柱、棱锥、圆柱、圆锥、球等)按照一定的方式构造而成。这种由多个基本形体经过叠加、切割等方式组合而成的形体,称为组合体。

8.1 形体的组合方式

根据形体组合方式的不同,组合体可分为叠加式、切割式和复合式三种类型。

8.1.1 叠加式组合体

由若干个基本形体叠加而成的组合体称为叠加式组合体。例如图 8-1(a)所示,物体是由两个圆柱体叠加而成的。

8.1.2 切割式组合体

由基本形体经过切割组合而成的组合体称为切割式组合体。例如图 8-1(b)所示,物体是由一个四棱柱中间切一个槽,前面切去一个三棱柱而成。

8.1.3 复合式组合体

既有叠加又有切割的组合体称为复合式组合体。例如图 8-1(c)所示,物体是由两个四棱柱叠加而成的,其中上方的四棱柱又在中间切割了一个半圆形的槽。

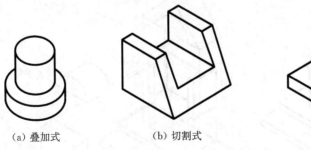

(a) 叠加式   (b) 切割式   (c) 复合式

图 8-1 组合体的组成形式

在许多情况下,叠加式和切割式组合体并无严格的界限,同一组合体既可按照叠加方式分析,也可按照切割方式去理解。因此,组合体的组合方式应根据具体情况而定,以便于作图和理解为原则。

8.2 组合体视图的画法

8.2.1 形体分析

形状比较复杂的形体,可以看成是由一些基本形体通过叠加或切割而成。如图 8-2 所示的组合体,可先设想为一个大的长方体切去左上方一个较小的长方体,或者是由一块水平的底板和一块长方体竖板叠加而成的。对于底板,又可以认为是由长方体和半圆柱体组合后再挖去一个竖直的圆柱体而形成的。

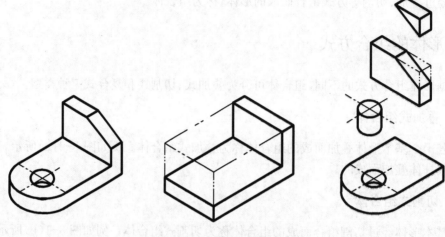

图 8-2 组合体的形体分析

图 8-3 所示的小门斗,用形体分析的方法可把它看成是由六个基本形体组成的:主体由长方体底板、四棱柱和横放的三棱柱组成,细部可看作是在底板上切去一个长方体,在中间四棱柱上切去一个小的四棱柱,在三棱柱上挖去一个半圆柱。

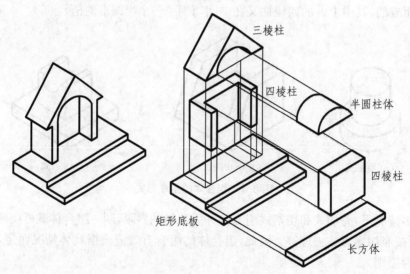

图 8-3 小门斗的形体分析

这种把整体分解成若干基本几何体的分析方法,称为形体分析法。通过对组合体进行形体分析,可把绘制较为复杂的组合体的投影转化为绘制一系列比较简单的基本形体的投影。

我们必须注意,组合体实际上是一个不可分割的整体,形体分析仅仅是一种假想的分析方法。不管是由何种方式组成的组合体,画它们的投影图时,都必须正确处理好各个立体表面之间的连接关系。如图 8-4 所示,可归纳为以下四种情况:

(1) 两形体的表面相交时,两表面投影之间应画出交线的投影。

(2) 两形体的表面共面时,两表面投影之间不应画线。

(3) 两形体的表面相切时,由于光滑过渡,两表面投影之间不应画线。

(4) 两形体的表面不共面时,两表面投影之间应该有线分开。

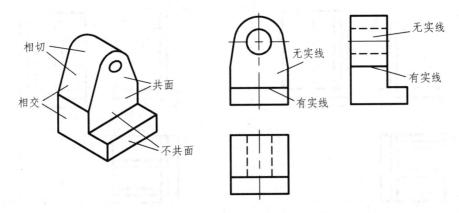

图 8-4　形体之间的表面连接关系

8.2.2　投影图选择

选择组合体的投影图时,要求能够用最少数量的投影把形体表达完整、清晰。主要考虑以下几个方面:

1) 形体的安放位置

对于大多数的土建类形体主要考虑正常工作位置和自然平稳位置,而且这两个方面往往是一致的。但是对于机械类的形体相对要复杂一些,往往还要考虑生产、加工时的安放位置。如电线杆的正常工作位置是立着的,但是在工厂加工时必须横着放。

2) 正面投影的选择

画图时,正面投影一经确定,那么其他投影图的投影方向和配置关系也随之而定。选择正面投影方向时,一般应考虑以下几个原则:

(1) 正面投影应最能反映形体的主要形状特征或结构特征。如图 8-5 中 A 方向反映了形体的主要形状特征。

(2) 有利于构图美观和合理利用图纸。

(3) 尽量减少其他投影图中的虚线。如图 8-6 所示的形体,在图 8-6(a)中没有虚线,比图 8-6(b)更加真切地表达了形体。

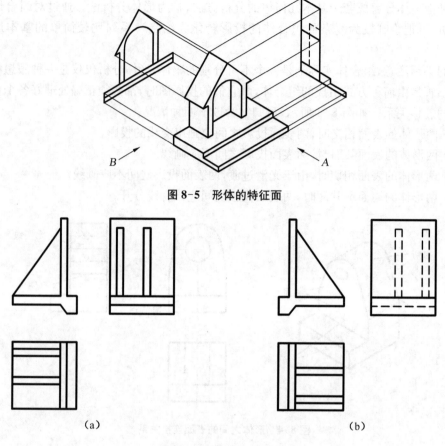

图 8-5　形体的特征面

（a）　　　　　　　　　　　　　　（b）

图 8-6　投影方向的选择

3）投影数量的选择

以正面投影为基础，在能够清楚地表示形体的形状和大小的前提下，其他投影图的数量越少越好。对于一般的组合体投影来说，要画出三面投影图。对于复杂的形体，还需增加其他的投影图。

8.2.3　画图步骤

【例 8-1】　画图 8-5 所示小门斗的投影图。

【解】　（1）布置图面

首先根据形体的大小和复杂程度，选择合适的绘图比例和图幅。比例和图幅确定后再考虑构图，即用中心线、对称线或基线，在图幅内定好各投影图的位置（图略）。

（2）画底稿线

根据形体分析的结果，逐个画出各基本形体的三面投影，并要保证三面投影之间的投影关系。画图时，应先主后次，先外后内，先曲后直，用细线顺次画出，如图 8-7（a）、（b）、（c）、（d）所示。

（3）加深图线

底稿完成以后，经校对确认无误，再按线型规格加深图线，如图 8-7（e）所示。

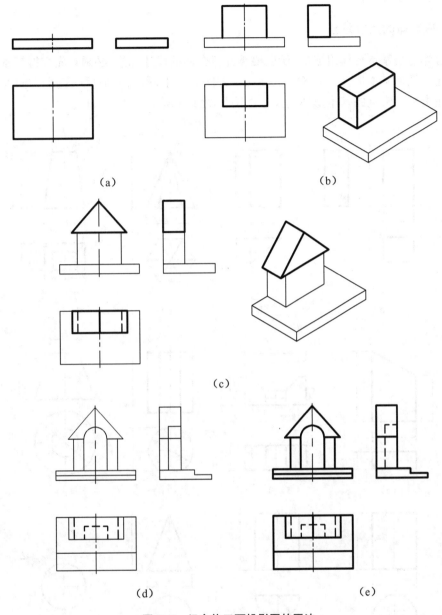

图 8-7 组合体三面投影图的画法

8.3 组合体视图的尺寸标注

8.3.1 尺寸标注的基本知识

形体的投影图只能表示形体的形状,而形体的大小和各组成部分的相互位置则由投影图上标注的尺寸来确定,因此画出形体的投影后,还必须标注尺寸。标注尺寸时应做到正确、完整、清晰、合理,同时还要遵守有关制图标准的规定。有关制图标准中规定的尺寸注法请参见本教材前面的内容。

8.3.2 基本体的尺寸注法

组合体是由基本形体组成的,所以要掌握组合体的尺寸标注,必须首先掌握基本形体的尺寸标注。任何基本形体都有长、宽、高三个方向的大小,所以要把反映三个方向大小的尺寸都标注出来。常见的基本形体的尺寸注法如图 8-8 所示。

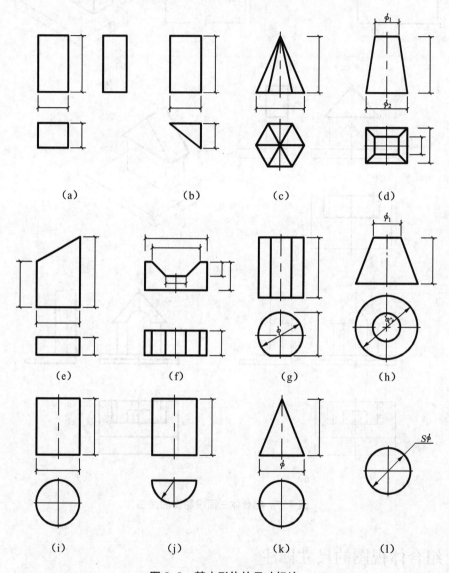

图 8-8 基本形体的尺寸标注

8.3.3 组合体的尺寸注法

在组合体的尺寸标注中,首先按其组合形式进行形体分析,并考虑以下几个问题,然后再合理标注尺寸。

1）尺寸的种类

组合体的尺寸分为三类：

（1）定形尺寸。确定各基本体大小(长、宽、高)的尺寸。

（2）定位尺寸。确定各基本体相对位置的尺寸或确定截平面位置的尺寸。

（3）总体尺寸。确定组合体的总长、总宽、总高的尺寸。

2）尺寸基准

对于组合体，在标注定位尺寸时，须在长、宽、高三个方向分别选定尺寸基准，即选择尺寸标注的起点。通常选择物体上的中心线、主要端面等作为尺寸基准。

3）组合体尺寸标注的原则

（1）尺寸标注正确完整。尺寸标注的正确性和完整性是标注中的基本要求。物体的尺寸标注要齐全，各部分尺寸不能互相矛盾，也不可重复。

（2）尺寸标注清晰明了。

① 尺寸一般应标注在反映形状特征最明显的视图上，尽量避免在虚线上标注尺寸。如图 8-9 所示，底板通槽的定形尺寸 12、4 注在特征明显的侧面投影上，上部圆柱曲面和圆柱通孔的径向尺寸 R6、$\phi8$ 也注在侧面投影上。

② 尺寸应尽量集中标注在相关的两视图之间，见图 8-9 中的高度尺寸。

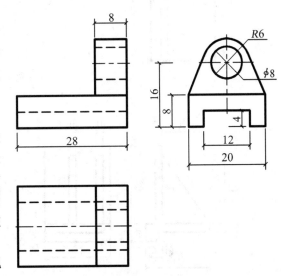

图 8-9 组合体的尺寸标注

③ 尺寸应尽量标注在视图轮廓线之外，必要时尺寸可以标注在轮廓线之内。

④ 尺寸线尽可能排列整齐，相互平行的尺寸线，小尺寸在内，大尺寸在外，且尺寸线间的距离应相等。同方向尺寸应尽量布置在一条直线上。

⑤ 避免尺寸线与其他图线相交重叠。

4）尺寸分布合理

标注尺寸除应满足上述要求外，对于工程物体的尺寸标注还应满足设计和施工的要求。

【例 8-2】 对图 8-6 所示挡土墙的投影图标注尺寸。

【解】 （1）进行形体分析。挡土墙由底板、直墙和支撑板三部分组成，分别确定每个组成部分的定形尺寸，见图 8-10(a)。

（2）标注定形尺寸。将各组成部分的定形尺寸标注在挡土墙的投影图上，如图 8-10(b)。与图 8-10(a)比较，因直墙宽度尺寸⑧与底板宽度尺寸②相同，故省去尺寸⑧。

（3）标注定位尺寸。见图 8-10(c)，支撑板的左端和底板平齐，直墙又紧靠着支撑板，故左右方向不需要定位尺寸；直墙与底板前后对齐不需定位，两支撑板前后的定位尺寸为⑬和⑭；直墙和支撑板直接放在底板上，所以高度方向亦随之确定，也不需要定位尺寸。

（4）标注总体尺寸。见图 8-10(c)，总长、总宽尺寸与底板的长、宽尺寸相同，不必再标注。总高尺寸为⑮。注出总高尺寸以后，直墙的高度尺寸⑨可由尺寸⑮减去尺寸③算出，可去掉不注,这样就避免了"封闭的尺寸链"。当然,这是组合体部分尺寸标注的要求,对于土建类的专业图样,其要求不一样,具体见专业图样的有关章节。

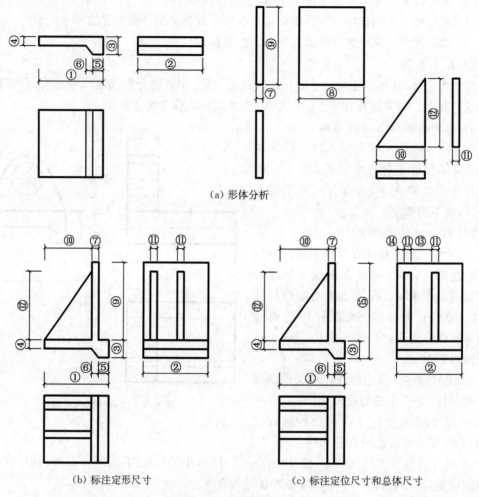

(a) 形体分析

(b) 标注定形尺寸　　　　　　　　(c) 标注定位尺寸和总体尺寸

图 8-10　挡土墙的尺寸标注

8.4　组合体视图的读法

读图是对前面所学知识的综合运用。只有熟练掌握读图的基础知识,正确运用读图的基本方法,多读多练,才能具备快速准确的读图能力,从而提高空间想象能力和投影分析能力。

8.4.1　基本知识

1) 基本体的投影特点

基本体按其表面性质的不同,可分为平面立体和曲面立体两大类。按体形的总体特征又可分为柱体、锥体、台体、球体、环等等。它们的投影特点如第 6 章所述,归纳为"矩矩为柱"、"三三为锥"、"梯梯为台"、"三圆为球"和"鼓鼓为环"。熟练掌握这些特点,将能极大地提高读组合体视图的效率。

2) 视图上线段和线框的含义

(1) 视图上线段的含义

① 它可能是形体表面上相邻两面的交线,亦即是形体上棱边的投影。例如图 8-11 中 V 投影上标注①的四条竖直线,就是六棱柱上侧面交线的 V 投影。

② 它可能是形体上某一个侧面的积聚投影。例如图 8-11 上标注②的线段和圆,就是圆柱和六棱柱的顶面、底面和侧面的积聚投影。正六边形就是六棱柱的六个侧面的积聚投影。

③ 它可能是曲面的投影轮廓线。例如图 8-11 中的 V 投影上标注③的左右两线段,就是圆柱面的 V 投影轮廓线。

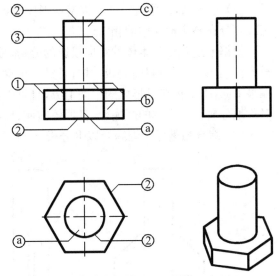

图 8-11 视图上线段和线框的含义

(2) 视图上封闭线框的含义

① 它可能是某一侧面的实形投影,例如图 8-11 中标注ⓐ的线框,是六棱柱上平行 V 面的侧面的实形投影和圆柱上、下底面的 H 面实形投影。

② 它可能是某一侧面的非实形投影,例如图 8-11 中标注ⓑ的线框,是六棱柱上垂直于 H 面但对 V 面倾斜的侧面的投影。

③ 它可能是某一个曲面的投影,例如图 8-11 中标注ⓒ的线框,是圆柱面的 V 投影。

④ 它也可能是形体上一个空洞的投影。

总之,投影图中的封闭线框肯定表示面的投影,可能是平面,也可能是曲面;相邻的两个线框肯定表示两个不同的面,有平、斜之别;线框里面套线框肯定有凹、凸之分。

8.4.2 读图的基本方法

读图的基本方法常用的有形体分析法和线面分析法等。通常以形体分析法为主,当遇到组合体的结构关系不是很明确,或者局部比较复杂不便于形体分析时,用线面分析法,即形体分析看大概,线面分析看细节。

1) 形体分析法

运用形体分析法阅读组合形体投影图,首先要分析该形体是由哪些基本形体所组成,然后分别想出各个基本形体的现状,最后根据各个基本形体的相对位置关系,想出组合形体的整体现状。

【例 8-3】 想出图 8-12(a)所示形体的空间现状。

【解】 用形体分析法读图的具体步骤如下:

(1) 对投影,分部分。即根据投影关系,将投影分成若干部分。

如图 8-12(a)所示,在结构关系比较明显的正视图上,将形体分成 $1'$、$2'$、$3'$、$4'$四个部分。按照形体投影的三等关系可知:四边形 $1'$ 在水平投影图与侧面投影图中对应的是 1、$1''$ 线框;四边形 $2'$ 所对应的投影是 2 和 $2''$;矩形 $3'$ 所对应的投影是矩形 3 和 $3''$;同样可以分析出四边形 4′所对应的其他两投影与四边形 2′的其他两投影是完全相同的。

（2）想现状，定位置。即根据基本形体投影的特征分析出各个部分的形状，并且确定各组成部分在整个形体中的相对位置。

根据上述各个基本体的对应投影的分析，依"矩矩为柱"的特点可知：Ⅰ为下方带缺口的长方体；Ⅱ是顶面为斜面的四棱柱；Ⅲ是一个横向放置的长方体。从各投影图中可知Ⅲ形体在最下面，Ⅰ形体在Ⅲ形体的中间上方，且Ⅲ形体从Ⅰ形体下方的方槽中通过。Ⅱ、Ⅳ形体对称地分放在Ⅰ形体的两侧，与Ⅲ形体前面、后面距离相等。如图 8-12(b)所示。

（3）综合想整体。即综合以上分析，想出整个形体的形状与结构。如图 8-12(c)所示。

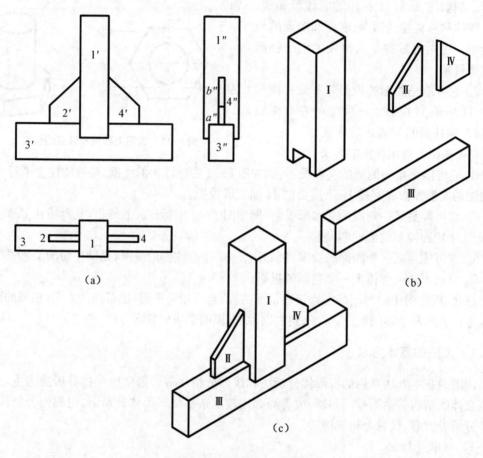

图 8-12 形体分析法读图

2）线面分析法

当组合体不易分成几个组成部分或形体本身不规则时，可将围成立体的各个表面都分析出来，从而围合成空间整体，这就是线面分析法。简单地说，线面分析法读图就是一个面一个面地分析。

【例 8-4】 想出图 8-13(a)所示形体的空间现状。

【解】 根据三面投影，无法确定该形体的结构是由哪些基本体所组成的，故用线面分析法分析围成该立体的各个表面，从而确定形体的空间现状。步骤如下：

（1）对投影，分线框。在各个投影图上对每一个封闭的线框进行编号，并在其他投影图中找出其对应的投影。对于初学者，建议首先从线框较少的视图或者边数较多的线框入手，而且只分析可见线框。因为由可见线框围成的立体表面一般也是可见的，而线框较少容易分，并且容易确定对应的投影，边数较多则说明和它相邻的面也多。如图 8-13（a）所示。

这里请注意，投影时，"类似图形"是一个非常重要的概念，如 2′ 和 2″ 为类似图形，它所对应的第三投影是线段 2。确定投影关系时，首先寻找类似图形，如果在符合投影规律的范围内没有类似图形，那么肯定对应直线，即"无类似必积聚"。如在 H 和 W 投影中，在符合投影关系的范围内无和 1′ 类似的图形，所以只能对应线段 1 和 1″。

（2）想形状，立空间。根据分得的各线框及所对应的投影，想象出这些表面的形状及空间位置。建议每分析一个面就徒手绘制其立体草图，并按编号顺序逐个分析，如图 8-13（b）、（c）、（d）、（e）所示。

（3）围合起来想整体。分析各个表面的相对位置，围合出物体的整体形状，如图 8-13（f）所示。

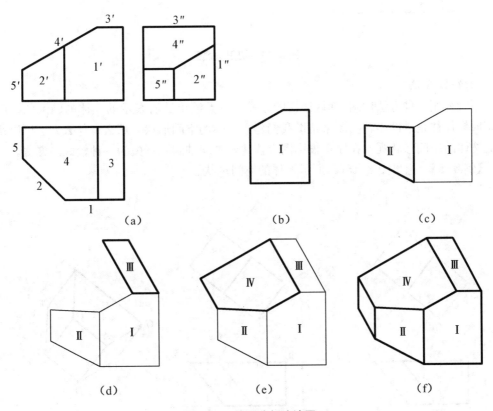

图 8-13　线面分析法读图

由此例可见，线面分析法读图是比较繁琐的。当然，具体分析时也不是一定要分析出所有的面，有时候分析了几个特征面——尤其是类似图形，整个形体也就基本确定了。

　3）切割法

形体分析法和线面分析法是读图的两个最基本的方法，由于线面分析法较难，所以一般在不便于形体分析法时，不得已才用之。而且线面分析法的对象大都不是叠加类的形体，而是切割类的形体,因而可视具体情况,采用切割的方式分析其整体形状。其基本思想是:先构建一个简单的轮廓外形(一般是柱体),然后逐步地进行切割。

如图 8-13 所示的形体,如果把各个投影的外框相应的缺角补齐了便都是矩形,如图 8-14(a)所示,所以可以断定它是由一个长方体分别在其左上角和左前角各切割掉一部分而成的,可以用切割法想出其空间现状,如图 8-14(b)所示。

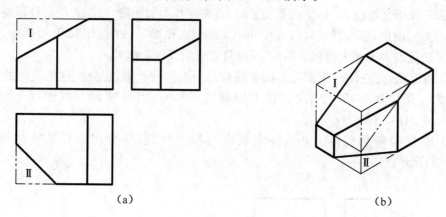

（a） （b）

图 8-14 切割法读图

4) 斜轴测法

不管采用何种方法读图,确认读懂的方式之一是绘出其所表示的立体的轴测图。而且很多时候往往是借助于轴测图来帮助我们建立物体的空间形状。那么有什么方法可以快速建立物体的空间形状呢? 在原正投影图上快速勾画斜轴测图不失为一种较好的方法。

【例 8-5】 想出图 8-15(a)所示形体的空间现状。

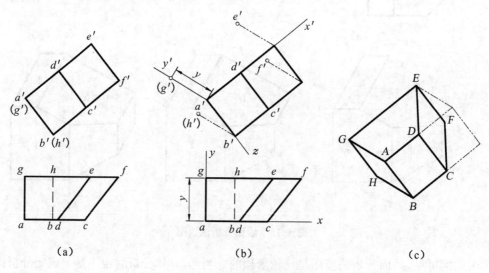

（a） （b） （c）

图 8-15 斜轴测法读图

【解】 显然,该图无法用形体分析法识读,如果用例 8-4 的线面分析法将很麻烦,同时该图也不具备图 8-14 那样三面投影有明显的矩形外框,一下子也较难想象是什么形体和如何切割。该如何快速勾画其轴测图呢?

我们知道,正投影图之所以缺乏立体感,就是因为其各个投影都只反映两个方向的坐标,第三方向的坐标被正投影给压缩了,如果在原正投影图上把被压缩了的对应点的坐标"拉出来",则立刻就有了三维的感觉。方法如下:

(1) 建立坐标系:在某个正投影图上——一般在反映形状特征的视图上,或者是线框少,亦即积聚性多的那个视图上,确定第三坐标轴的方向——尽量不与原正投影图上的图线平行。

(2) 沿第三坐标轴的方向将被正投影图所压缩了的对应点的坐标"拉出来",如图 8-15(b)。

(3) 连接相关结点,其最终结果如图 8-15(c)所示。

显然,这是一个简单的长方体被切割了一个角,形体本身并不复杂,但由于其位置对投影面倾斜,所以给识读带来了困难。

"斜轴测法"的基本思想:在某个反映形状特征的正投影图上把被正投影所压缩了的第三方向的坐标"拉出来",从而使该图有了三维方向的尺度,即具有了立体感。

5) 区域对应法

上述各种方法所研究的对象,其投影对应关系是明确的,但很多时候,形体各部分的投影对应关系并不十分明显,如图 8-16(a)所示,其 V、W 投影的很多点都符合"高平齐"的投影规律,到底哪部分对应哪部分,一时难以确定。虽然这是一个简单形体,对于空间概念强的人没什么问题,但是对于初学者却是很头疼的。

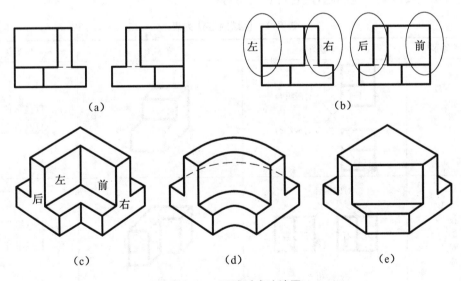

图 8-16　区域对应法读图

一般而言,既然投影对应关系是不明确的,那么往往其所表达的空间形体也是不唯一的,我们可以通过一个简单的方法快速建立一种答案,然后在此基础上再构建其他答案,此方法就是区域对应法,具体如下:

(1) 把 V、W 投影分别分为左、右和前、后两个区域,如图 8-16(b)所示。

(2) 按"左对应(组合)后"、"右对应(组合)前"的规律,得到该形体的两个组成部分,如图 8-16(c)所示,它是由两个"凸"形柱体相互正交而成的。

（3）在图 8-16(c)的基础上,可以构建其他答案,如图 8-16(d)、(e)……所示。

如果所给图样分别有三个区域,那么再增加"中对应(组合)中",如图 8-17(a)所示,对应的立体如图 8-16(b)、(c)、(d)、(e)……所示。

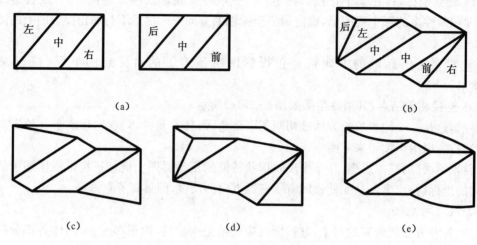

(a)   (b)

(c)   (d)   (e)

图 8-17 三一三区域对应

对于不同的投影图,有不同的投影对应规律,列一简表供读者参考,对于 2 区域和 3 区域对应以及虚线区域对应问题,读者可自己思考。

表 8-1 区域对应法列表

视图名称	投影图	立体图	对应规律
V——H 投影对应	上 / 下 对应组合 后 / 前 对应组合		上 $\dfrac{对应(组合)}{}$ 后 下 $\dfrac{对应(组合)}{}$ 前
V——W 投影对应	对应组合 左 右 / 后 前 对应组合		左 $\dfrac{对应(组合)}{}$ 后 右 $\dfrac{对应(组合)}{}$ 前
H——W 投影对应	对应组合 上 / 下 左 右 / 对应组合		左 $\dfrac{对应(组合)}{}$ 下 右 $\dfrac{对应(组合)}{}$ 上

8.4.3　读图举例

1）补视图

根据两个视图补画第三视图,俗称"知二求三",是训练读图能力,即空间想象能力或形象思维能力的最基本的方法。一般来说,物体的两面投影已具备长、宽、高三个方向的尺度,大部分形体是可以定形的,完全可以补出第三投影。

【例8-6】　已知形体的正面投影和侧面投影,试补画其水平投影,如图8-18(a)所示。

【解】　首先读懂已知的两面投影,想象出组合体的形状。由图8-18(a)进行形体分析,正面投影反映形体特征,可看出该组合体由上、下两部分叠加组成,底板是一个四棱柱,上部居中是另一个顶部带切槽的四棱柱,其宽度与下方的四棱柱相等。该组合体前后对称,左右也对称,其整体形状如图8-18(b)所示。根据想象出的组合体形状,利用三等规律补画出水平投影:

（1）先作出底板的水平投影,如图8-18(c)所示。

（2）作出完整的上方的四棱柱的水平投影,如图8-18(d)所示。

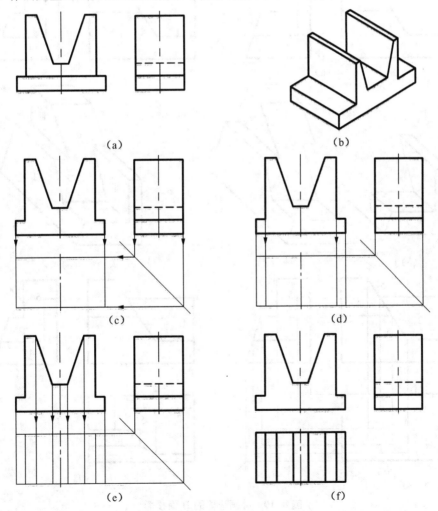

图8-18　补画组合体的水平投影

（3）进行切槽，分别作出槽底部矩形和侧壁两个矩形的投影，如图 8-18(e)所示。

（4）检查各部分连接处图线是否多余、遗漏。检查无误后加深图线，完成全图，如图 8-18(f)所示。

【例 8-7】 补全图 8-19(a)中所示形体的 H 面投影。

【解】 因为所给条件的结构特征不是很明显，很难将形体明确的分为几个基本体，所以可用线面分析法解决。但是由于该形体的面很多，如果完全套用图 8-13 的方法将非常繁琐。考虑应结合形体分析法，同时抓几个主要的面进行分析，并借助于勾画轴测草图帮助建立空间。步骤如下：

（1）对投影，分线框。对各投影图的各可见线框进行编号，如图 8-19(b)所示。

（2）想形状，立空间。该形体大致可分为左右两个部分：左边部分主要由Ⅱ、Ⅳ等线框围成，同时与Ⅰ线框相联系，如图 8-19(c)所示；右边部分主要由Ⅰ、Ⅲ、Ⅴ等线框围成，如图 8-19(d)所示。

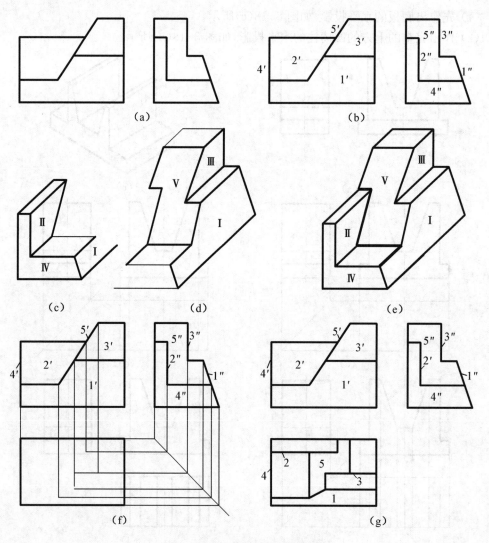

图 8-19　补画形体的 H 面投影

　　(3)围合起来想整体。将图 8-19(c)和图 8-19(d)进行整合,根据它们的相对位置,可得形体的整体现状,如图 8-19(e)所示。

　　(4)根据立体图和对应的投影规律,作投影联系线,补画 H 投影,如图 8-19(f)所示。特别注意:Ⅰ线框和Ⅴ线框分别表示的是侧垂面和正垂面,其 H 投影 1 和 1′、5 和 5″应是对应的类似图形。把握了这个概念,即可事半功倍地解决问题,如图 8-19(g)所示。

　　这里可以看出:借助于勾画立体草图以帮助建立空间形象,是一个较好的手段或方法,希望读者能掌握并养成良好的习惯。立体图的具体画法见第 7 章。

　　【例 8-8】　补全图 8-20(a)中所示形体的 H 面投影。

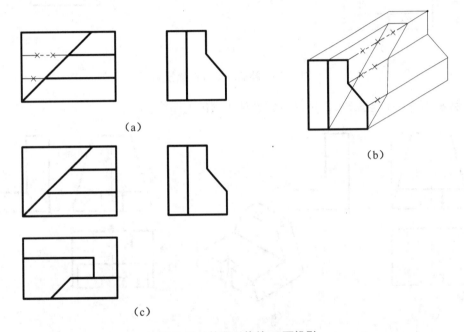

图 8-20　补画形体的 H 面投影

　　【解】　这是很多教材中出现的一个例题,都是用线面分析法花了很大篇幅进行分析的。通过观察可以发现:该形体 V 面投影的外轮廓为矩形,其 W 面投影反映形状特征。那么依据"矩矩为柱"的特点,在其反映形状特征的 W 面投影上快速勾画斜轴测图,结合切割法很快可以建立其空间形状,如图 8-20(b)所示,对应的 H 面投影如图 8-20(c)所示。

　　【例 8-9】　补画图 8-21(a)中所示形体的 W 面投影。

　　【解】　根据所给图样可知该形体是左右对称的,H 面投影图上前后对称的两个"⌐"对应于 V 面投影图上的两条斜线。根据表 8-1"上对应后,下对应前"的规律,并依它们上下、前后的关系建立其空间位置,如图 8-21(b)的粗线所示,再结合其他信息,可想象出整体的形状如图 8-21(b)的细线所示,继而补出其 W 面投影如图 8-21(c)所示。

　　2) 补漏线

　　补漏线也是训练阅读组合体视图的一种常见形式,它是在形体的大体轮廓已经确定的前提下,要求读者想象出立体的形状,并且补全投影图中所缺的图线。

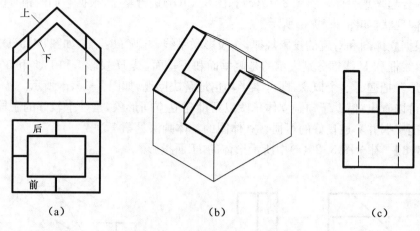

图 8-21　补画形体的 W 面投影

【例 8-10】　补全图 8-22(a)所示组合体中漏缺的图线。

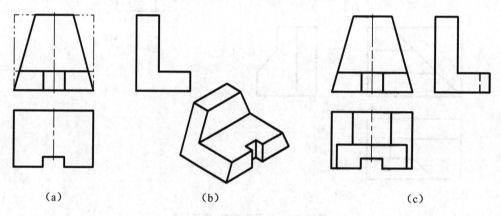

图 8-22　补画三视图中的漏线

【解】　由形体分析可知,该组合体为切割型形体。将正面投影左右缺角补齐(图中以双点画线表示),与水平投影的外框一样都是矩形,根据"矩矩为柱"的投影特点,该形体肯定是一个柱体,其侧面投影反映形状特征,可知原体为一个"∟"形棱柱体。该棱柱被左右对称的两个正垂面截切,前部居中开矩形槽。其空间形状如图 8-22(b)所示。

利用"类似图形"的原理,即可画出左右两侧截切形成的"∟"形断面的水平投影,即 H 投影和 W 投影必须是类似的"∟"形,这样在画图之前就明确了其应有的结果,最后补画出前部矩形槽的侧面投影,为虚线。整理加深,结果如图 8-22(c)所示。

9 工程形体的图示方法

表达工程形体的基本图示方法有视图、剖面图、断面图以及各种简化画法等。

9.1 基本视图

9.1.1 基本视图的形成

在工程制图中,对于某些比较复杂的工程形体,当画出三视图后仍不能完整和清晰地表达其形状时,可以假设在原有三个投影面的基础上再增加三个相对的投影面,形成六个基本投影面。将形体向这六个基本投影面进行投影,即得到六个基本视图:正视图、俯视图、左视图、后视图、仰视图和右视图。建筑工程上习惯称这六个基本视图为:正立面图、平面图、左侧立面图、背立面图、底面图和右侧立面图。

六个基本投影面连同相应的六个基本视图展开的方法如图 9-1(a)所示。展开后视图的配置如图 9-1(b)所示,且六个基本视图之间仍然保持"三等"关系。

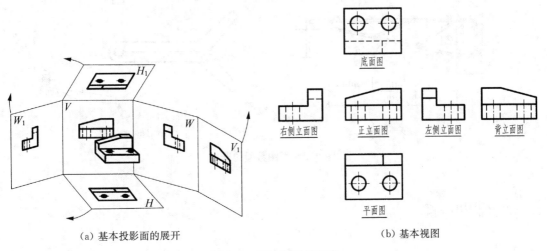

(a) 基本投影面的展开   (b) 基本视图

图 9-1 基本视图的形成

9.1.2 视图配置

如在同一张图纸上绘制若干个视图时,视图的位置可按图 9-2 的顺序进行配置。每个视图一般均应标注图名。图名宜标注在视图的下方或一侧,并在图名下用粗实线绘一条横线,其长度应以图名所占长度为准。

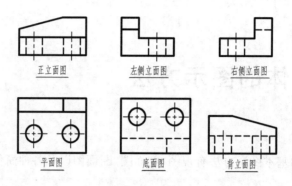

图 9-2　视图配置

9.1.3　视图数量的选择

　　虽然形体可以用六个基本视图来表达,但实际上要画哪几个视图应视具体情况而定。在保证表达形体完整清晰的前提下,应使视图数量最少,且应尽可能少用或不用虚线,避免不必要的细节重复。如图 9-3(a)所示的晾衣架,采用一个视图,再加文字说明钢筋的直径和混凝土块的厚度即可。图 9-3(b)所示的门轴铁脚,采用两个视图就可以把它的形体表达清楚。而对于复杂的房屋建筑形体,除了要画出各个方向的立面图外,还要画出多层平面图(详见第 12 章建筑施工图)。

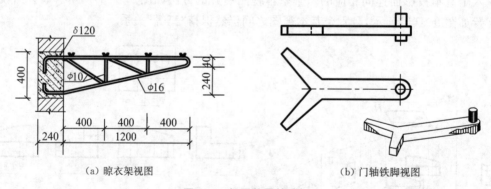

（a）晾衣架视图　　　　　　　　　　　　（b）门轴铁脚视图

图 9-3　视图数量的选择

9.2　辅助视图

9.2.1　局部视图

　　将形体的某一部分向基本投影面投影所得的视图(即不完整的基本视图)称为局部视图,如图 9-4(a)中的平面图即为局部视图。

　　局部视图的断裂边界用波浪线表示。画局部视图时,一般在局部视图的下方标出视图的名称"×向",并在相应的视图附近用箭头注上同样的字母指明投影方向。为了看图方便,局部视图一般应按投影关系配置,有时为了合理布图,也可把局部视图放在其他适当位置。

9.2.2 斜视图

形体向不平行于任何基本投影面的平面投影所得的视图,称为斜视图,如图 9-4(b) 所示。

斜视图一般只表达形体倾斜部分的实形,其断裂边界以波浪线表示。画斜视图时,必须在斜视图下方标出视图的名称"×向",并在相应的视图附近用箭头注上同样的字母以指明投影方向。斜视图也可以经旋转后画正,但必须标注旋转符号:用带箭头的弧线表示,箭头方向与旋转方向一致,如图 9-4(c) 所示。

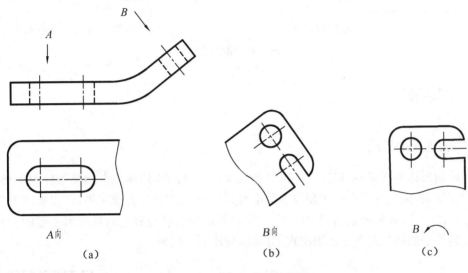

图 9-4　局部视图和斜视图

9.2.3 旋转视图

假想将形体的倾斜部分旋转到与某一选定的基本投影面平行后再向该投影面投影所得的视图,称为旋转视图,如图 9-5 所示。

9.2.4 镜像视图

如图 9-6 所示结构和位置的形体:如直接按正投影法画出其平面图,则下面的部分均为不可见,只能用虚线画出,这样对于看图和画图都不太方便(图 9-6(a) 的平面图)。如果假设该投影面是一面镜子,那么在镜中的投影便都可见。这种投影方法称为镜像投影法,所得的投影图称为镜像视图。为区别于一般投影图,应在这种图的图名之后注写"镜像"二字(如图 9-6(b)),或者按图 9-6(c) 画出镜像投影的识别符号。

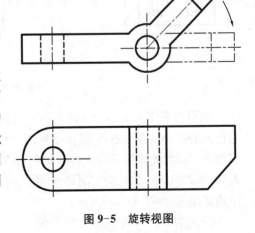

图 9-5　旋转视图

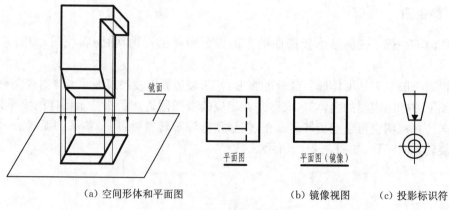

（a）空间形体和平面图　　　　　　（b）镜像视图　　（c）投影标识符

图 9-6　镜像视图

9.3　剖面图

9.3.1　剖面图的形成

在绘制形体的视图时,形体上不可见的轮廓线需要用虚线画出。如果形体内部形状和构造比较复杂,则在视图中会出现较多的虚线,导致图面虚线、实线交错,不仅影响看图,也不便于标注尺寸,容易产生错误。如图 9-7(a)所示的钢筋混凝土双柱杯形基础的投影图,用于安装柱子的杯口在正立面图出现了虚线,使图面不清晰。

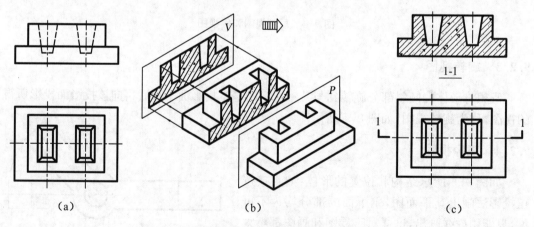

（a）　　　　　　　　　　（b）　　　　　　　　　　（c）

图 9-7　剖面图的形成

如果假想用一个通过基础前后对称面的剖切平面 P 将基础剖开,并将剖切平面 P 连同它前面的半个基础移走,只将留下来的半个基础投影到与剖切平面 P 平行的 V 投影面上,并将被剖切到的实体部分画上相应的材料图例,这样所得的投影图,称为剖面图(图 9-7(b))。此时,基础内部杯口构造被剖切开,绘图时变成可见的实线,结合平面图既表达了外形又表达了内部结构,如图 9-7(c)所示。

绘制剖面图时应注意以下几点:

（1）由于剖切平面是假想的，所以只在画剖面图时才假想将形体切去一部分。而在画其他视图时，应按完整的形体画出，如图 9-7(c)所示的平面图。

（2）作剖面图时，一般应使剖切平面平行于基本投影面。同时，要使剖切平面通过形体上的孔、洞、槽等隐蔽形体的中心线，将形体内部尽量表现清楚。在剖面图中一般不画虚线。

（3）形体剖开之后都有一个截面，即截交线围成的平面图形，称为断面。在剖面图中，规定要在断面上画出相应的材料图例，各种材料图例的画法必须遵照"国标"的有关规定，常用的建筑材料图例见表 9-1。在不指明材料时，可以用等间距、同方向的 45°细斜线来表示。

表 9-1　常用的建筑材料图例

序　号	名　称	图　例	说　明
1	自然土壤		包括各种自然土壤
2	夯实土壤		
3	砂、灰土		靠近轮廓线绘较密的点
4	石材	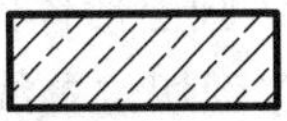	
5	毛石	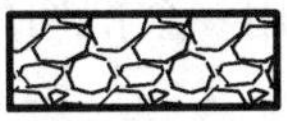	
6	普通砖	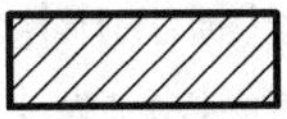	包括实心砖、多孔砖、砌块等砌体。断面较窄不易绘出图例线时，可涂红
7	饰面砖		包括铺地砖、马赛克、陶瓷锦砖、人造大理石等
8	混凝土		1. 本图例指能承重的混凝土及钢筋混凝土 2. 包括各种强度等级、骨料、添加剂的混凝土 3. 在剖面图上画出钢筋时，不画图例线 4. 断面图形小，不易画出图例线时，可涂黑
9	钢筋混凝土	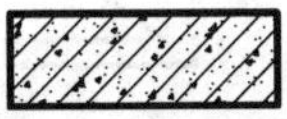	
10	木材		1. 上图为横断面，上左图为垫木、木砖或木龙骨 2. 下图为纵断面
11	金属	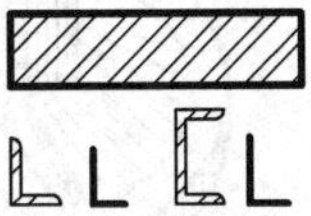	1. 包括各种金属 2. 图形小时可涂黑
12	塑料	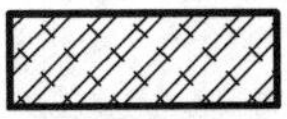	包括各种软、硬塑料及有机玻璃等
13	防水材料		构造层次多或比例大时，采用上面图例

注：图例中的斜线、短斜线、交叉斜线等一律为 45°。

9.3.2 剖面图的标注

为了读图方便,画剖面图时一般应标注剖切符号,用以表明剖切位置、投影方向、剖面名称等。

(1)剖切位置:用剖切位置线表示剖切平面的剖切位置(实质上就是剖切平面的积聚投影)。剖切位置线以粗实线绘制,长度宜为 6～10 mm,并且不应与其他图线相接触。

(2)投影方向:用垂直于剖切位置线的粗实线表示剖切后的投射方向,长度宜为 4～6 mm。

(3)剖面名称:剖面名称常采用阿拉伯数字表示,与相应剖切面的编号对应。如图 9-7(b) 中的剖切面 P 用 1-1 表示,如果剖切面较多时,编号按顺序由左至右、由上至下连续编排,并注写在剖视方向线的端部。剖面图的图名可注写在剖面图的下方,并应在图名下方画上一等长的粗实线,如图 9-7(c)中"1-1"。

9.3.3 剖面图的分类

1) 全剖面图

假想用一个剖切平面将物体全部剖开,然后画出形体的剖面图,这种剖面图称为全剖面图。如图 9-7(c)所示。全剖面图一般均应标注剖切位置线、投射方向线和剖切编号。

全剖面图一般适用于外形简单、内部结构用一个剖切面就可以表达清楚的物体。

2) 半剖面图

当工程形体对称且外形又比较复杂时,可以画出由半个外形图和半个剖面图拼成的图形,以同时表示形体的外形和内部构造,这种剖面图称为半剖面图。

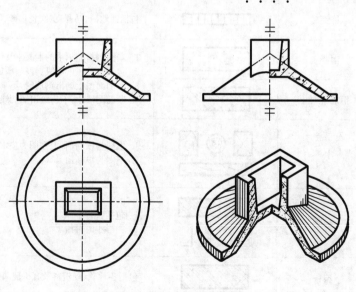

图 9-8 锥壳基础半剖面图

如图 9-8 所示的锥壳基础,如果做其全剖面图,则复杂的外形和相贯线不能充分的表示出来。此时,可用半剖面图代替其正立面图和左侧立面图。在半剖面图中,剖面图和视图之间,规定用形体的对称中心线(在细点画线的两端加等号"="表示)为分界线。一般情况下,当形体左右对称时,半剖面画在右半部分;当形体前后对称时,半剖面画在前半部分。半剖面图的标注与全剖面图相同。

3)阶梯剖面图

当形体的外部形状比较简单,有两个或两个以上的内部结构的对称面相互平行时,可用两个相互平行的剖切平面将形体剖开,两个剖切面在转折的地方就像一个台阶,所以,这样所得的剖面图称为阶梯剖面图。如图9-9所示的形体,左前和右后均有一个圆柱孔,由于两个孔的位置不在同一正平面内,于是采用两个相互平行的正平面分别通过两个孔洞的轴线同时将形体剖开,得到其阶梯剖面图。画阶梯剖面图时应注意,剖切平面的转折处,在剖面图上规定不画线。标注时,应在需要转折的剖切位置线的转角外侧加注与该剖视剖切符号相同的编号。

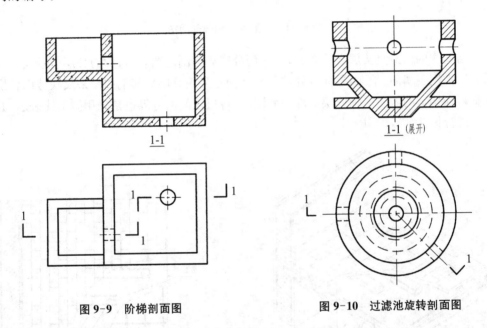

图 9-9　阶梯剖面图　　　　　　　　图 9-10　过滤池旋转剖面图

4)旋转剖面图

如图9-10所示的过滤池正立面图,是用两个相交的铅垂剖切平面,沿1-1位置将池壁内部的孔洞剖开,然后将其中倾斜于V面的右侧剖切面旋转到平行于V面后,再向V面投影,形成旋转剖面图。

旋转剖面适用于外部形状比较简单,内部有两个或两个以上的结构的对称面相交于主体的回转轴线时的形体。

5)局部剖面图

如果形体的内部结构只是局部比较复杂,或者只要表达局部就可以知道整体情况,那么,就可以只将局部地方画成剖面图。这种剖面图称为局部剖面图。如图9-11所示,在不影响外形表达的情况下,将杯形基础平面图的一个角落画成剖面图,表示基础内部钢筋的配置情况。局部剖面图与视图之间,要用徒手画的波浪线分界。波浪线不能超出轮廓线和不得通过空体处,也不应与图中任何图线重合。局部剖面图不需要标注。

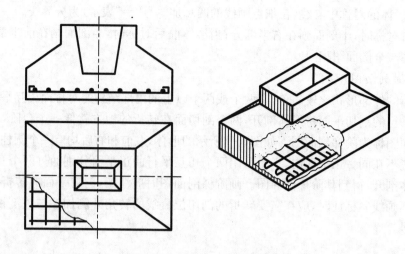

图 9-11　杯形基础局部剖面图

当结构物的构造是按层次分布时,可采用分层局部剖面图表示,称为分层表示法。这种表示方法常用于墙面、地面、屋面等处,图 9-12 便是采用分层局部剖面图来反映楼面各层所用的材料和构造的做法。画分层局部剖面图时,各层之间的分界也是采用波浪线表示,并且不需要进行标注。

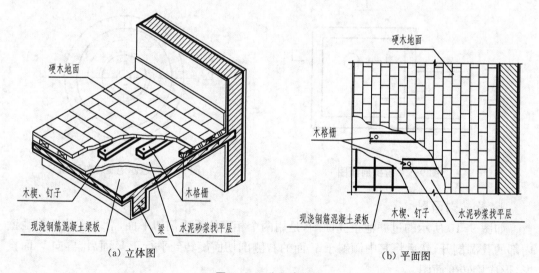

（a）立体图　　　　　　　　　　　　　　　（b）平面图

图 9-12　分层表示法

9.4　断面图

9.4.1　断面图的形成

假想用一个平行于某一投影面的剖切面将形体剖切后,仅画出剖切到的切口图形,并且画上相应的材料图例,这样的图形称为断面图,如图 9-13 所示。

断面图的剖切符号由剖切位置线和编号组成。剖切位置线用粗实线表示,长度宜为 6～10 mm;编号用阿拉伯数字表示,写在剖切位置线的一侧,同时表明投影方向。其他标注方法同剖面图。

9.4.2　断面图的分类

1) 移出断面图

如图 9-13 所示,绘制在基本视图之外的断面图,称为移出断面图。移出断面图一般需要标注。如果移出断面图画在剖切位置延长线处时,也可省略标注。

2) 中断断面图

直接画在杆件中断处的断面图,称为中断断面图。

如图 9-14 所示,可在花篮梁中间断开的地方画出梁的断面,以表示梁的形状和材料情况。这种画法适用于表示较长而且只有单一断面形状的杆件,中断断面图不需标注。

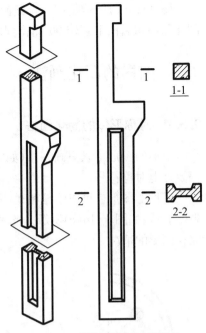

图 9-13　断面图的形成与标注

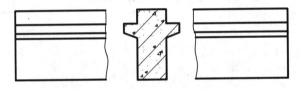

图 9-14　花篮梁中断断面图

3) 重合断面图

绘制在视图轮廓线内的断面图,称为重合断面图。如图 9-15(a)所示,可在屋顶平面图上加画断面图,用来表示屋面的结构与形式。这种断面图是假想用一个垂直于屋顶的剖切平面剖开后把断面向左旋转 90°,使它与平面图重合后得到的。断面的轮廓线应用加粗实线绘制,当视图中的轮廓线与断面图重叠时,视图中的轮廓线仍应连续画出,不可间断。重合断面图不加任何标注,只在断面图的轮廓线之内表示材料图例即可。

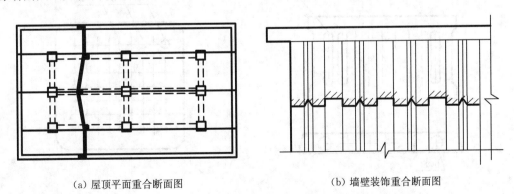

(a) 屋顶平面重合断面图　　　(b) 墙壁装饰重合断面图

图 9-15　重合断面图

图 9-15(b)所示是用重合断面图表示墙壁立面上装饰的凹凸起伏的状况,它是用水平剖切面剖切后向下翻转 90°而得到的。

9.5 图样的简化画法

9.5.1 对称形体的简化画法

对称的图形可以只画一半(如图 9-16(a)),也可以只画出其四分之一(如图 9-16(b)),但要加上对称符号。

对称的图形也可以绘至稍稍超出对称线之外,然后用细实线画出的折断线或波浪线来省略表示,如图 9-16(c)所示。此种省略画法无需加上对称符号,主要适用于对称线上有不完整图形的情况。

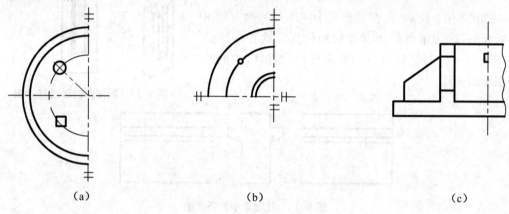

(a)   (b)   (c)

图 9-16 对称形体的简化画法

9.5.2 相同要素的简化画法

如果图上有多个完全相同而连续排列的构造要素,可仅在两端或适当位置画出其中一两个要素的完整形状,其余部分以中心线或中心线交点表示,如图 9-17(a)所示。

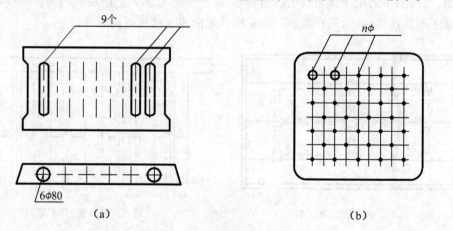

(a)   (b)

图 9-17 相同要素的简化画法

如果相同构造要素少于中心线交点,则其余部分应在相同构造要素位置的中心线交点处用小圆点表示其位置(图 9-17(b))。

9.5.3 折断的简化画法

较长的构件,如沿长度方向的形状相同或按一定规律变化,可断开省略绘制,断开处应以折断线表示(图 9-18(a))。

一个构配件如与另一构配件仅部分不相同,该构配件可只画不同部分,但应在两个构配件的相同部分与不同部分的分界线处,分别绘制连接符号(图 9-18(b))。

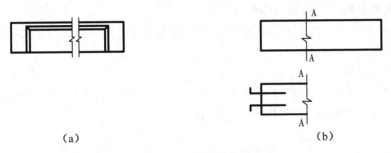

(a)   (b)

图 9-18 折断的简化画法

9.6 综合应用举例

【例 9-1】 将图 9-19(a)所示的组合体的正立面图和左侧立面图改画成适当的剖面图。

【解】 因为该组合体左右对称,可以把正立面图画成 1-1 半剖面图,其中右半部分画成剖面图,左半部分画成外形图,不可见的虚线不画出来;又因为前后不对称,可以把左侧立面图画成 2-2 全剖面图,其中看不见的小圆柱孔由于其他视图已经表示出来而不再画虚线,结果如图 9-19(b)所示。

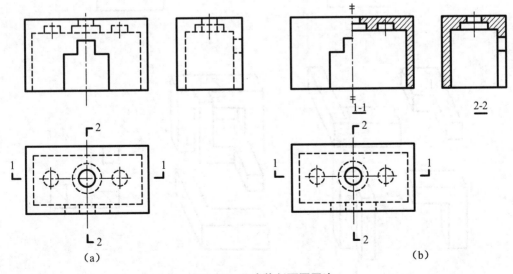

图 9-19 组合体剖面图画法

【**例 9-2**】 如图 9-20(a)所示,已知形体的 1-1、2-2 剖面图,求作 3-3 剖面图。

【**解**】 要想补画的剖面图正确,首先必须根据已知条件,想出它所表达的空间立体形状,即读懂剖面图。读剖面图的方法仍为形体分析法,但由于增加了剖面的表达手法,因此,与上一章节的组合体的读图方法有所不同。这里介绍一种剖面图的读图方法——断面对应法,步骤如下:

(1)区别空体和实体

根据已知条件,对各个断面进行编号,找出其对应的剖切位置,那么没有剖切到的便是空体,如图 9-20(b)所示。

(2)分析各断面所对应的实体形状

由各断面所对应剖切位置形体的平面形状,想出各个分体所对应的空间形状,并勾画其轴测图,如图 9-20(c)所示。

(3)综合想整体

根据各个分体所对应的相对位置,综合想出整体的形状,如图 9-20(d)所示。

(4)补画 3-3 剖视图,如图 9-20(e)所示。

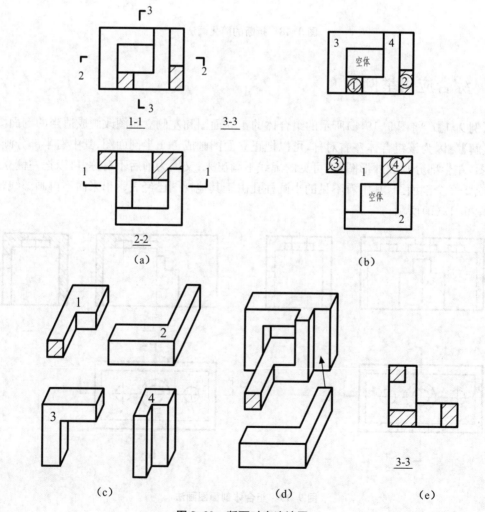

图 9-20 断面对应法读图一

【例 9-3】 如图 9-21(a)所示,已知形体的 1-1 和 2-2 剖面图,求作 3-3 剖面图。

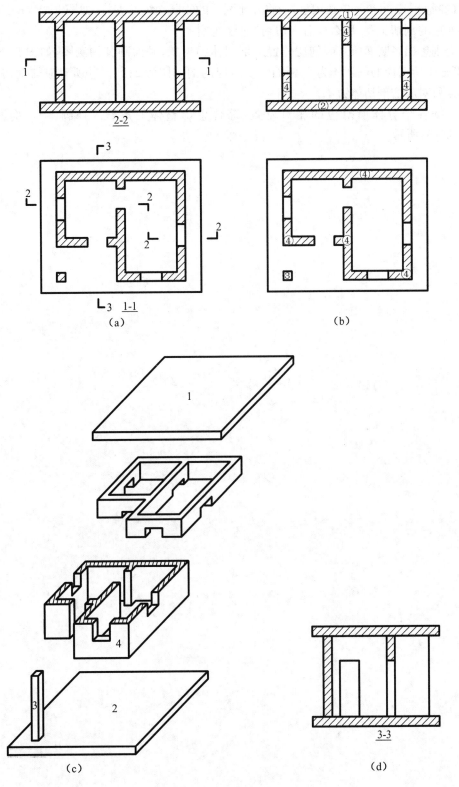

图 9-21 断面对应法读图二

【解】 根据已知条件,对各个断面进行编号(编号时可综合考虑 1-1 和 2-2 剖面图,将独立的断面①、②和③单独编号,而将互相联系的④断面统一编号,如图 9-21(b)所示),找出其对应的剖切位置,那么没有剖切到的便是空体。

分别想出各断面所对应剖切位置的剖切体的形状,并勾画其轴测图,如图 9-21(c)所示:断面①所对应的剖切体为 1;断面②所对应的剖切体为 2;断面③所对应的剖切体为 3;断面④所对应的剖切体为 4。

根据各个分体所对应的相对位置,综合想出整体的形状。补画 3-3 剖面图,如图 9-21(d)所示。

10 透视投影

10.1 概述

10.1.1 基本知识

图 10-1 是一幅建筑设计效果图,它是设计师用电脑设计完成的,和照片一样,给人以身临其境的感觉,告诉人们该建筑建成以后的实际效果就是这样。现在一般在建筑设计的初步阶段都需要画这样的效果图,用以研究建筑物的体型和外貌,进行各种方案的比较,最终选取最佳设计方案。

图 10-1　建筑效果图——透视图

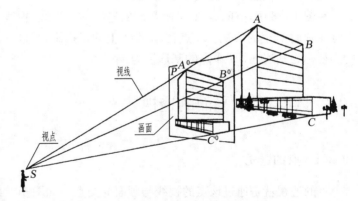

图 10-2　透视图的形成

若用手工绘制这样的效果图,则是按照透视投影的方法绘制,所以也称为透视图。透视投影属于中心投影,其形成方法如图 10-2 所示。假设在人与建筑物之间设立一个铅垂面 V 作为投影面,在透视投影中,该投影面称为画面,认为是透明的;投影中心就是人的眼睛 S,在透视投影中称为视点;投射线就是通过视点与建筑物上各个特征点的连线,如 SA、SB、SC 等,称为视线。很显然,求作透视图就是求作各视线 SA、SB、SC 等与画面的交点 A^0、B^0、C^0 等,也就是建筑物上各特征点的透视,然后依次连接这些透视点,就得到该建筑物的透视图。所谓透视图,就是当人的眼睛透过画面观察建筑物时,在该画面上留下的影像(就是将观察到的建筑物描绘在画面上),就好像照相机快门打开以后的胶片感光一样。

与按其他投影法所形成的投影图相比,透视图有一个很明显的特点,就是形体距离观察者越近得到的透视投影越大,距离越远则透视投影越小,即所谓近大远小。如图 10-1 所示,房屋上原本大小相同的窗洞,在透视图中,近的显得长而宽些,越远越显得短而窄些。

10.1.2　常用术语

在学习透视投影时,首先要了解和懂得一些常用术语的含义,然后才能循序渐进地学习和掌握透视投影的各种画法与技巧。现结合图 10-3 介绍如下:

画面——绘制透视图的投影平面,一般以正立面 V 作为画面。

基面——建筑物所在的地面,一般以水平面 H 作为基面。

基线——画面与基面的交线 OX。

视点——观察者眼睛所在的位置,用 S 表示。

站点——观察者所站定的位置,即视点 S 在 H 面上的投影,用小写字母 s 表示。

心点——视点 S 在画面 V 上的正投影 s'。

主视线——垂直于画面 V 的视线 Ss'。

视平面——过视点 S 的水平面 Q。

视平线——视平面 Q 与画面 V 的交线 $h-h$。

视高——视点 S 到 H 的距离,即人眼的高度 Ss。

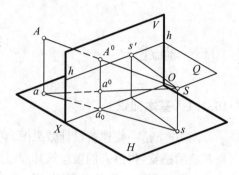

图 10-3　常用术语

视距——视点 S 到画面 V 的距离 Ss'。

在图 10-3 中,空间点 A 与视点 S 的连线称为视线,视线 SA 与画面 V 的交点 A^0 就是 A 点在画面 V 上的透视。A 点在基面 H 上的正投影 a,称为 A 点的基投影(基点),基投影的透视称为基透视,即 A 点的基透视为 a^0。

10.2　点、直线、平面的透视

10.2.1　点的透视

点的透视就是通过该点的视线与画面的交点。如图 10-4(a)所示,空间点 A 在画面 V 上的透视,就是自视点 S 向点 A 引的视线 SA 与画面 V 的交点 A^0。

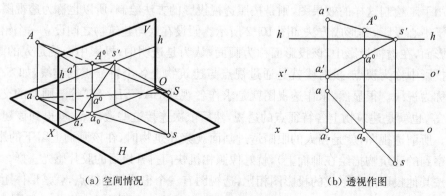

(a) 空间情况　　　　　　　　　　　　(b) 透视作图

图 10-4　点的透视作图

求作点的透视,可用正投影的方法绘制。将相互垂直的画面 V 和基面 H 看成二面体系中的两个投影面,分别将视点 S 和空间点 A 正投射到画面 V 和基面 H 上,然后再将两个平面拆开摊平在同一张图纸上,依习惯 V 在上、H 在下使两个平面对齐放置,并去掉边框。具体作图步骤如图 10-4(b)所示。

(1) 在 H 面上连接 sa,sa 即为视线 SA 在 H 上的基投影。

(2) 在 V 面上分别连接 $s'a'$ 和 $s'a'_x$,它们分别是视线 SA 和 Sa 在 V 面上的正投影。

(3) 过 sa 与 ox 轴的交点 a_0 向上引铅垂线,分别交 $s'a'_x$ 和 $s'a'$ 于 a^0 和 A^0,即为空间点 A 在画面 V 上的基透视和透视。

不难看出,这实际上就是利用视线的两面正投影求作其与画面的交点(透视),所以,此方法被称为视线交点法,也称为建筑师法,这是绘制透视图最基本的方法。

10.2.2　直线的透视

直线的透视,一般情况下仍然是直线。当直线通过视点时,其透视为一点;当直线在画面上时,其透视即为自身。

如图 11-5 所示,AB 为一般位置直线,其透视位置由两个端点 A、B 的透视 A^0 和 B^0 确定。A^0B^0 也可以看成是过直线 AB 的视平面 SAB 与画面 V 的交线。AB 上的每一个点(如 C 点)的透视(C^0)都在 A^0B^0 上。

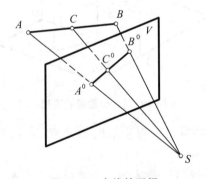

图 10-5　直线的透视

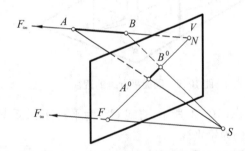

图 10-6　直线的迹点和灭点

直线相对于画面有两种不同的位置:一种是与画面相交的,称为画面相交线;一种是与画面平行的,称为画面平行线。它们的透视特性也不一样。

1) 画面相交线的透视特性

如图 10-6 所示,直线 AB 交画面于 N 点,点 N 称为直线 AB 的画面迹点,其透视就是它自己。自视线 S 作 SF_∞ 平行于直线 AB,交画面 V 于 F 点,点 F 称为直线 AB 的灭点,它是直线 AB 上无穷远点 F_∞ 的透视。连线 NF 称为直线 AB 的全透视或透视方向。

如果画面相交线是水平线,其灭点一定在视平线上,如图 10-7 所示。当直线垂直于画面时,其灭点就是心点。

如果画面相交线相互平行,其透视必交于一点,即有一个共同的灭点 F,如图 10-8 所示,AB 和 CD 相互平行,其迹点分别为 N 和 M,其全透视分别为 NF 和 MF,F 为灭点。

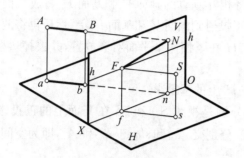

图 10-7　水平线的透视

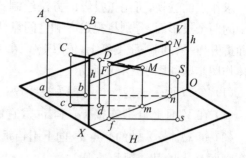

图 10-8　平行两直线的透视

2）画面平行线的透视特性

画面平行线的透视和直线本身平行，相互平行的画面平行线，它们的透视仍然平行。

如图 10-9 所示，直线 AB 与画面 V 平行，其透视 A^0B^0 平行于直线 AB 本身。由直线的画面迹点和灭点的定义可知，直线 AB 在画面 V 上既没有迹点，也没有灭点。

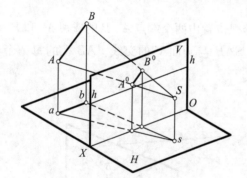

图 10-9　画面平行线的透视

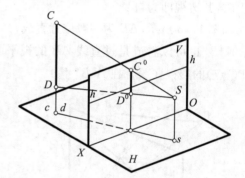

图 10-10　铅垂线的透视

如图 10-10 所示，直线 CD 为平行于画面 V，同时又垂直于基面 H 的铅垂线，其透视 C^0D^0 仍为铅垂线。

【例 10-1】　求图 10-11(a)所示直线 AB 的透视和基透视。

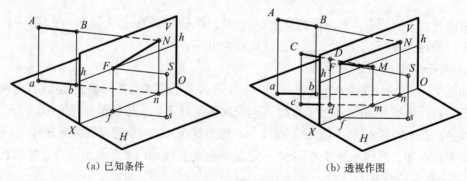

（a）已知条件　　　　　　　　　　（b）透视作图

图 10-11　直线的透视作图

【解】　这是一个与画面相交的一般位置直线，其透视既有迹点，也有灭点，作图步骤如图 10-11(b)所示。

(1) 确定直线的迹点 N 和灭点 F,以确定直线的透视方向。

(2) 在基面 H 上用视线交点法确定 A、B 的透视位置 a_0、b_0,一般称为透视长度。

(3) 过 a_0、b_0 向上作铅垂线交 $s'a'_x$ 和 $s'a'$ 于 a^0、A^0;交 $s'b'_x$ 和 $s'b'$ 于 b^0、B^0。

(4) 连接 A^0B^0 和 a^0b^0 即为直线 AB 的透视和基透视。

10.2.3 平面的透视

平面图形的透视,在一般情况下仍然是平面图形,只有当平面通过视点时,其透视是一条直线。绘制平面图形的透视图,实际上就是求作组成平面图形的各条边的透视。

图 10-12 为基面上的一个平面图形的作图示例,为了节省图幅,这里将 H 面和 V 面重叠在一起(主要是站点 s 离画面较远),并使 H 面稍偏上方。其作图步骤如下。

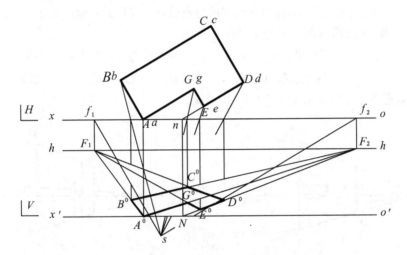

图 10-12 平面图形的透视作图

首先在基面 H 上作图:

(1) 过站点 s 作直线 AB、BC 的平行线,分别交基线 ox 于 f_1 和 f_2。

(2) 过站点 s 向平面图形的各个端点 A、B、C、D、E、G 作视线,与基线 ox 得到一系列的交点。

(3) 延长直线 DE 交基线 ox 于 n。

(4) 过基线 ox 上的一系列的交点向下作铅垂线。

其次在画面 V 上作图:

(1) 在视平线 $h—h$ 上确定灭点 F_1 和 F_2。

(2) 在基线 $o'x'$ 上确定迹点 $A(A^0)$、N。

(3) 分别过 $A(A^0)$、N 向 F_1 和 F_2 作连线,与相应的铅垂线交于 B^0、E^0、D^0。

(4) 根据平行线的透视共灭点的特性,作出 C^0 和 G^0。

【例 10-2】 图 10-13(a)为一已知矩形的透视,试将其分为四等份。

【解】 利用矩形的对角线的交点是矩形的中点的知识解决,其结果如图 10-13(b)所示。

（1）连接矩形 $A^0B^0C^0D^0$ 的对角线，交于 E^0。

（2）过 E^0 分别向 F_1 和 F_2 作连线，并反向延长与矩形的边相交。

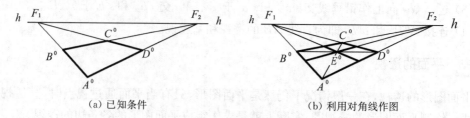

(a) 已知条件　　　　　　　　(b) 利用对角线作图

图 10-13　将透视矩形四等分

图 10-14 是将一个矩形沿长度方向三等分的作法：在铅垂边线 A^0B^0 上，以适当的长度自 A^0 量取 3 个等分点 1、2、3，连线 $1F$、$2F$ 与矩形 A^034D^0 的对角线交于点 5、6，过点 5、6 作铅垂线，即将矩形沿纵向分割为全等的三个矩形。

图 10-15 是将一个矩形沿长度方向按比例分割的作法：直接将铅垂边线 A^0B^0 划分为 2：1：3 三个比例线段，然后过各分割点向 F 作连线，再过这些连线与对角线 B^0D^0 的交点作铅垂线，就把矩形沿纵向分割为 2：1：3 三块。

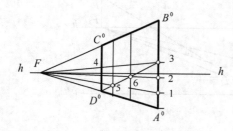

图 10-14　将透视矩形三等分

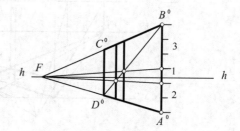

图 10-15　将透视矩形按比例分割

图 10-16 是作连续等大的矩形。其中图（a）是利用中线 E^0G^0 和对角线过中点的原理作出的；而图（b）则是利用连线排列的矩形的对角线相互平行，其透视共一个灭点（F_0）的原理作出的。

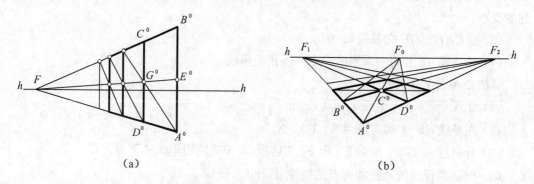

（a）　　　　　　　　　　　　　（b）

图 10-16　作连续等大的矩形

图 10-17 为对称图形的作图方法，主要也是利用对角线来解决的。

其中,图 10-17(a)为已知透视矩形 $A^0B^0C^0D^0$ 和 $C^0D^0E^0G^0$,求作与 $ABCD$ 相对称的矩形。作法:首先作出矩形 $C^0D^0E^0G^0$ 的对角线的交点 K^0,连线 A^0K^0 与 B^0F 交于 P^0,再过 P^0 作铅垂线 P^0L^0,则矩形 $E^0G^0L^0P^0$ 就是与 $A^0B^0C^0D^0$ 相对称的矩形。

图 10-17(b)则是作宽窄相间的连线矩形,读者可自己分析其步骤和原理。

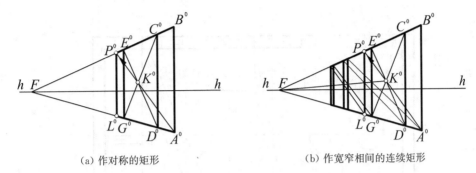

(a) 作对称的矩形　　　　　　　　　　(b) 作宽窄相间的连续矩形

图 10-17　对称图形的透视作图

10.3　平面立体的透视

根据立体和画面的相对位置的不同,透视图可分为一点透视、两点透视和三点透视三种,这里主要介绍常用的前两种透视图的画法。

10.3.1　一点透视

所谓一点透视,就是当画面和立体的主要立面平行时,立体有两个主方向(一般是长度和高度方向)因平行于画面而没有灭点,只有一个主方向(一般是宽度方向)有灭点——即为心点。所以一点透视也称为平行透视。

一点透视图一般比较适合近距离地表达室内效果。

【例 10-3】　如图 10-18 所示,已知某房间的平面图和剖面图,作其室内一点透视图。

【解】　这里假设画面、站点、视角和视高等影响着透视图表达效果的这几个参数是已知的,只介绍作图过程,其步骤如下:

(1) 确定灭点——心点。

(2) 视线交点发作各主要对象的透视位置。

(3) 确定真高线。对于不在画面上的门、窗、写字台和装饰画等,为了确定其透视高度,可以从右侧墙面把它们的高度延伸至画面上以便反映真高,这样的线称为真高线。

(4) 其他细部可按前述平面图形的作法,最后完成全图。

10.3.2　两点透视

所谓两点透视,就是当画面和立体的主要立面倾斜时,立体有两个主方向(一般是长度和宽度方向)因与画面相交成角度而有两个灭点,只有高度方向与画面平行而没有灭点,所以两点透视也称为成角透视。

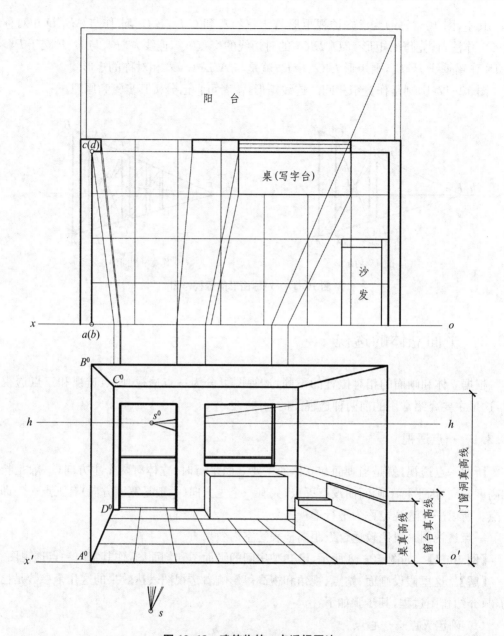

图 10-18 建筑物的一点透视画法

两点透视图一般比较适合表达视野比较开阔的室外效果。

【例 10-4】 如图 10-19 所示,已知房屋模型的平面图和侧立面图,试作其两点透视图。

【解】 这里的画面、站点、视角和视高等也假设是已知的,只介绍其作图步骤如下:

(1) 确定长(X)、宽(Y)两个主方向的透视灭点 F_x 和 F_y:过站点 s 分别作长、宽方向墙线的平行线,交基线 ox 于 f_x 和 f_y,再过 f_x 和 f_y 作铅垂线交视平线 h—h 于 F_x 和 F_y。

(2) 视线交点法作各轮廓线的透视位置和方向,其中墙线 Aa 在画面上,其透视 A^0a^0 就是其本身。

（3）作屋脊线的真高线：在平面图上延长屋脊线交基线 ox 于 n，n 即为屋脊线迹点的 H 面投影，在画面上反映真高为 N，Nn^0 即为屋脊线的真高线。

（4）作斜坡屋面的投影：屋面斜线和山墙在一铅垂面上，所以它的灭点 F_L 和 F_Y 在一铅垂线上，根据平行线的透视共灭点的原理，作出另一条斜线的透视。

（5）加深透视轮廓线，完成全图。

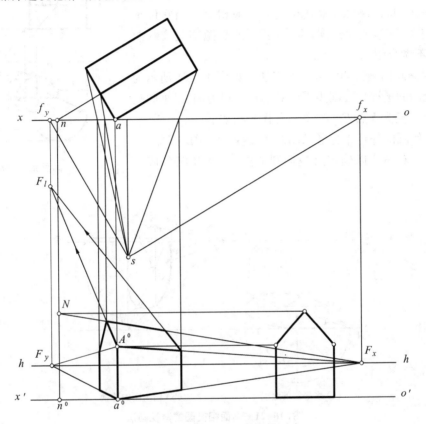

图 10-19 建筑物的两点透视画法

10.4 圆和曲面体的透视

根据圆平面和画面的相对位置的不同，其透视一般有圆和椭圆两种情况。当圆平面和画面相交时，其透视为椭圆。

10.4.1 画面平行圆的透视

圆平面和画面平行时，其透视仍为圆。圆的大小依其距画面的远近不同而改变。图 10-20 为带切口圆柱的透视，其作图步骤如下：

（1）确定前、中、后三个圆心 C_1、C_2、C_3 的透视 C_0^0、C_2^0、C_3^0：C_1^0 在画面上，其透视就是其本身；过 C_1^0 作圆柱轴线的透视，再用视线交点法求作 C_2^0、C_3^0 的透视位置。

（2）确定前、中、后三个圆的透视半径 R_1、R_2、R_3：R_1 在画面上，其透视反映实长；过

C_2^0 作水平线与圆柱的最左、最右透视轮廓线相交,得到 R_2;同理可得 R_3。

（3）作前后圆的共切线,并加深轮廓线,完成全图。

10.4.2 画面相交圆的透视

圆平面和画面相交（垂直相交或一般相交）,当它位于视点之前时,其透视为椭圆;否则,还可能是抛物线或双曲线（对此不做介绍）。

透视椭圆的画法通常采用八点法。如图 10-21 所示为画面相交圆的透视画法,现以图（A）的水平圆为例（铅垂圆只要把心点 S 换为灭点 F_1）,介绍其作图步骤如下:

（1）作圆的外切正方形 $ABDE$ 的透视 $A^0B^0D^0E^0$。

（2）作对角线以确定透视椭圆的中心 C^0 和四个切点 1^0、2^0、3^0、4^0。

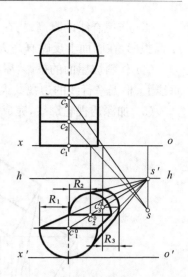

图 10-20　画面平行圆的透视画法

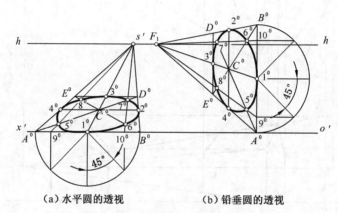

（a）水平圆的透视　　　（b）铅垂圆的透视

图 10-21　画面相交圆的透视画法

（3）作圆周与对角线的交点 5、6、7、8 的透视 5^0、6^0、7^0、8^0:不在同一对角线上两交点的连线 67 和 58,必然平行于正方形的一组对边 AE 和 BD,并与 AB 相交于 9、10 两点;过 9^0、10^0 向心点 S^0 引直线,与对角线相交,就得到 5^0、6^0、7^0、8^0。

（4）光滑连接 1^0、2^0、3^0、4^0、5^0、6^0、7^0、8^0 这八个点,并加深轮廓线,即得到相应的透视椭圆。

【例 10-5】　如图 10-22 所示,已知某室内的平面图和剖面图,试作其透视图。

【解】　这是一个画面相交圆的应用实例,有铅垂圆——圆形窗,水平圆——灯池（天花）、地花及圆形柱等。其主要作图步骤如下:

（1）视线交点法确定室内墙面、地面和顶面的透视轮廓。

（2）确定灯池、地花及圆窗等圆心的透视位置,并注意它们的真高或真长的确定。

（3）用八点法作各个圆的透视椭圆,添加细部并加深轮廓线,完成全图。

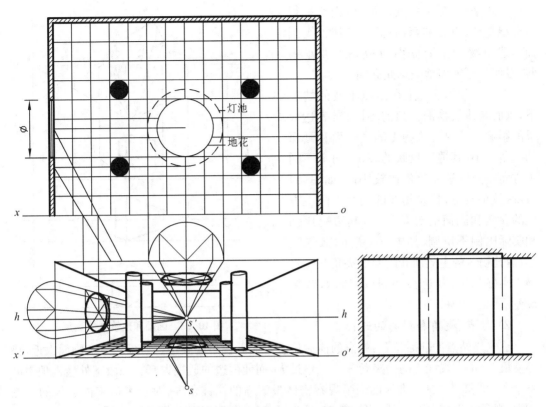

图 10-22　画面相交圆的应用实例

10.5　透视种类、视点和画面位置的选择

10.5.1　透视种类的选择

在绘制透视图之前，必须根据所表达对象的特点和要求，选择合适的透视种类。一般来说，对于狭长的街道、走廊、道路及室内需要表达纵向深度的建筑物，宜选择一点透视；而对于纵、横方向均需要表达，以显示视野比较开阔的建筑物，宜选择两点透视。相对而言，一点透视显得比较庄重，但稳重有余而活力不足；两点透视则反之。

10.5.2　画面位置、视点的选择

同样一种透视，还因为画面、视角和视高的不同而差别很大，所以在确定透视种类以后，还必须处理好建筑物、视点和画面之间的相对位置关系，以期取得令人满意的效果。

1）画面位置的选择

画面与建筑物的前后位置的不同，影响着透视图的大小；画面与建筑物的左右位置（夹角）的变化，影响着透视图侧重面的不同。为使表达的对象不过分失真，一般将建筑物放置在画面的后面，同时考虑作图的简便，还需使建筑物的一些主要轮廓线在画面上，以使其透视反映真实高度或长度。

一般来说,对于一点透视,画面宜平行于造型复杂、重要的墙面;而两点透视则画面与建筑物的主要立面所成角度要小一些,以便尽可能多地表达此立面。

图10-23所示,是在站点不变的情况下,画面与建筑物的夹角的不同,对表达效果的影响。其中建筑物1的主立面和画面的夹角较小,其透视反映的较多,两个不同主方向立面的透视比例比较协调,如图(a)所示,效果较好;建筑物2的两个不同主方向的立面和画面的夹角相等,其透视比例和实际比例不协调,如图(b)所示,效果欠佳;建筑物3的主立面和画面的夹角与建筑物1刚好相反,其透视如图(c)所示,效果最差。

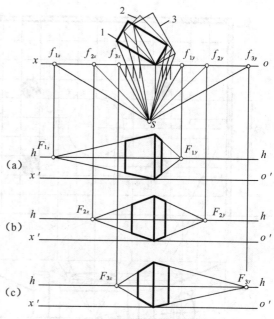

图10-23　画面和建筑物的夹角

2)站点、视角和视高的选择

首先是站点的前后位置:站点的前后位置影响着视角的大小。如果站点离画面太近,势必使最左、最右视线之间的夹角——视角过大,而使两边的透视失真。一般室外透视理想的视角在28°和30°之间,即人的眼睛观察物体最清晰的视锥角度,对于表达室内近景的一点透视,视角可以在45°~60°。图10-18是为了节约图纸的幅面,视角达到了90°,因此,沙发就显得失真了。

其次是站点的左右位置:站点的左右位置影响着透视表达的侧重面。一般来说,如果想侧重表达建筑物的左侧,站点就适当右移;同理,如果想使右边成为重点,站点就适当左移;而站点在正中央,即是左右平衡。如图10-18,考虑到窗、写字台和沙发等偏于房间的右侧,所以使得右边成为表达的重点,这样,站点就适当左移。但是必须注意:主视线(即垂直于画面的视线)要在视角之间,而且尽量平分视角,才能使得表达的效果较好。

如图10-24所示,在画面和建筑物的相对位置不变时,站点 s_1 位置离画面较近,视角较大,所得的透视图如图(a)所示,变形厉害,给人以失真的感觉,透视图效果较差;站点 s_2 位置离画面距离和左右位置都比较适中,视角在30°左右,并且主视线大致是视角的分角线,所得的透视图如图(b)所示,真实感较强,透视图效果较好;站点 s_3 位置,虽然视角大小合适,但是由于偏右了,主视线在视角之外,所得的透视图如图(c)所示,建筑物两个主立面的比例失调,透视效果也不如图(b)。

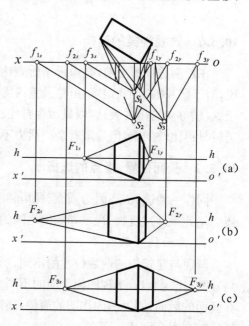

图10-24　站点位置和视角的选择

关于视高,正常人的视高为1.7 m左右(由人的身高确定),对于一般绘图,就选择正常值。但有时为了取得某种特殊的效果,可以适当增加或者降低视高。

增加视高,会使得表达的对象有相对矮小的感觉,当从精神上蔑视所表现的对象时,可用这种手法。比如,在杭州岳王庙里,秦桧夫妻的雕像就放在比较低矮的角落里,游人在高处看,他们就显得矮小了。另外,提高视高也可使地面在透视图中展现得比较开阔。如图10-25所示,由于增加了视高,使室内的家具布置一览无遗。

图10-25 增加视高的效果

同样,降低视高会使得表达的对象有相对高大的感觉。一般适合表达位于高处或者在精神上给人有崇高感觉(如人民英雄纪念碑或伟人塑像等)的建筑物。同样是在杭州岳王庙里,岳飞的雕像放在高台上,增加了其雄伟气概,与秦桧夫妻的雕像形成强烈的反差,这是成功地应用视高调节的范例。

如图10-26所示,位于高坡上的建筑物本来并不高大,但是由于降低了视高,便给人以比较雄伟的感觉。

图10-26 降低视高的效果

11 标高投影

11.1 概述

前面一些章节讨论了用多面正投影图来表达空间形体的方法。但对于工程中的一些复杂曲面,这种多面正投影的方法就不合适。例如,起伏不平的地面就很难用它的三面投影表达清楚。因此,常用一组平行、等距的水平面与地面截交,截得一系列的水平曲线,并在这些水平曲线上标注上相应的高程,便能清楚地表达地面起伏变化的形状,如图 11-1 所示。

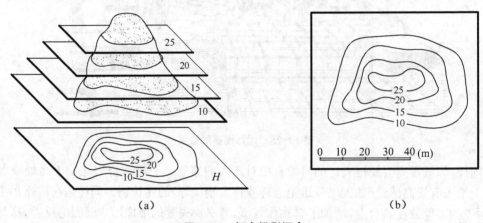

图 11-1 标高投影概念

这种在水平投影上加注高程的方法称为标高投影法。这些加注了高程的水平曲线称为等高线,其上每一点距某一水平基准面 H 的高度相等。这种单面的水平正投影图便称为标高投影图。在标高投影图中,必须标明比例或画出比例尺,基准面一般为水平面。

【例 11-1】 如图 11-2(a)所示,已知水平投影面 H 为基准面,点 A 在 H 面上方 4 m,点 B 在 H 面下方 3 m,作出空间点 A 和 B 的标高投影图。

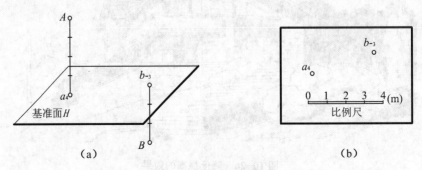

图 11-2 点的标高投影

【解】 由标高投影法的定义,作出空间 A 和 B 两点的水平投影 a 和 b,分别在 a 和 b 的右下角标注距 H 面的高度,并注明绘图比例,即得到两点的标高投影图,如图 11-2(b)所示。

除了地形这样复杂的曲面外,在土木工程中一些平面相交或平面与曲面、曲面与曲面相交的问题,也常用标高投影法表示,如填、挖方的坡脚线和开挖线等。

11.2 直线的标高投影

11.2.1 直线的表示法

直线可由直线上两点或直线上一点及该直线的方向来确定。因此,直线的标高投影有以下两种表示方法:

(1) 直线的水平投影并加注其上两点的标高,如图 11-3(b)所示。

(2) 直线上一点的标高投影,并加注该直线的坡度和方向,如图 11-3(c)所示。并规定直线的方向用箭头表示,箭头指向下坡。

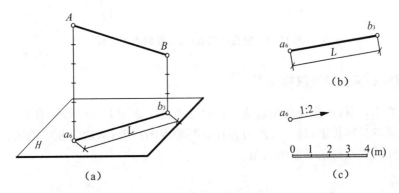

图 11-3 直线的标高投影

11.2.2 直线的坡度和平距

直线上任意两点的高差与其水平距离之比,称为该直线的坡度,用 i 表示。

$$坡度(i) = \frac{高差(H)}{水平距离(L)} = \tan \alpha$$

直线上任意两点的高差为一个单位时的水平距离,称为该直线的平距,用 l 表示。

$$平距(l) = \frac{水平距离(L)}{高差(H)} = \cot \alpha = \frac{1}{i}$$

由上面两式可知,坡度和平距互为倒数,即 $i = 1/l$。坡度越大,平距越小;反之,坡度越小,平距越大。

【例 11-2】 求图 11-4 所示直线 AB 的坡度与平距,并求出直线上点 C 的高程。

【解】 由图可知:

$$H_{AB} = 20.5 \text{ m} - 10.5 \text{ m} = 10 \text{ m}$$

根据给定的比例尺量得：$L_{AB} = 30.0\,\text{m}$

求坡度和平距：

$$i = \frac{H_{AB}}{L_{AB}} = \frac{10.0}{30.0} = \frac{1}{3};\quad l = \frac{1}{i} = 3$$

量取 $L_{AC} = 12.0\,\text{m}$，则 $\dfrac{H_{AC}}{L_{AC}} = i = \dfrac{1}{3}$；$H_{AC} = L_{AC} \times i = 12.0\,\text{m} \times \dfrac{1}{3} = 4.0\,\text{m}$

所以 C 点的高程为：$H_C = 10.5\,\text{m} + 4\,\text{m} = 14.5\,\text{m}$

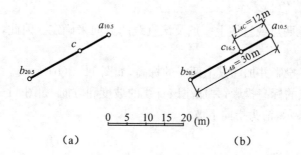

图 11-4　求直线的坡度、平距和点的高程

11.2.3　直线的实长和整数标高点

标高投影中,直线的实长可用直角三角形法求得。如图 11-5 所示,直角三角形中的一直角边为直线的标高投影;另一直角边为直线两端点的高差;斜边为直线的实长;斜边和标高投影的夹角为直线对水平面的倾角 α。

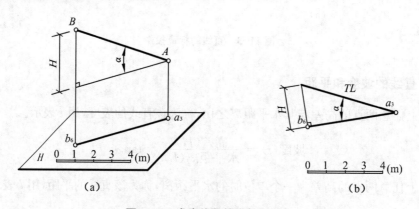

图 11-5　求直线段的实长和倾角

在实际工程中,通常直线两端点的高程不是整数,则需要求出直线上各整数标高点。

【例 11-3】　如图 11-6(a)所示,已知直线 AB 的标高投影为 $a_{2.3}b_{6.9}$,求直线上各整数标高点。

【解】　按换面法的原理,作一辅助铅垂面平行于直线 AB（坐标轴平行于 ab,这里省略）,则直线 AB 在该面上反映实长和倾角实形,由 A 和 B 两点的高程在铅垂面上画出直线 AB;根据标高投影比例尺,作 $2\sim7$ 之间的各整数高程的水平线（$/\!/ab$）,与直线 AB 交于 C、D、

E、F 各点；自这些点向 $a_{2.3}b_{6.9}$ 作垂线，即得 c_3、d_4、e_5、f_6 各整数高程点。如图 11-6(b)所示。

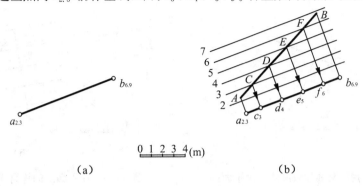

（a） （b）

图 11-6　求直线上整数标高点

11.3　平面的标高投影

11.3.1　平面上的等高线和坡度线

平面上的等高线就是平面上的水平线，即该平面与水平面的交线。如图 11-7(a)所示，平面上各等高线彼此平行，当各等高线的高差相等时，它们的水平距离也相等。

平面上的坡度线就是平面上对水平面的最大斜度线，它的坡度代表了该平面的坡度。如图 11-7(b)所示，平面上的坡度线与等高线互相垂直，它们的标高投影也互相垂直。坡度线上应画出指向下坡的箭头。

工程中有时在坡度线的投影上加注整数高程，并画成一粗一细的双线，称为平面的坡度比例尺，如图 11-7(c)所示。P 平面的坡度比例尺用 P_i 表示。

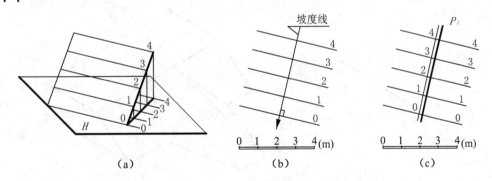

（a） （b） （c）

图 11-7　平面上的等高线、坡度线及平面的坡度比例尺

11.3.2　平面的表示法

在正投影中所述的用几何元素表示平面的方法，在标高投影中仍然适用，但常采用如下几种表示方法：

1）平面上一条等高线和平面的坡度表示平面

如图 11-8 所示，给出平面上一条高程为 10 的等高线，坡度线垂直于等高线，并标出平

面的坡度 $i=1:2$，即表示一个平面。

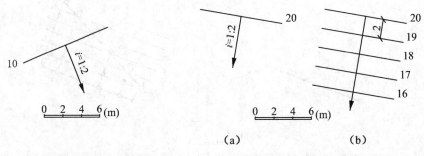

图 11-8　用等高线和坡度线表示平面　　　图 11-9　作平面上的等高线

【例 11-4】　已知平面上一条等高线高程为 20，平面的坡度为 $i=1:2$，求作平面上整数高程的等高线，如图 11-9(a)所示。

【解】　作已知等高线 20 的垂线，得坡度线；根据图中所给比例尺，从坡度线与等高线20 的交点 a 开始，连续量取平距 l：

$$l = \frac{1}{i} = 1 : \frac{1}{2} = 2 \text{ m}$$

过各分点作已知等高线的平行线，即得到高程为 19、18、17 等一系列等高线。

2）用平面上一条倾斜直线和平面的坡度表示平面

如图 11-10(a)所示，给出平面 ABC 上一条倾斜直线 AB 的标高投影 a_2b_5，并标出平面 ABC 的坡度 $i=1:2$ 和方向，即表示平面 ABC。因平面上坡度线不垂直于该平面的倾斜直线，所以，在标高投影图中采用带箭头的虚线或弯折线表示坡度的大致方向，箭头指向下坡。图 11-10(b)所示，是斜坡面在实际工程中的应用示例。

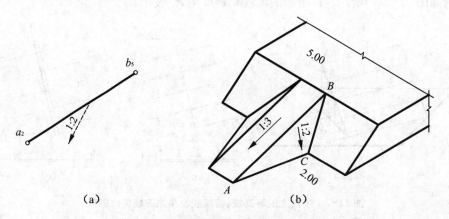

图 11-10　用倾斜直线和平面的坡度表示平面

【例 11-5】　已知平面上一条倾斜直线的标高投影 a_2b_6，平面的坡度为 $i=2:1$，求作该平面上的等高线和坡度线，如图 11-11(a)所示。

【解】　该平面高程为 2 的等高线必通过 a_2 点，它到 b_6 点的水平距离为：

$$L = \frac{H}{i} = \frac{4}{2} = 2 \text{ m}$$

以 b_6 为圆心,在平面的倾斜方向作半径为 2 m 的圆弧,并自 a_2 点作该圆弧的切线,该切线即为高程为 2 的等高线;连接 b_6 与切点得平面上的坡度线;将 a_2b_6 四等分,得到直线上高程为 3 m、4 m、5 m 的点,过各分点作直线与等高线 2 平行,即得到一系列的等高线,如图 11-11(b)所示。图 11-11(c)为其立体示意图。

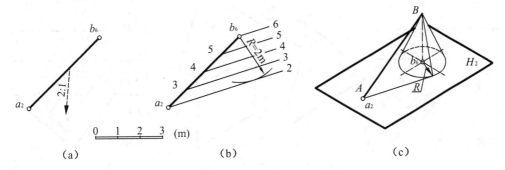

图 11-11 作平面上的等高线和坡度线

3) 用坡度比例尺表示平面

如图 11-12(a)所示,坡度比例尺的位置和方向给出,即确定了平面。过坡度比例尺上的各整数高程点作它的垂线,就得到平面上相应高程的等高线,如图 11-12(b)所示。但必须注意:在用坡度尺表示平面时,标高投影的比例尺或比例一定要给出。

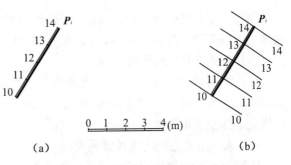

图 11-12 用坡度比例尺表示平面

11.3.3 平面与平面的交线

在标高投影中,平面与平面的交线可用两平面上两对相同高程的等高线相交后所得交点的连线表示,如图 11-13(a)所示,水平辅助面与 P、Q 两平面的截交线是相同高程的等高线 15 m 和 20 m,它们分别相交于交线上的两点 A 和 B,其作图如图 11-13(b)所示。

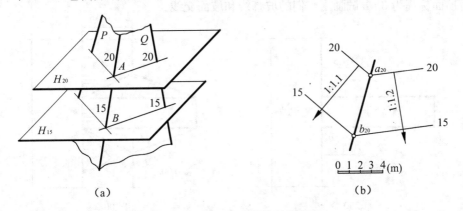

图 11-13 两平面交线的标高投影

在工程中,通常把建筑物相邻两坡面的交线称为坡面交线,坡面与地面的交线称为坡脚线(填方)或开挖线(挖方)。

【例11-6】 已知两土堤相交,顶面标高分别为6 m和5 m,地面标高为3 m,各坡面坡度如图11-14(a)所示,试作两堤的标高投影图。

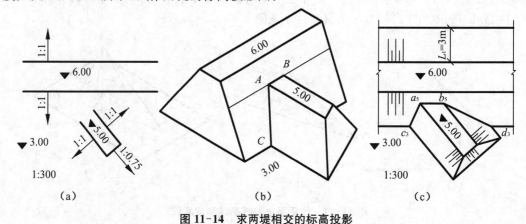

图 11-14 求两堤相交的标高投影

【解】 作相交两堤的标高投影图,需求三种线:各坡面与地面的交线,即坡脚线;支堤顶面与主堤坡面的交线;两堤坡面的交线。具体步骤如下:

(1) 求各坡面与地面的交线。

以主堤为例,先求堤顶边缘到坡脚线的水平距离 $L=H/i=(6-3)$m$/1=3$ m,再沿两侧坡面坡度线方向按1:300比例量取,过零点作顶面边缘的平行线,即得两侧坡面的坡脚线。同样方法作出支堤的坡脚线。

(2) 求支堤顶面与主堤坡面的交线。

支堤顶面与主堤坡面的交线就是主堤坡面上高程为5 m的等高线中的 a_5b_5 一段。

(3) 求两堤坡面的交线。

它们的坡脚线交于 c_3、d_3,连接 c_3、a_5 和 d_3、b_5,即得坡面交线 c_3a_5 和 d_3b_5。

(4) 示坡线为长、短相间的平行线,与等高线垂直,由高往低画,如图11-14(c)。

【例11-7】 如图11-15(a)所示,一斜坡引道与水平场地相交,已知地面标高为0 m,水平场地顶面标高为3 m,试画出它们的坡脚线和坡面交线。

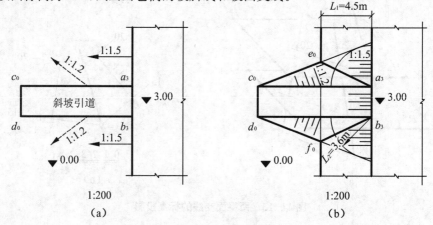

图 11-15 求斜坡与水平场地的标高投影

【解】 作图步骤如下：

（1）求坡面与地面的交线。水平场地边缘与坡脚线水平距离 $L_1 = 1.5 \times 3\,\text{m} = 4.5\,\text{m}$，斜坡道两侧坡面的坡脚线求法：分别以 a_3 和 b_3 为圆心，以半径 $L_2 = 1.2 \times 3\,\text{m} = 3.6\,\text{m}$ 画圆弧，自 c_0 和 d_0 分别作两圆弧的切线，即为斜坡两侧的坡脚线。

（2）求坡面的交线。水平场地与斜坡的坡脚线分别交于 e_0 和 f_0，连接 a_3、e_0 和 b_3、f_0，即得坡面交线 a_3e_0 和 b_3f_0。

（3）画示坡线。注意示坡线与等高线垂直。

11.4 曲面的标高投影

在标高投影中，用一系列高差相等的水平面与曲面相截，画出这些截交线（即等高线）的投影，就可表示曲面的标高投影。这里主要介绍工程中常用的圆锥面、同坡曲面和地形面的标高投影。

11.4.1 正圆锥面

正圆锥面的等高线是同心圆，当高差相等时，等高线的水平距离相等。当圆锥面正立时，等高线的高程值越大，则距离圆心越近；当圆锥面倒立时，等高线的高程值越小，则距离圆心越近。如图 11-16 所示。

在工程中，常在两坡面的转角处采用坡度相同的锥面过渡，如图 11-17 所示。

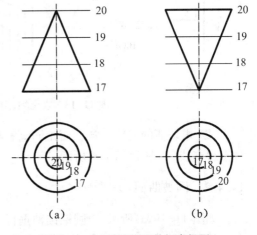

图 11-16 正圆锥面的标高投影

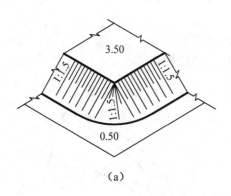

（a）

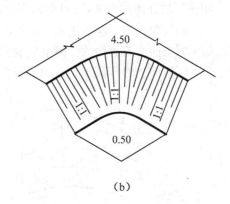

（b）

图 11-17 锥面在工程中的应用示意图

【例 11-8】 在土坝与河岸的连接处，用圆锥面护坡，河底标高为 126.0 m，土坝、河岸、圆锥台顶面标高和各坡面坡度如图 11-18(a)所示，试画出它们的标高投影图。

【解】 圆锥面的坡脚线为圆弧，与两条坡面的交线分别为曲线。作图步骤如下：

（1）求坡脚线。土坝、河岸、锥面护坡各坡面的坡脚线与坝顶边线的水平距离分别为

L_1、L_2、L_3。

$L_1 = (136 - 126)\mathrm{m} \times 1 = 10\ \mathrm{m}$；$L_2 = (136 - 126)\mathrm{m} \times 1 = 10\ \mathrm{m}$；$L_3 = (136 - 126)\mathrm{m} \times 1.5 = 15\ \mathrm{m}$；根据各坡面的水平距离，即可作出坡脚线。圆锥面的坡脚线是圆锥台顶圆的同心圆，所以，半径 R 为圆锥台顶圆 R_1 与水平距离 L_3 之和，即：$R = R_1 + L_3$，如图 11-18(b) 所示。

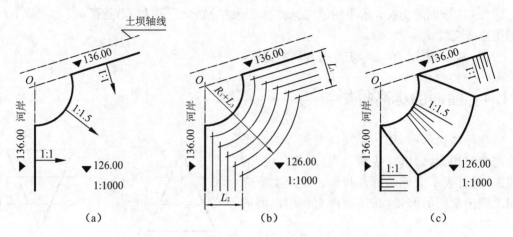

图 11-18　求土坝、河岸、圆锥面护坡的标高投影图

（2）求坡面的交线。各坡面相同高程等高线的交点为坡面交线上的点，依次光滑连接各点得交线，如图 11-18(c) 所示。

11.4.2　同坡曲面

如图 11-19(a) 所示，正圆锥锥轴垂直于水平面，锥顶沿着空间曲线 L 运动得到的包络曲面就是同坡曲面。在工程中，道路弯道处常用到同坡曲面。如图 11-19(b) 所示，一段倾斜的弯道，其两侧边坡是同坡曲面，同坡曲面上任何地方的坡度都相同。

根据同坡曲面的含义，其具有以下特点：

（1）同坡曲面与运动的正圆锥处处相切。

（2）同坡曲面与运动的正圆锥坡度相同。

（3）同坡曲面的等高线与运动正圆锥同高程的等高线相切。

图 11-19　同坡曲面

【例 11-9】　如图 11-20(a) 所示，已知平台高程为 29 m，地面标高为 25 m，将修筑一弯曲倾斜道路与平台连接，斜路位置和路面坡度已知，试画出坡脚线和坡面交线。

【解】　作图步骤如下：

(1) 求边坡平距 l：$l = 1/H = 1$。

(2) 定出弯道两侧边线上的整数高程点 26，27，28，29。

(3) 以高程点 26、27、28、29 为圆心，半径为 $1l$、$2l$、$3l$、$4l$ 画同心圆弧，即为各正圆锥的等高线。

(4) 作正圆锥面上相同标高等高线的公切曲线，即得边坡的等高线。

(5) 求同坡曲面与平台边坡的交线。如图 11-20(b) 所示。

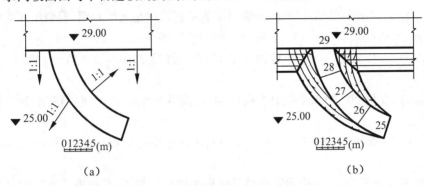

(a)　　　　　　　　　　(b)

图 11-20　求平台与弯曲斜道的标高投影图

11.4.3　地形面的标高投影

地形面是不规则曲面，用一组高差相等的水平面截切地面，得到一组截交线（等高线），并注明高程，即为地形面的标高投影。如图 11-21 所示。

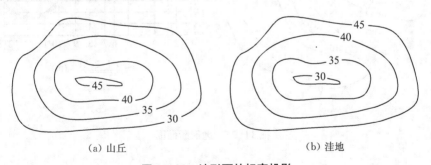

（a）山丘　　　　　　　　　（b）洼地

图 11-21　地形面的标高投影

地形面的等高线一般为不规则的曲线，有以下特点：

(1) 等高线一般为封闭曲线。

(2) 同一地形图内，等高线越密，则地势越陡；反之，则越平坦。

(3) 除悬崖绝壁处，等高线均不相交。

用这种方法表示地形面，能够清楚地反映地形的起伏变化和坡度等。如图 11-22 所示，右方环状等高线表示中间高，四周低，为一山头；山头的东面等高线密集，

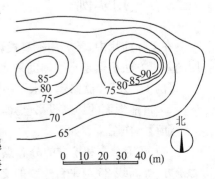

图 11-22　地形等高线图

且平距小,说明地势陡峭;反之,西面地势平坦,坡向是北高南低。相邻两山头之间,形状像马鞍的区域称为鞍部。

在地形图中,等高线高程数字的字头按规定应朝上坡方向。相邻等高线之间的高差称为等高距。

在一张完整的地形等高线图中,一般每隔四条等高线有一条画成粗线,称其为计曲线。

11.4.4 地形断面图

用铅垂面剖切地形面,剖切平面与地形面的截交线就是地形断面,若画出相应的材料图例,则称为地形断面图。如图 11-23 所示。作图方法如下:

(1) 过 A-A 作铅垂面,它与地面上各等高线的交点为 1, 2, 3,…,如图 11-23(a)所示。

(2) 以 A-A 剖切线的水平距离为横坐标,以高程为纵坐标,按照等高距和比例尺画出一组平行线。

(3) 将图 11-23(a)中的 1, 2, 3,…,各点按其相应的高程绘制到图 11-23(b)的坐标系中。

(4) 光滑连接各交点,并根据地质情况画出相应的材料图例,即得到地形断面图。

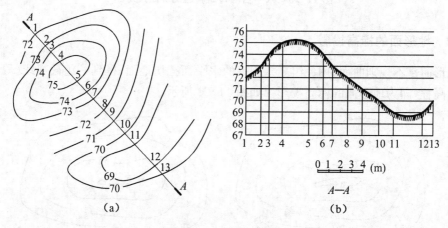

图 11-23 地形断面图

11.5 应用实例

在实际应用中,常利用标高投影求解土石方工程中的坡面交线、坡脚线和开挖线等,采用的基本方法仍然是水平辅助平面求共有点。下面举例说明标高投影的应用。

【例 11-10】 欲修建一水平平台,平台高程为 25,填方坡度为 $i_1 = 1:1.5$,挖方坡度为 $i_2 = 1:1$,地形面的标高投影已知,求填挖方边界线和各坡面交线,如图 11-24(a)所示。

【解】 作图步骤如下:

(1) 确定填方和挖方的分界点。以地形面上高程 25 的等高线为界,左边为填方,右边为挖方,等高线 25 与平台边线的交点 a_{25}、b_{25} 为分界点。

(2) 确定填方的边界线。填方坡度为 $i_1 = 1 : 1.5$，则平距 $l_1 = 1/i_1 = 1.5$ m，可作出 a_{25}、b_{25} 两点左边平台的等高线 24，23，22，…，各等高线与地形面相同高程等高线相交，如图 11-24(b) 所示，依次光滑连接各交点得填方边界线。

(3) 确定挖方的边界线。挖方坡度为 $i_2 = 1 : 1$，则平距 $l_2 = 1/i_2 = 1$ m，可作出 a_{25}、b_{25} 两点右边平台的等高线 26，27，28，…，各等高线与地形面相同高程等高线相交，如图 11-24(b) 所示，依次光滑连接各交点得挖方边界线。

(4) 确定各坡面交线。相邻坡脚线交于 c 点和 d 点，如图 11-24(b) 所示，作出坡面交线。

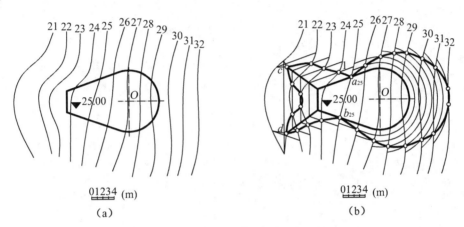

图 11-24　求平台填挖方边界线和各坡面交线

【例 11-11】　欲修建一条斜坡道，两侧坡面填方坡度为 $i_1 = 1 : 3$，挖方坡度为 $i_2 = 1 : 2$，已知地形面和斜坡道的标高投影，求填挖坡面的边界线。如图 11-25(a) 所示。

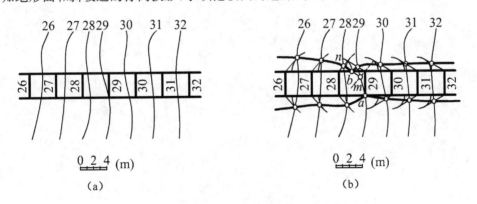

图 11-25　求斜坡道路的填、挖方边界线

【解】　作图步骤如图 11-25(b) 所示。

(1) 大致确定填方和挖方的分界处。填、挖方分界处在斜坡道等高线 28 m 和 29 m 之间，左边为填方，右边为挖方。

(2) 作填方坡面的等高线。填方坡度为 $i_1 = 1 : 3$，则平距 $l_1 = 1/i_1 = 3$ m。以 l_1 为半径，以斜坡道高程点 27、28、29 为圆心画圆弧，并过相应点作圆弧切线，即为等高线。

(3) 作挖方坡面的等高线。挖方坡度为 $i_2 = 1 : 2$，则平距 $l_2 = 1/i_2 = 2$ m。以 l_2 为半

径,以斜坡道高程点 29、30、31、32 为圆心画圆弧,并过相应点作圆弧切线,即为等高线。

(4) 确定填方和挖方的分界点。如图 11-25(b)所示,a、b 两点为分界点。a 点为地形面与斜坡道相同高程等高线 29 及斜坡道边线的交点;b 点求作方法为:假想扩大路北填方的坡面,作坡面上高程为 29 的等高线(图中用虚线表示),与地形面等高线交于 m 点,连接 nm,与路面边线交于 b 点,其中,n 为坡面与地面相同高程 28 的交点。

(5) 确定填、挖方的边界线。将坡面与地面相同高程等高线的交点依次连接,可得坡脚线和开挖线,如图 11-25(b)所示。

12 建筑施工图

建筑施工图主要包括平面图、立面图、剖面图、详图、门窗表和施工总说明等内容。

12.1 概述

房屋建造要经历设计和施工两个过程,其中,设计过程一般又分为初步设计和施工图设计两个阶段。

初步设计包括建筑物的总平面图,建筑平、立、剖面图及简要说明,结构系统、采暖、通风、给排水、电气照明等系统说明,各项技术经济指标,总概算等,供有关部门分析、研究、审批。

施工图设计是将初步设计所确定的内容进一步具体化,在满足施工要求及协调各专业之间关系后最终完成设计,并绘制建筑、结构、水、暖、电施工图。

12.1.1 房屋的组成

房屋基本上是由屋顶、楼梯、楼面地层、墙(或柱)、基础和门窗组成。图 12-1 和图 12-2 是一幢房屋的水平、垂直轴测剖面图,图中比较清楚地表明了房屋的组成部分、名称及所在位置。

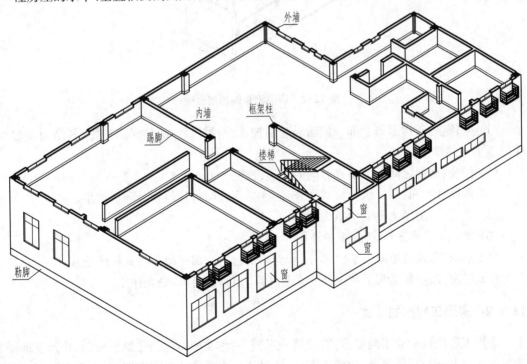

图 12-1 房屋水平轴测剖面图

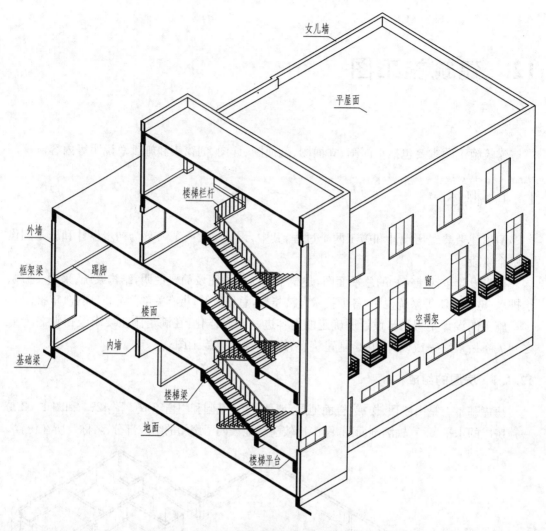

图 12-2　房屋垂直轴测剖面图

（1）屋顶：位于房屋最上部。屋面层起围护、防雨雪风沙、隔热保温作用；其结构层起承受屋顶重力的作用。

（2）楼梯：楼层之间上下垂直方向的交通设施。

（3）楼面和地面：除了承受荷载之外，还在垂直方向将建筑物分隔成楼层。

（4）梁和柱：房屋主要的承重构件。

（5）墙：除了承重外，还起围护作用。

（6）基础：建筑物地面以下的部分，承受建筑物的全部荷载并将其传给地基。

（7）门窗：门主要是为了室内外的交通联系，窗则起通风、采光作用。

12.1.2　房屋工程图的分类

房屋工程图按专业不同可分为：建筑施工图（简称建施），包括建筑平面图、建筑立面图、建筑剖面图及建筑详图等；结构施工图（简称结施），包括结构平面布置图、立面布置图、钢筋混凝土构件详图等;设备施工图(简称设施),包括给排水施工图、采暖通风施工图、电气施工图等。全套房屋工程图的绘制程序一般是建筑施工图先行,其他各专业则以建筑施工图为依据进行专业设计。各专业图的编排次序是全局图在前,局部详图在后,另外在整套图纸前应编上图纸目录以及施工总说明。

12.1.3 绘制房屋工程图的有关规定

房屋工程图应按正投影原理及基本视图、剖面图、断面图等基本图示方法绘制。为了保证绘图质量、提高效率、统一要求、便于识读,除应遵守《房屋建筑制图统一标准》(GB/T 50001—2010)中的基本规定外,还应遵守《建筑制图标准》(BG/T 50104—2010)及相关专业图的规定和制图标准。

1) 图线

在房屋工程图中,为反映不同的房屋构造,并且做到层次分明,图线宜采用不同的线型和线宽。现以建筑施工图为例,说明各种不同的线型及线宽的用途,见表 12-1。

表 12-1　建筑施工图的常用线型

名　称		线　型	线宽	用　途
实线	粗		b	1. 平、剖面图中被剖切的主要建筑构造(包括构配件)的轮廓线 2. 建筑立面图或室内立面图的外轮廓线 3. 建筑构造详图中被剖切的主要部分的轮廓线 4. 建筑构配件详图中的外轮廓线 5. 平、立、剖面图的剖切符号
	中粗		$0.7b$	1. 平、剖面图中被剖切的次要建筑构造(包括构配件)的轮廓线 2. 建筑平、立、剖面图中建筑构配件的轮廓线 3. 建筑构造详图及建筑构配件详图中的一般轮廓线
	中		$0.5b$	小于 $0.7b$ 的图形线、尺寸线、尺寸界线、图例线、索引符号、标高符号、详图材料做法引出线、粉刷线、保温层线、地面、墙面的高差分界线等
	细		$0.25b$	图例填充线、家具线、纹样线等
虚线	中粗		$0.7b$	1. 建筑构造详图及建筑构配件不可见的轮廓线 2. 平面图中的梁式起重机(吊车)轮廓线 3. 拟建、扩建建筑物轮廓线
	中		$0.5b$	投影线、小于 $0.5b$ 的不可见轮廓线
	细		$0.25b$	图例填充线、家具线等
单点长划线	粗		b	起重机(吊车)轨道线
	细		$0.25b$	中心线、对称线、定位轴线
折断线			$0.25b$	部分省略表示时的断开界线
波浪线			$0.25b$	部分省略表示时的断开界线、曲线形构件断开界限,构造层次的断开界限

注:地平线的线宽可用 $1.4b$。

在同一张图纸中一般采用三种线宽组合,线宽分别为 b、$0.7b$ 和 $0.5b$。较简单的图样可采用两种线宽组合,线宽分别为 b 和 $0.5b$。

2) 比例

房屋建筑体形庞大,通常需要缩小后才能画在图纸上。建筑施工图中,各种图样常用比例见表 12-2。

表 12-2 建筑施工图的常用比例

图 名	比 例
建筑物或构筑物的平面图、立面图、剖面图	1:50,1:100,1:150,1:200,1:300
建筑物或构筑物的局部放大图	1:10,1:20,1:25,1:30,1:50
配件或构造详图	1:1,1:2,1:5,1:10,1:15,1:20,1:25,1:30,1:50

3) 定位轴线

定位轴线是用来确定建筑物主要结构及构件位置的尺寸基准线。凡承重构件如墙、柱、梁、屋架等位置都要画上定位轴线并编上序号,施工时以此作为定位的基准。定位轴线的距离一般应满足建筑模数尺寸。所谓建筑模数,是指房屋的跨度(进深)、柱距(开间)、层高等尺寸都必须是基本模数(100 mm 用 Mo 表示)或扩大模数(3Mo、6Mo、15Mo、30Mo、60Mo)的倍数,这样便于设计规范化、生产标准化、施工机械化。施工图上,定位轴线应用细单点长划线表示。在线的一端画直径为 8~10 mm 的细实线圆,圆内注写编号。在建筑平面图上编号的次序是横向自左向右用阿拉伯数字编写,竖向自下而上用大写拉丁字母编写,字母 I、O、Z 不用,以免与数字 1、0、2 混淆。当字母、数字数量不够时,可采用双字母或单字母加数字注脚,如:A_A、B_A…Y_A 或 A_1、B_1…Y_1。定位轴线的编号宜注写在图的下方和左侧。轴线编号的形式如图 12-3 所示。

图 12-3 轴线编号

在建筑设计中经常把一些次要的建筑部件用附加轴线进行编号,如非承重墙、装饰柱等。附加轴线应以分数表示,采用在轴线圆内设通过圆心的 45°斜线的方式,并按下列规定编写:

(1) 两根轴线之间的附加轴线,应以分母表示前一轴线的编号,分子表示附加轴线的编号,编号宜用阿拉伯数字顺序编号。如图 12-4(a)所示。

(2) 1 号轴线或 A 号轴线之前的附加轴线的分母应以 01 或 0A 表示。如图 12-4(b)所示。

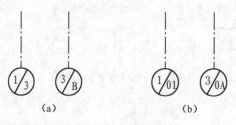

(a)　　　　　　　　　　(b)

图 12-4 附加定位轴线

例如:⊘ 表示 2 号轴线之后的第一根附加轴线;⊘ 表示 C 轴线之后的第三根附加轴线。

当建筑规模较大时,定位轴线也可以采用分区编号。编号的注写方式应为"分区号—该分区编号"。如图 12-5 所示。

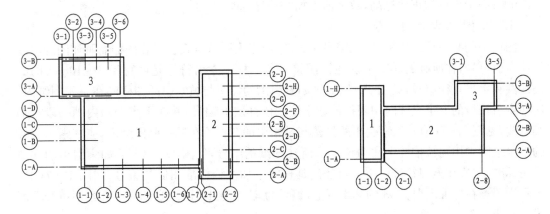

图 12-5　定位轴线的分区编号

4) 尺寸和标高

建筑施工图上的尺寸可分为总尺寸、定位尺寸、细部尺寸三种。细部尺寸表示各部位构造的大小,定位尺寸表示各部位构造之间的相互位置,总尺寸应等于各分尺寸之和。尺寸除了总平面图尺寸及标高以米(m)为单位外,其余一律以毫米(mm)为单位。注写尺寸时,应注意使长、宽尺寸与相邻的定位轴线相联系。

标高用于标注房屋各部分的高度(如室内外地面、窗台、雨篷、檐口等)。标高符号由三角形图形和尺寸数字组成,如图 12-6 所示。标高符号用细实线绘制,符号中的三角形为等腰直角三角形(三角形的高度为 3 mm),90°角所

5.100　　　　　5.100　　　　　-5.100

(a)　　　　　　(b)　　　　　　(c)

图 12-6　标高符号

指位置为实际高度线。图 12-6 中(a)、(b)是单体建筑图样中所用的标高符号,长横线上下可用来注写高度数值,尺寸单位为米,保留三位小数(总平面图上可保留两位小数)。图 12-6(c)涂黑的符号,只用于表示总平面图和底层平面图中室外地坪的标高。

标高根据参照基准的不同,分为绝对标高和相对标高。

绝对标高是以一个国家或地区统一规定的基准面作为零点的标高,我国规定以青岛以东黄海的平均海平面作为标高的零点;所计算的标高称为绝对标高。

相对标高是以建筑物室内首层主要地面高度作为标高的零点,所计算的标高称为相对标高。

根据建筑构配件的类型不同,所采用的标高还分为建筑标高和结构标高两种。

在相对标高中,凡是包括粉刷或装饰层厚度的标高,称为建筑标高,注写在构件的粉刷或装饰层面上。

在相对标高中,凡是不包括粉刷或装饰层厚度的标高,称为结构标高,注写在构件的底部,是构件的安装或施工高度。

例如:建筑物的楼地面、阳台地面、台阶表面等处的高度尺寸应注写建筑标高,梁、板、柱

等结构件的底部高度应注写结构标高。

零点标高用±0.000 表示，低于零点的标高为负数，负数标高数字前须加注"－"号，如－0.600；高于零点的正数标高，数字前不加"＋"号，如 3.500。

5）索引符号与详图符号

图样中的某一局部或构件，如需另见详图，应以索引符号索引。在图样需画详图的部位加注索引符号，在所画的详图上加注详图符号。图样中索引符号是由直径 8～10mm 的细实线圆和水平直径组成，见图 12-7(a)。如索引出的详图与被索引的图样同在一张图纸内，应在索引符号的上半个圆内用阿拉伯数字注明该详图的编号，并在下半个圆内画一段水平细实线，见图 12-7(b)。如索引出的详图与被索引的图样不在同一张图纸内，应在索引符号的下半个圆中用阿拉伯数字注明该详图所在图纸的编号，见图 12-7(c)。如索引出的详图采用标准图，应在索引符号中水平直径的延长线上加注该标准图册的编号，如图 12-7(d)，表示详图是在标准图册 J103 的第 4 页上，编号为 5。需要标注比例时，文字在索引符号右侧或延长线下方，与符号下对齐。

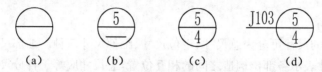

(a)　　　　(b)　　　　(c)　　　　(d)

图 12-7　详图索引符号

索引符号如用于索引剖面详图，应在被剖切的部位绘制剖切位置线（粗实线），并用引出线引出索引符号，引出线所在的一侧应为投影方向。如图 12-8 所示，图(a)表示剖切后向左投影，图(b)表示剖切后向下（或向前）投影，图(c)表示剖切后向上（或向后）投影，图(d)表示剖切后向右投影。

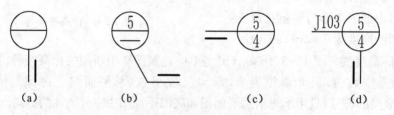

(a)　　　　(b)　　　　(c)　　　　(d)

图 12-8　剖面详图索引符号

详图的位置和编号用详图符号表示，见图 12-9。详图符号的圆用粗实线绘制，直径14 mm。如果详图与被索引的图样同在一张图纸内，只在详图符号内用阿拉伯数字注明详图编号，见图 12-9(a)。如详图与被索引的图样不在一张图纸内，用细实线在详图符号内画一水平直径，在上半圆内注写详图编号，在下半圆内注写被索引的图样的图纸编号，见图 12-9(b)。

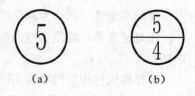

(a)　　　　(b)

图 12-9　详图符号

6）房屋工程图常用图例

为了简化作图，房屋工程图中有一些内容是不用投影而用图例来表达的。所谓图例，就是按专业分类统一规定的图形符号。常用建筑施工图图例见表12-3。

表 12-3　建筑施工图图例

名　称	图　例	说　明
楼梯	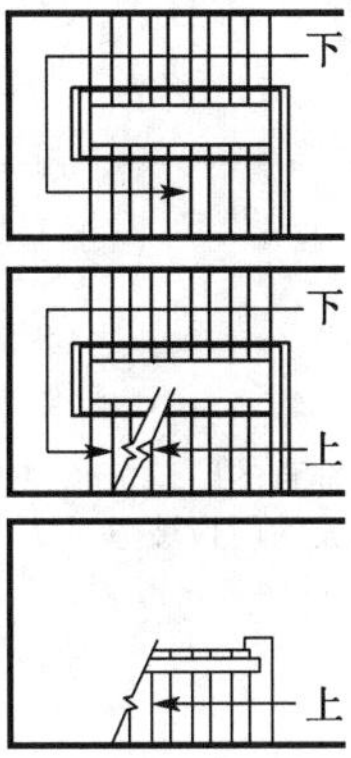	1. 上图为顶层楼梯平面,中图为中间层楼梯平面,下图为底层楼梯平面 2. 需设置靠墙扶手或中间扶手时,应在图中表示
检查孔		左图为可见检查孔,右图为不可见检查孔
孔洞		阴影部分可以填充灰度或涂色代替
单扇门（包括平开或单面弹簧）	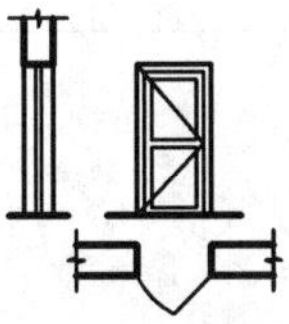	1. 门的名称代号用 M 表示 2. 图例中剖面图左为外、右为内,平面图下为外、上为内 3. 立面图上开启方向线交角的一侧为安装合页的一侧,实线为外开,虚线为内开 4. 平面图上门线应 90°、60°或 45°开启,开启弧线宜绘出 5. 立面图上的开启线在一般设计图中可不表示,在详图及室内设计图上应表示 6. 立面形式应按实际情况绘制
双扇门（包括平开或单面弹簧）	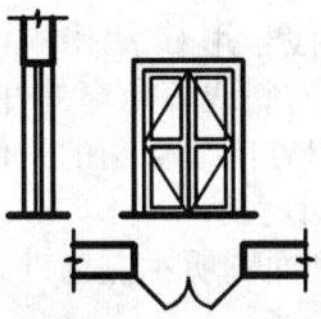	
单扇双面弹簧门	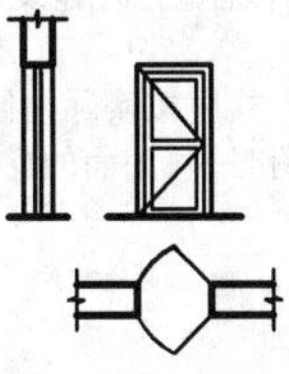	
电梯	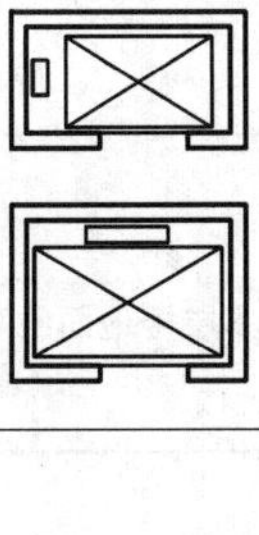	1. 电梯应注明类型,并绘出门和平衡锤的实际位置 2. 观景电梯等特殊类型电梯应参照本图例按实际情况绘制

续表 12-3

名　称	图　例	说　明
坡道	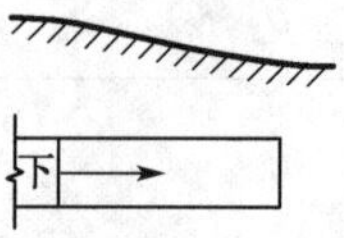	长坡道
	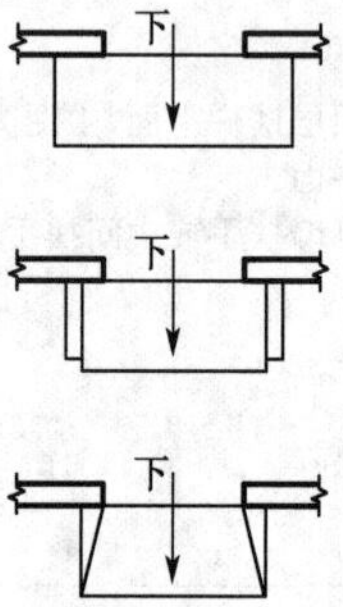	上图为两侧垂直的门口坡道,中图为有挡墙的门口坡道,下图为两侧找坡的门口坡道
空门洞	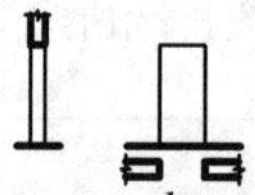 $h=$	h 为门洞高度
坑槽	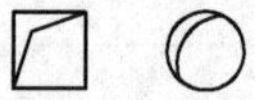	
单层固定窗	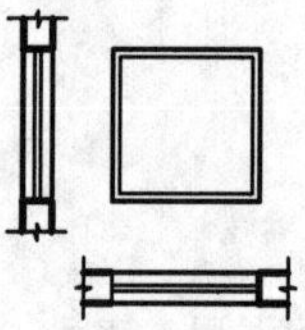	
单层中悬窗	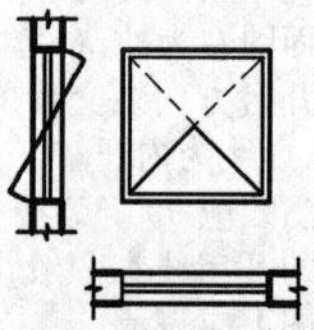	1. 窗的名称代号用 C 表示 2. 立面图中的斜线表示窗的开启方向,实线为外开,虚线为内开;开启方向线交角的一侧为安装合页的一侧,一般设计图中可不表示 3. 图例中,剖面图所示左为外,右为内;平面图所示下为外,上为内 4. 平面图和剖面图上的虚线仅说明开关方式,在设计图中不需表示 5. 窗的立面形式应按实际绘制 6. 小比例绘图时平、剖面的窗线可用单粗实线表示
单层外开平开窗	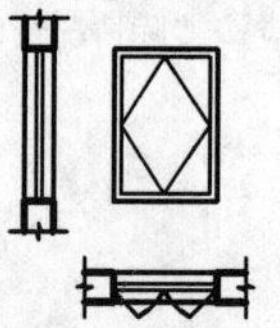	
单层推拉窗	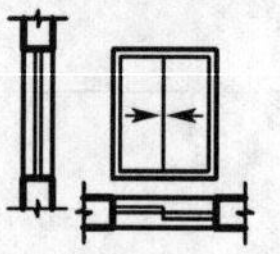	
高窗	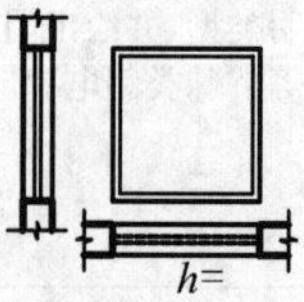 $h=$	1~5 同上 6. h 为窗底距本层楼地面的高度

12.2 建筑总平面图

建筑总平面图是较大范围内的建筑群和其他工程设施的水平投影图。主要表示新建、拟建房屋的具体位置、朝向、标高、占地面积,以及周围环境(原有建筑物、道路、绿化等之间的位置关系),是整个工程的总体布局图。建筑总平面图的绘制应遵守《总图制图标准》(GB/T 50103—2010)中的基本规定。

12.2.1 总平面图的画法特点及要求

1)比例

由于总平面图所表示的范围大,所以一般都采用较小的比例,常用的比例有 1∶500、1∶1000、1∶2000 等。

2)图例

由于比例很小,总平面图上的内容一般是按图例绘制的,常用的图例可见表 12-4。当表中所列图例不够用时,可自编图例,自编图例需另加说明。

3)图线

新建房屋的可见轮廓线用粗实线绘制,新建的道路、桥涵、围墙等用中粗实线绘制,计划扩建的建筑物用中粗虚线绘制,原有的建筑物、道路及坐标网、尺寸线、引出线等用细实线绘制。当地形复杂时要画出等高线(用细实线绘制),表明地形的高低起伏变化。

4)定位

当总平面图所表示的范围较大时,应画出测量或施工坐标网。建筑物可标注其定位轴线或角点的坐标(详见《总图制图标准》(GB/T 50103—2010)中的有关规定)。一般情况下,可利用原有建筑物或道路定位。

5)指北针

总平面图上应画出指北针或风向频率图(简称风玫瑰图),用以表明建筑物的朝向和该地区常年的风向频率,指北针的样式见图 12-10 右下角的图标。指北针的直径为 24 mm,用细线绘制,指针的尾部宽为 3 mm。指针头部应注"北"或"N"。需用较大直径绘制指北针时,指针尾部的宽度宜为直径的 1/8。

6)尺寸标注

总平面图中应标注新建房屋的总长、总宽及其定位尺寸,尺寸单位为米(保留两位小数)。同时应标注新建房屋的室内外地坪标高,标高应采用绝对标高。

7)注写名称

总平面图上的建筑物、构筑物应注写名称,当图样比例小或图面无足够注写位置时,可采用编号列表编注。

8)其他

由建筑总平面图可以绘制其他专业的总平面布置图,如给排水、供暖、电气等总平面图。

12.2.2 总平面图的读图举例

图 12-10 是某办公楼的总平面图。绘图比例 1∶500。粗实线表示的房屋轮廓是新设

计的某办公楼,右上角三个黑点表示该建筑为三层(高层建筑的层数用括号括起来的数字表示)。15.60 和 27.40 为该建筑的宽度和长度尺寸,4.00 和 8.38 是该房屋垂直方向和水平方向的定位尺寸,单位为米。紧靠办公楼并带有短划的中粗实线表示围墙。围墙南面、西面用中粗实线表示的是新建道路。右下角指北针显示该建筑物朝向为坐北朝南。总平面图东、西方向用细实线表示的房屋轮廓为原有建筑物:实验室、计算中心和教学楼等。东南面虚线表示的是将来要建设的后勤综合楼。北面正对办公楼的是篮球场,连接建筑物之间的细实线表示原有道路。建筑物四周布满花草树木。

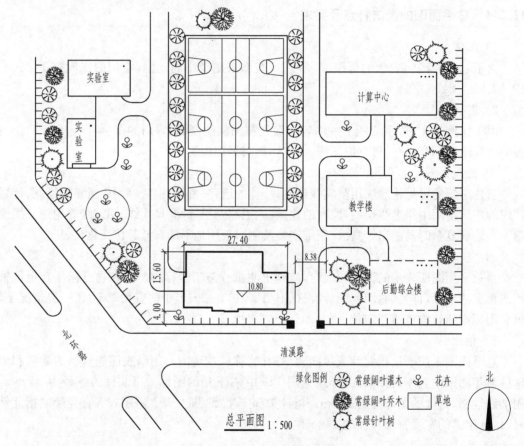

图 12-10 某办公楼总平面图

总平面图中的常用图例参见表 12-4。

表 12-4 常用总平面图图例

名　称	图　例	说　明
新建的建筑物	8	1. 需要时,可用 ▲ 表示出入口,可在图形内右上角用点数或数字表示层数 2. 建筑物外形(一般以±0.00 高度处的外墙定位轴线或外墙面线为准)用粗实线表示。需要时,地面以上建筑用中粗实线表示,地面以下建筑用粗虚线表示

续表 12-4

名　称	图　例	说　明
围墙及大门	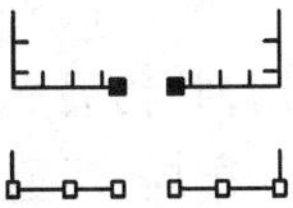	上图为实体性质的围墙,下图为通透性质的围墙,若仅表示围墙时不画大门
室内标高	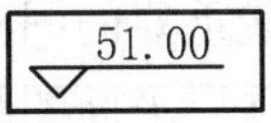 51.00 ▽	
原有的道路		
护坡	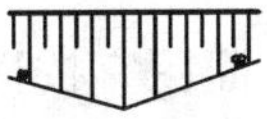	1. 边坡较长时,可在一端局部表示
填挖边坡	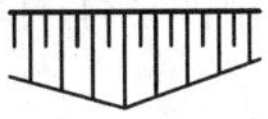	2. 下边线为虚线时表示填方
原有的建筑物	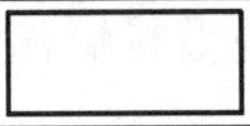	用细实线表示
拆除的建筑物		用细实线表示
散状材料露天堆场	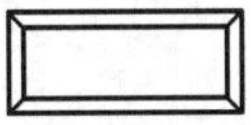	需要时可注明材料名称
其他材料露天堆场或露天作业场		
新建的道路	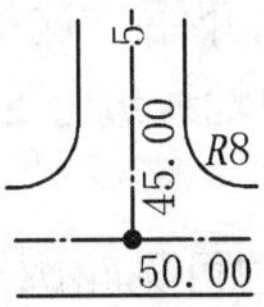 45.00 R8 50.00	"R8"表示道路转弯半径为 8 m;"50.00"为路面中心控制点标高;"5"表示 5%,为纵向坡度;"45.00"表示变坡点间距离
坐标	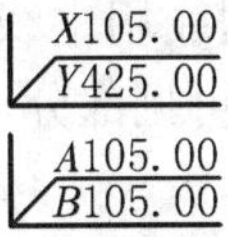 X105.00 Y425.00 A105.00 B105.00	上图表示测量坐标,下图表示建筑坐标
室外地坪标高	 ▼143.00	室外标高也可采用等高线表示
计划扩建的道路		
风向玫瑰频率图		根据当年统计的各方向平均吹风次数绘制 实线:表示全年风向频率 虚线:表示夏季风向频率,按 6、7、8 三个月统计
计划扩建的建筑或预留地		用中粗虚线表示
铺砌场地	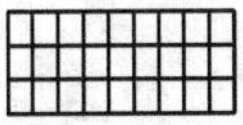	
指北针	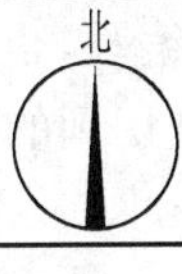 北	圆圈直径宜为 24 mm 线绘制,指针尾部的宽度宜为 3 mm,指针头部应注明"北"或"N"。需要较大直径绘制时,指针尾部宽度宜为直径的 1/8

12.3 建筑平面图

建筑平面图是在建筑物窗台以上某位置作水平剖切,并移去上面部分后,向下投影所形成的全剖面图。主要表示建筑物的平面形状、大小、房间布局、门窗位置、楼梯、走道布置、墙体厚度及承重构件的尺寸等。平面图是建筑施工图中最重要的图样。

多层建筑的平面图由底层平面图、中间层平面图、顶层平面图组成。所谓中间层是指底层到顶层之间的楼层,如果这些楼层布置相同或者基本相同,可共用一个标准层平面图,否则每一楼层均需绘制平面图。

在同一张图纸上绘制多于一层的平面图时,各层平面图宜按楼层数的顺序从左至右或从下至上布置。平面较大的建筑物的平面图绘在一张图纸上有困难时,可分区绘制平面图,分区绘制应绘制组合示意图。

顶棚平面图如用直接投影法不易表达清楚,可用镜像投影法绘制,但应在图名后加注"镜像"二字。

12.3.1 建筑平面图画法特点及要求

1) 比例

建筑平面图常用比例为 1∶100、1∶150、1∶200、1∶300 等。

2) 定位轴线

定位轴线的画法和编号已在 12.1.3 节中作了详细介绍。这里需要强调的是一旦建筑平面图的定位轴线的编号确定后,其他各专业图样中的轴线编号必须与之相符。

3) 图线

被剖切到的墙柱轮廓线画粗实线(b),没有剖切到的可见轮廓线如窗台、台阶、楼梯等画中粗实线($0.75b$),尺寸线、标高符号、轴线、门窗等图例线用中线($0.5b$)或细线($0.25b$)画出。如果需要表示高窗、通气孔、槽、地沟及起重机等不可见部分,则应以中粗虚线绘制。在不同比例的平面图上,抹灰层的材料图例省略画法不同,大于 1∶50 比例的平面图上应画出抹灰层的层面线(用细实线绘制),而小于 1∶50 比例的平面图上则无需画出。

4) 尺寸标注

平面图中的尺寸,分外部和内部两类。外部尺寸主要有三道:第一道是最外面的尺寸,这一道为总体尺寸,也称为建筑物的外包尺寸,表示建筑物的总长、总宽。中间第二道为轴线尺寸,它是承重构件的定位尺寸,一般也称为房间的"开间"和"进深"尺寸。第三道是细部尺寸,它表明门窗洞、洞间墙的尺寸,这道尺寸应与轴线相关联。建筑平面图中还应注出建筑物室内的楼地面标高和室外地坪标高。此外,建筑平面图中,应在具有坡度处,如屋顶、散水等处标注坡度尺寸。

5) 代号及图例

在平面图中被剖切到的门、窗用图例表示,并在图例旁注写它们的代号和编号,代号"M"用来表示门,"C"表示窗,编号可用阿拉伯数字顺序编写,也可直接采用标准图上的编号。被剖切到的钢筋混凝土构件的断面可涂黑表示,被剖切到的砖墙一般不画图例(也可在描图纸背面涂红)。

6）投影要求

建筑平面图是全剖面图,按理各层平面图的绘制按投影方向能看到的部分均应画出,如此各层平面图中都会有一些重复部分。为了节省时间及减少画图工作量,重复之处通常是省略不画的,如散水、明沟、台阶等只在底层平面图中表示,而其他层次平面图则不画出;雨篷也只在二层平面图中表示。平面图上厨房、卫生间因另有详图表达,所以一般只需用图例画出卫生器具、水池、橱柜、隔断等的位置即可。

7）其他标注

在平面图中宜注写房间的名称或编号。在建筑物有±0.00标高的平面图上(一般为底层平面图)应画出指北针,指北针图例见表12-4。指北针所指的方向应与总平面图的方向一致。当平面图上某一部分或某一构件另有详图表示时需用索引符号在图上表明。此外,表示建筑剖面图的剖切位置及剖视方向的符号也应在房屋的底层平面图上标注。

8）门窗表

为了方便订货和加工,建筑平面图中一般应附有门、窗表。

9）局部平面图和详图

在平面图中,如果某些局部平面因设备多或因内部组合复杂、比例小而表达不清楚时,可用较大比例的局部平面图或详图来表达。

10）屋面平面图

屋面平面图与楼层平面图不同,它不是剖面图,而是直接从房屋上方向下投影,并只保留屋面部分投影的视图。习惯上将其归到平面图中表述。它主要表示屋面排水的情况(用箭头、坡度或泛水表示),以及天沟、雨水管、水箱等的位置。由于内容比较简单,可以用与建筑平面图相同的比例,也可以用较小比例绘制(例如1:200)。

12.3.2　建筑平面图读图举例

图12-11是某办公楼的一层平面图,是用1:100的比例绘制的。该建筑平面形状基本为矩形。主出入口位于房屋的东面。室内地坪标高为±0.000,所有卫生间、阳台的地面均比室内地面低20 mm。

由于比例小,剖切到的钢筋混凝土构件采用涂黑表示;而剖切到的墙体用粗实线绘制,这里的墙体仅起围护和分隔作用,用空心砌块砌筑,墙厚200 mm。

房屋的定位轴线是以框架柱的中心位置决定的,横向轴线为①～⑥,纵向轴线为Ⓐ～Ⓔ。因为在平面图上,左右布置对称,所以就在左边标有三道尺寸,但前后布置不同,故在前后各布置三道尺寸,最外面一道反映办公楼的总长、总宽,第二道反映轴线的间距,第三道是柱间墙或柱间门、窗洞的尺寸。

图12-12是办公楼的2～4层平面图。与底层平面图相比,减去了室外的附属设施(例如主出入口处的门)及指北针。楼梯表示方法与底层不同,不仅需画出本层到上一层的部分楼梯踏步,还需画出本层到下一层的楼梯踏步。

图12-13是办公楼的顶层平面图,与二层平面图相比,楼梯的画法有所区别,标高数值和二层不同。其他表示方法均和二层平面图相同。

图12-14是办公楼的屋顶平面图。屋顶平面图侧重屋顶排水。整个屋面的排水为内、外排水两种形式。该屋顶采用坡屋顶的排水方式,在屋顶的四周设有檐口,并标注有檐口的排水坡度。

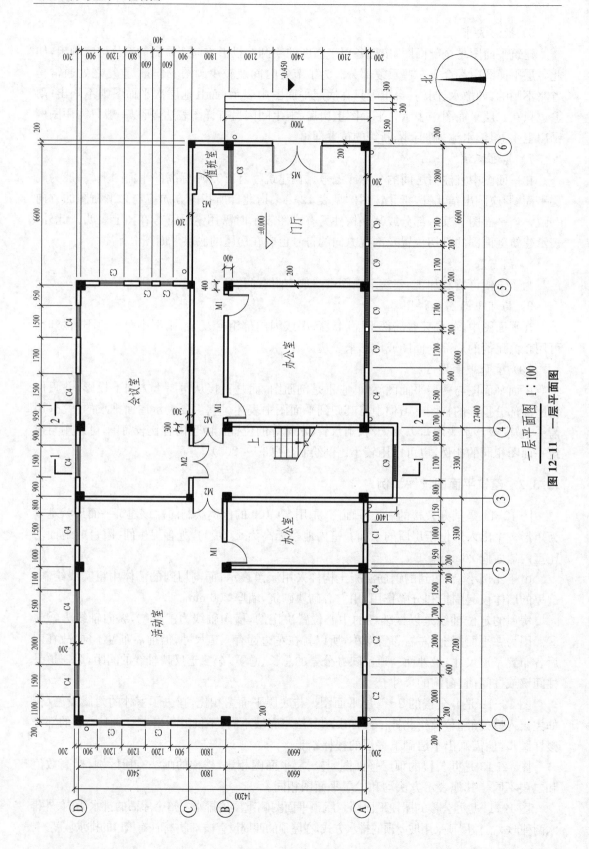

一层平面图 1:100

图 12-11 一层平面图

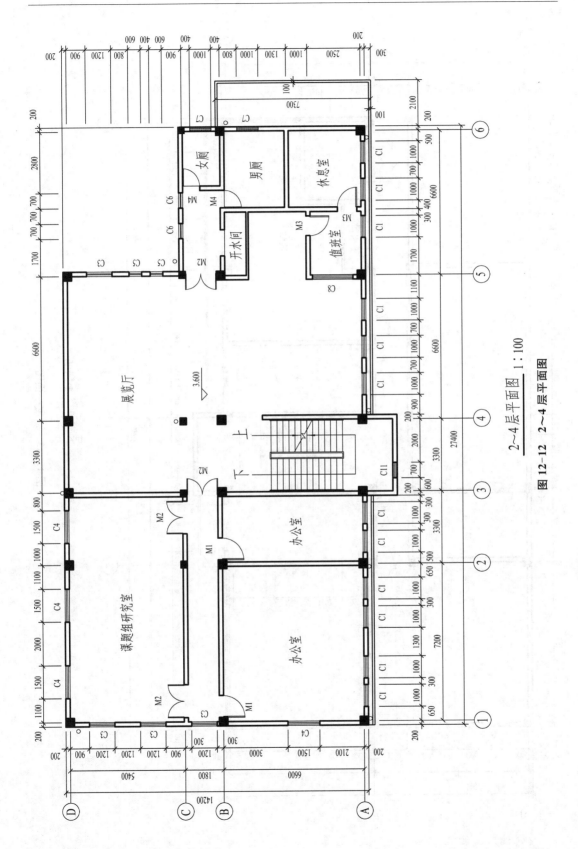

图 12-12　2~4 层平面图

2~4 层平面图 1:100

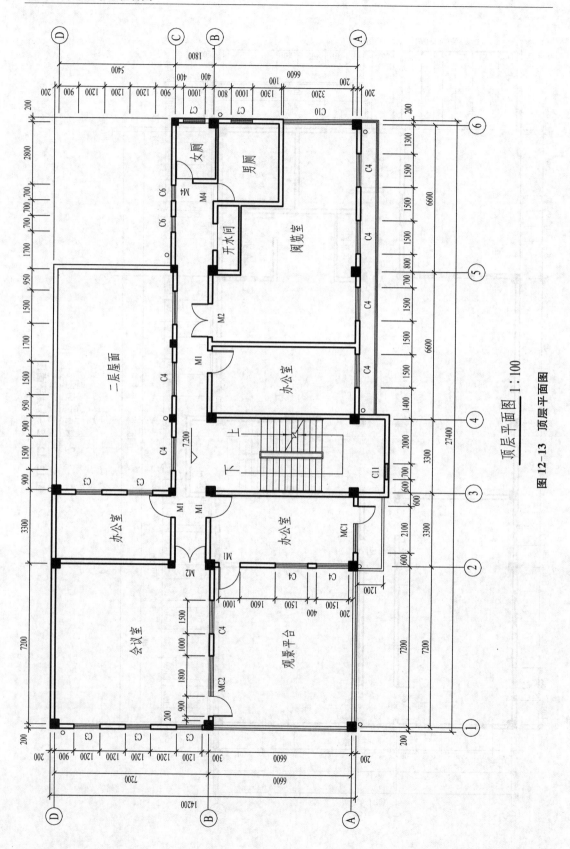

顶层平面图 1:100

图 12-13　顶层平面图

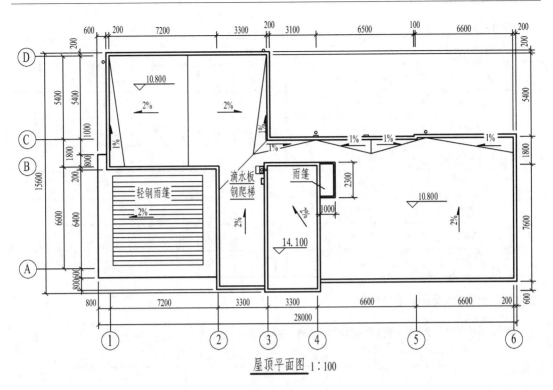

屋顶平面图 1:100

图 12-14　屋顶平面图

12.3.3　门窗表

　　建筑物的门窗需绘制专门的表格,以便加工订购。门窗表习惯上附在建筑平面图的后面。表 12-5 是某办公楼的门窗表,此表仅提供图中相关的门窗编号、门窗洞尺寸及数量,有关门窗的具体规格和内容可参见有关产品的标准图集。

表 12-5　办公楼门窗表

类　别	编　号	洞口尺寸		数　量				合　计	备　注
		宽度	高度	一层	二层	三层	顶层		
窗	C1	1000	2200	1	12			13	
	C2	2000	2000	2				2	
	C3	1200	2000	2	4	5		11	
	C4	1500	2000	8	4	9		21	
	C5	600	2000	2	2			4	
	C6	700	2000		2	2		4	
	C7	1000	600		2	2		4	
	C8	1900	2000			2		2	
	C9	1700	600	5				5	
	C10	3200	2000			1		1	
	C11	700	9000			1		1	

续表 12-5

类 别	编 号	洞口尺寸		数 量				合 计	备 注
		宽度	高度	一层	二层	三层	顶层		
门	M1	1000	2200	3	2	4		9	
	M2	1500	2200	3	4	2	1	10	
	M3	800	2200	1	1			2	
	M4	800	2200		2	2		4	
	M5	2400	2800	1				1	
门连窗	MC1	2100	2800			1		1	
	MC2	2700	2800			1		1	

12.3.4 建筑平面图绘图步骤

建筑平面图的绘制一般宜按如图 12-15 所示步骤进行：

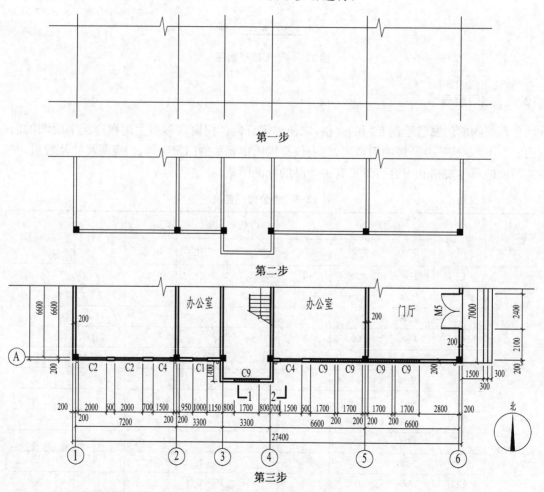

图 12-15 平面图绘图步骤

（1）画基准线，按尺寸画出房屋的横向定位轴线和纵向定位轴线。

（2）画主要墙体和柱子的轮廓线及次要结构的轮廓线。

（3）按规定画门窗图例及细部构造，并注写尺寸、标高和文字说明等。

12.4　建筑立面图

建筑立面图是房屋不同方向的立面正投影图。通常一个房屋有四个朝向，立面图可根据房屋的朝向来命名，如东立面、西立面等。也可以根据主要入口来命名，如正立面、背立面、左侧立面、右侧立面。朝向不明确的建筑物，宜根据立面图两端轴线的编号来命名，如①～⑥立面图，Ⓐ～Ⓓ立面图等。建筑立面图主要表明建筑物的体型和外貌，以及外墙面的面层材料、色彩，女儿墙的腰线、勒脚等饰面做法，阳台的形式及门窗布置，雨水管位置等。建筑立面图应画出可见的建筑外轮廓线，建筑构造和构配件的投影，并注写墙面做法及尺寸和标高。较简单的对称的建筑物或对称的构配件，在不影响构造处理和施工的情况下，立面图可绘制一半，并在对称线处画上对称符号。

12.4.1　建筑立面图画法特点及要求

1）比例

建筑立面图的比例通常与平面图相同。

2）定位轴线

一般立面图只画出两端的定位轴线及编号，以便与平面图对照。

3）图线

为了突出立面图的表达效果，使建筑物的轮廓清晰、层次分明，通常选用如下线形：最外轮廓线用粗实线（b）表示，室外地坪线用加粗线（$1.4b$）表示，外轮廓线内所有凸出部位如雨篷、线脚、门窗洞等用中粗实线（$0.7b$）表示，其他部分用中实线（$0.5b$）表示。

4）投影要求

建筑立面图中，只画出按投影方向可见的部分，不可见的部分一律不画。由于比例小，按投影很难将立面的所有细部都表达清楚，如门窗等，这些细部都是根据有关图例来绘制的。绘制门窗的图例时应注意：只需画出主要轮廓线及分格线，门窗框宜用双线画。

5）尺寸标注

高度方向的尺寸用标高的形式标注，主要应包括建筑物室内外地坪、出入口地面、门窗洞的顶部、窗台的顶部、檐口、雨篷、阳台的底部、女儿墙压顶及水箱顶部等处的标高。各标高注写在立面图的左侧或右侧且排列整齐。

6）其他标注

房屋外墙面的各部分装饰材料、做法、色彩等用文字说明。

12.4.2　建筑立面图读图举例

图12-16是办公楼的南立面图，绘图比例1：100。它反映该建筑的外貌特征及装饰风格。从立面图可以看出建筑物是对称的。主体为5层。

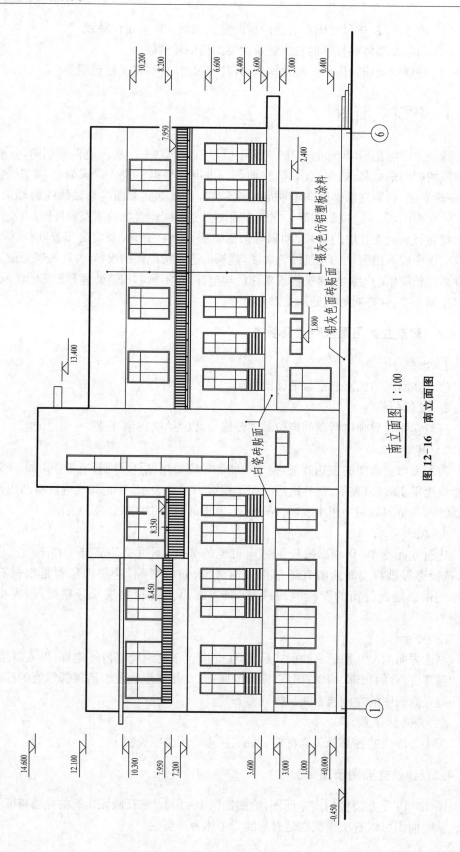

南立面图 1:100

图 12-16 南立面图

办公楼的外轮廓用粗实线,室外地坪线用加粗线,门窗洞、台阶、凸出的雨篷、阳台及立面上其他凸出的线脚用中粗线。门窗、引出线、标高符号等用细实线画出,并用文字简单注明墙面的做法。

室内外地坪、窗台、门窗洞顶、女儿墙压顶、屋面等主要部位的标高注在立面图的两侧。其他不方便标注的局部如窗洞、窗台顶部、阳台等可直接注写在原部位上。

图 12-17 和图 12-18 分别为办公楼的北立面图和东立面图。图示特点及饰面做法与南立面图相同,这里不再多说。

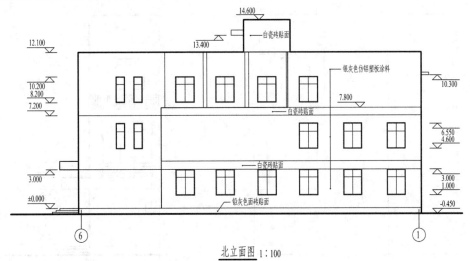

北立面图 1:100

图 12-17 北立面图

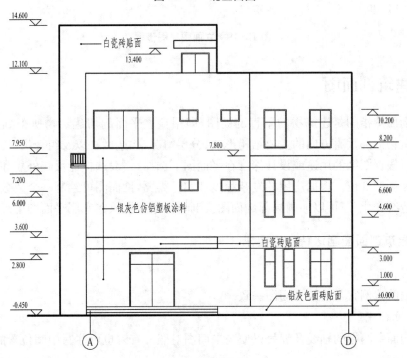

东立面图 1:100

图 12-18 东立面图

12.4.3　建筑立面图绘图步骤

建筑立面图的绘制一般按图 12-19 所示步骤进行：

（1）画基准线，即按尺寸画出房屋的横向定位轴线和层高线，注意横向定位轴线与平面图保持一致。

（2）画墙轮廓和门窗洞线。

（3）按规定画门窗图例及细部构造，并注标高尺寸和文字说明等。

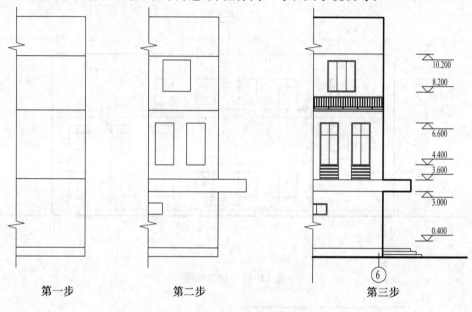

第一步　　　　　第二步　　　　　第三步

图 12-19　立面图绘图步骤

12.5　建筑剖面图

建筑剖面图指的是建筑物的垂直剖面图，即用直立平面剖切建筑物所得到的剖面图。它表示建筑物内部垂直方向的主要结构形式、分层情况、构造做法以及组合尺寸。剖面图的剖切位置应根据图纸的用途或设计深度在平面图上选择，一般选择能反映外貌和构造特征，以及有代表性的部位。根据房屋的复杂程度和实际需要，剖面图可绘制一个或数个，如果房屋局部构造有变化，还可以加画局部剖面图。剖切符号习惯只在底层平面图中画出。

12.5.1　建筑剖面图画法特点及要求

1）比例

剖面图的比例宜与建筑平面图一致。

2）定位轴线

画出剖面图两端的轴线及编号以便与平面图对照。有时也可注写中间位置的轴线。

3）图线

剖切到的墙身轮廓画粗实线（b），楼层、屋顶层在 1∶100 的剖面图中只适用于预制板，现浇板是涂黑的；在 1：50 的剖面图中宜在结构层上方画一条作为面层的中粗线（0.5b），而下方板底粉刷层不表示，室内外地坪线用加粗线（1.4b）表示。可见部分的轮廓线如门窗洞、踢脚线、楼梯栏杆、扶手等画中粗线（0.7b），图例线、引出线、标高符号等用中实线（0.5b）画出。

4）投影要求

剖面图中除了要画出被剖切到的部分，还应画出投影方向能看到的部分。室内地坪以下的基础部分，一般不在剖面图中表示，而在结构施工图中表达（如有基础墙可用折断线隔开）。

5）图例

门、窗按规定图例绘制，砖墙、钢筋混凝土构件的材料图例与建筑平面图相同。

6）尺寸标注

一般沿外墙注三道尺寸线，最外面一道从室外地坪到女儿墙压顶，是室外地面以上的总高尺寸，第二道为层高尺寸，第三道为勒脚高度、门窗洞高度、洞间墙高度、檐口厚度等细部尺寸，这些尺寸应与立面图吻合。另外，还需要用标高符号标出各层楼面、楼梯休息平台等处的标高。

7）其他标注

某些局部构造表达不清楚时可用索引符号引出，另绘详图。细部做法如地面、楼面的做法，可用多层构造引出标注。

12.5.2　建筑剖面图读图举例

图 12-20 是办公楼的 1-1 剖面图，是按图 12-11 底层平面图中 1-1 剖切位置绘制的。

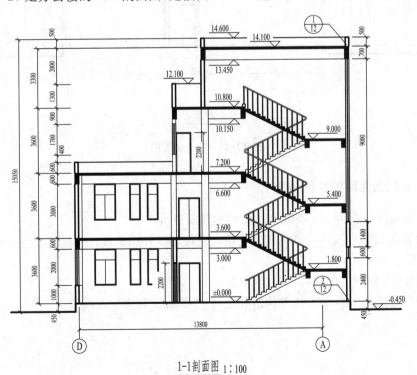

1-1剖面图 1:100

图 12-20　1-1 剖面图

剖面通常都选择通过楼梯间及门窗洞和内部结构比较复杂或有变化的部位。如果一个剖切平面不能满足上述要求时,可采用阶梯剖面。

1-1剖面图的比例为1:100,室内外地坪线画加粗线(1.4b),地坪线以下的基础部分无需画出。剖切到的楼面、屋顶画两条粗实线(b)或涂黑表示。剖切到的钢筋混凝土梁、楼梯均涂黑表示。每层楼梯由两个梯段和一个休息平台组成,称作双跑楼梯。楼层高3 m。1-1剖面图中还画了未剖到而可见的梯段等。

图12-21是办公楼2-2剖面图。其比例亦为1:100。其投影方向和1-1剖面图相反,从另一个方向描述了房间的竖向构造和垂直方向的定形和定位尺寸。

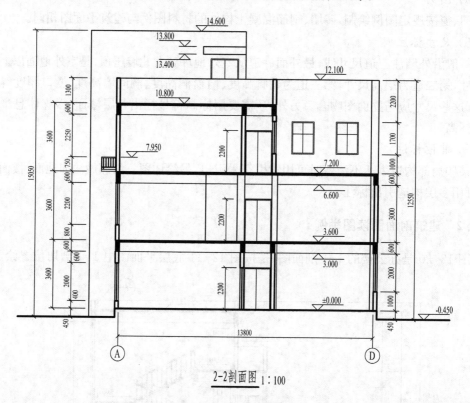

2-2剖面图 1:100

图 12-21　2-2 剖面图

12.5.3　建筑剖面图的绘图步骤

建筑剖面图的绘制一般按图 12-22 所示步骤进行:

(1) 画基准线,即按尺寸画出房屋的横向定位轴线和层高线,注意横向定位轴线与平面图保持一致。

(2) 画墙及构配件的轮廓和门窗洞线。

(3) 按规定画门窗图例、细部构造并注写尺寸、标高和文字说明等。

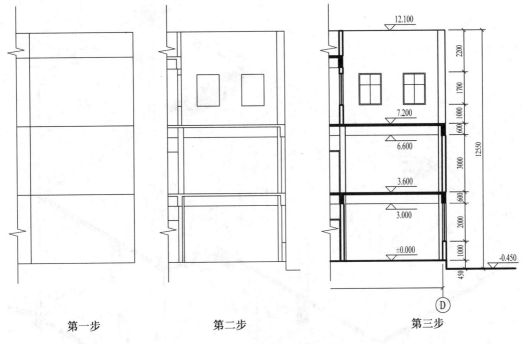

第一步　　　　　　　第二步　　　　　　　第三步

图 12-22　剖面图绘图步骤

12.6　建筑详图

　　建筑平面图、立面图、剖面图是房屋建筑施工的主要图样,它们已将房屋的整体形状、结构、尺寸等表示清楚了,但是由于画图的比例较小,许多局部的详细构造、尺寸、做法及施工要求等在图上都无法画出和注写。为了满足施工需要,这些部位必须绘制更大比例的图样才能清楚地表达。这种图样称为详图。

　　详图特点:比例较大,常用 1∶50、1∶30、1∶25、1∶20、1∶10、1∶5、1∶2、1∶1 等比例绘制;尺寸标注齐全、准确;文字说明具体清楚。如详图采用通用图集的做法,则不必另画,只需注出图集的名称如详图所在的页数。建筑详图所画的节点部位,除了在平、立、剖面图中的有关部位标注索引符号外,还应在所画详图上绘制详图符号,以便对照查阅。

　　详图按要求不同,可分成平面详图、局部构造详图和配件构造详图。下面以楼梯详图,门、窗及外墙剖面点详图为例,详细加以说明。

12.6.1　楼梯详图

　　通常楼梯为双跑平行楼梯,每层由两个梯段和一个休息平台组成。如图 12-23 所示。显然在 1∶100 或更小的比例图上是无法清晰表示其构造和尺寸的,因此必须画详图。楼梯详图包括楼梯平面图、剖面图、节点详图,主要表示楼梯的类型、结构、尺寸、梯段的形式和栏杆的材料及做法等。

　　图 12-24 是办公楼楼梯间的平面图,比例为 1∶50。楼梯平面图实质上是楼梯间的水平剖面图,剖切高度在每层的第一梯段的适当位置,按规定,图中用斜折断线表示。在平面

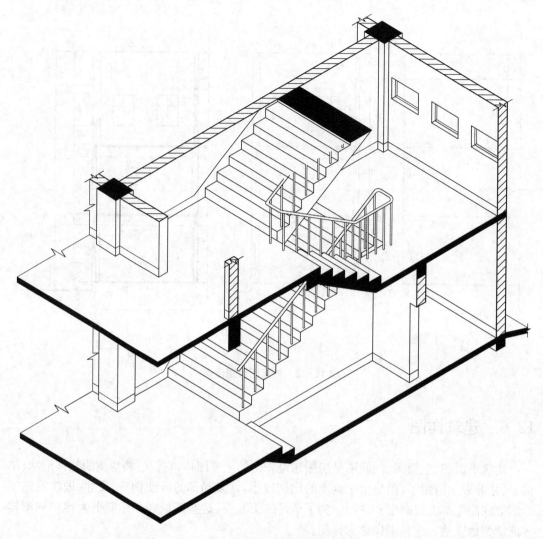

图 12-23 楼梯立体图

图中,楼梯间宽度为 3300 mm,每一梯段的宽度为 1550 mm。梯段的水平长度应为踏步数减去 1 后乘以踏步宽的积。如底层第一梯段有 13 级,应注写为"12×280=3360",其他各层标注均类似。楼梯每级踏步宽均为 280 mm,楼梯每级踏步高均为 138.5 mm。每层踏步数为 26 级,休息平台的宽度为 2340 mm。六层平面图未剖切到楼梯,故向下投影,画出各段完整的楼梯。

图 12-25 是该楼梯间的剖面图,比例为 1:50。楼梯剖面图其实就是楼梯间的垂直剖面图,表示剖切位置的剖切符号标注在楼梯详图的一层平面图中,见图 12-23。图中凡剖到的梯段应按剖开绘制(涂黑表示),未剖到但投影能看到的梯段则只画出轮廓线。剖面图中梯段的高度尺寸习惯上是用踏步数乘以踏步高表示,如底层第一梯段的尺寸标注为"12×166.7=2000",所注尺寸与楼层的标高相符。

楼梯节点详图包括踏步、金属栏杆、扶手、防滑条的有关尺寸及具体做法,详见图 12-26。

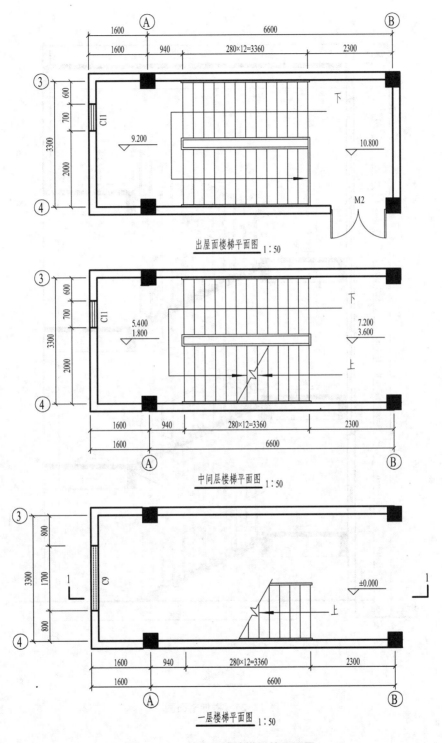

图 12-24 某办公楼楼梯间的平面图

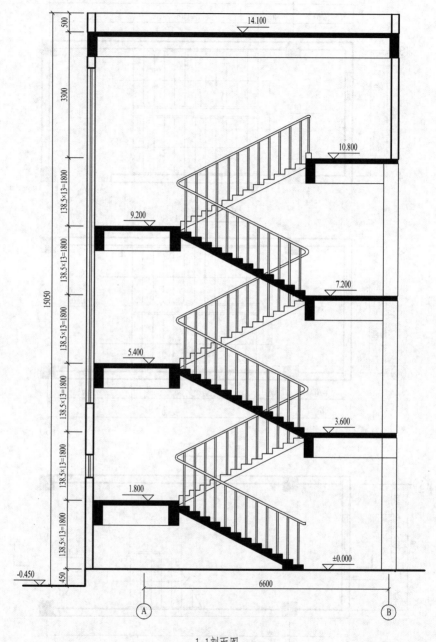

1-1剖面图 1:50

图 12-25 楼梯剖面图

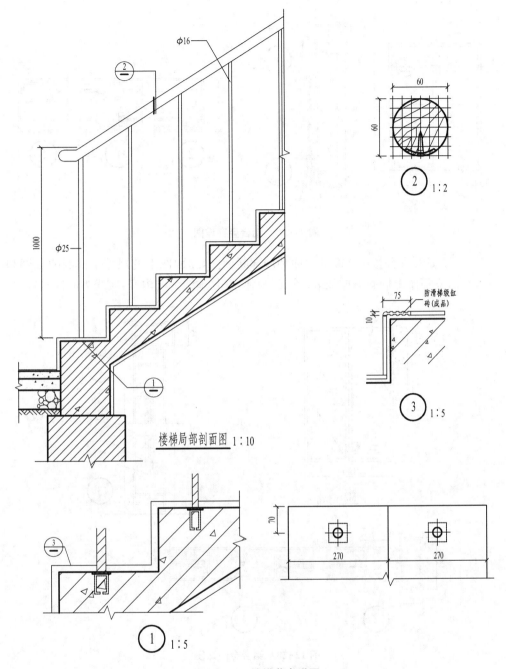

图 12-26　楼梯节点详图

12.6.2　门窗详图

门窗的详图包括门窗的立面和局部剖面图。立面是指门、窗的外立面,而局部剖面是指门、窗框和门、窗扇的断面形状及相互关系。图 12-27 是某办公楼窗户 C4 的立面和局部断面图,立面图上的尺寸为窗洞的长度和高度方向的尺寸,立面图上的箭头表示该窗为推拉窗。

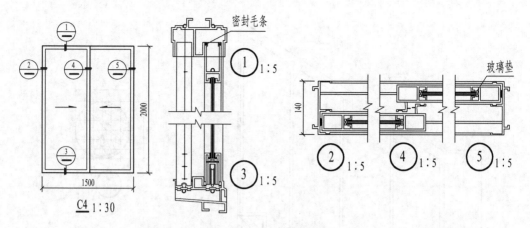

图 12-27   铝合金窗详图

图 12-28 是某办公楼门 M2 的立面和局部断面图,立面图上的尺寸是门洞的长度和高度方向尺寸,立面图上倾斜方向线表示该门为弹簧门(虚线为向内开,实线为向外开)。

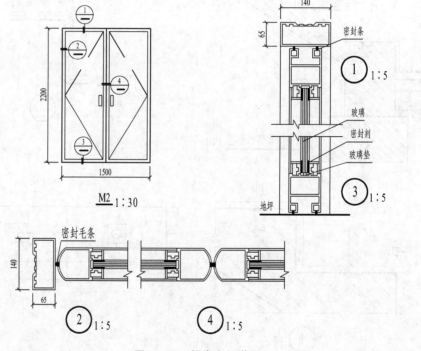

图 12-28   铝合金门详图

12.6.3   外墙剖面节点详图

外墙是建筑物的主要部件,很多构件和外墙相交,正确反映它们之间的关系很重要。外墙剖面节点的位置明显,一般不需要标注剖切位置。外墙剖面节点图通常采用 1∶10 或 1∶20 的比例绘制。图 12-29 是办公楼楼梯间外墙剖面节点详图。外墙节点详图①是屋顶剖面节点,它表明屋面、女儿墙的关系和做法。屋面做法用多层构造引出线标注。引出线应通过各层,文字说明按构造层次依次注写。本例是刚性屋面:100 mm 厚现浇钢筋混凝土屋面板上抹 20 mm 厚 MLC 轻质混凝土找平,然后刷聚氨酯涂料三度铺 30 mm 厚挤塑板,再用 20 mm 厚 MLC 轻质混凝土找平抹光,最后铺 40 mm 厚 C20 细石混凝土(内配 ϕ4@150 双向钢筋)。屋面与女儿墙相接处应防止雨水渗漏。女儿墙顶部粉刷时内侧做成斜口式滴水,以免雨水通过女儿墙侵蚀屋面再由缝隙渗到室内。

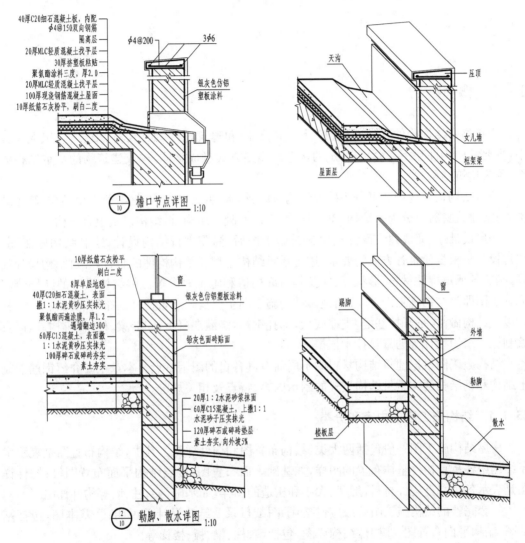

图 12-29　外墙剖面节点详图

外墙节点详图②是底层室内地面的剖面节点,它表明底层室内地面和室外地坪的做法及相互关系。底层地面的做法:首先是素土夯实,铺 100 mm 厚碎石或碎砖夯实,然后浇 60 mm 厚 C15 混凝土,表面用 1:1 水泥黄砂压实、抹光,刷聚氨酯涂料两遍(遇墙翻边 300 mm),再做 40 mm 厚 C20 的细石混凝土的面层,表面用 1:1 水泥黄砂压实、抹光。最后满铺 8 mm 厚地毯。室外地坪的做法比较简单:先是素土夯实并向外找坡 5%,铺 120 mm 厚碎石或碎砖垫层,然后浇 60 mm 厚 C15 混凝土,表面用 1:1 水泥黄砂压实、抹光,再用 20 mm 厚 1:2 水泥砂浆抹面。

以上各节点的位置均标注在 1-1 剖面图中,可以对照阅读。外墙从上到下有许多节点,但类型基本上和这两种相类似。

13 结构施工图

13.1 概述

建筑物由结构构件(如梁、柱、板、墙、基础等)和建筑配件(如门、窗、阳台等)组成。其中,主要结构构件互相支承,按一定的构造和连接方式联成整体,构成建筑物的承重结构体系,称为建筑结构。

建筑结构按结构型式可分为砖混结构、框架结构、剪力墙结构、框架剪力墙结构、筒体结构等;按建筑材料可分为木结构、砌体结构、钢筋混凝土结构、钢结构以及组合结构等。

房屋设计中,完成建筑设计绘出建筑施工图后,尚需进行结构设计,绘制结构施工图。结构设计是根据建筑各方面的要求,进行承重结构选型和结构构件的布置,经过结构设计计算,确定各承重构件材料、形状、尺寸及其内部构造和施工要求等。将结构设计的结果绘制成施工图即为结构施工图,简称结施。结构施工图主要反映承重构件的布置、类型、尺寸、材料以及结构做法,是开挖基槽,支撑模板,绑扎钢筋,浇灌混凝土,安装梁、柱、板等构件,以及编制施工组织设计等的重要技术依据。

结构施工图根据建筑结构材料的不同而有其各自的图示特点。本章主要介绍钢筋混凝土结构和钢结构两类常见结构型式的图示内容、特点及相关规定。

13.1.1 结构施工图的内容和分类

房屋结构施工图一般包括两大类:结构布置图和构件详图。其中,结构布置图是表示房屋结构中各承重构件整体布置的图样,如基础平面布置图、楼层结构平面布置图等;构件详图是表示各个承重构件材料、形状、大小和构造的图样,如基础、梁、柱、墙等构件详图。

一套完整的结构施工图一般应包括:①图纸目录及结构设计总说明;②基本图,包括基础图、结构平面布置图;③构件结构详图,包括墙、柱、梁、板、楼梯等。

13.1.2 绘制结构施工图的有关规定

本节主要介绍《建筑结构制图标准》(GB/T 50105—2010)中关于常用构件代号、制图图线以及比例选用方面的一般规定。

1) 常用构件代号

结构构件种类繁多,布置复杂,为了简明扼要地表示梁、柱、板等钢筋混凝土构件,便于绘图和查阅,在结构施工图中一般用构件代号来标注构件名称。构件代号采用该构件名称汉语拼音的第一个字母表示,代号后用阿拉伯数字标注该构件的型号或编号或构件顺序号。预制钢筋混凝土构件、现浇钢筋混凝土构件、钢构件和木构件,一般可直接采用表13-1中的构件代号。在绘图中,当需要区别构件的材料种类时,可在构件代号前加注材料代号,并在图纸中加以说明。预应力混凝土构件的代号,应在构件代号前加注"Y—",如 Y—DL,表示预应力钢筋混凝土吊车梁。

表 13-1 常用构件代号

序号	名 称	代号	序号	名 称	代号	序号	名 称	代号
1	板	B	19	圈梁	QL	37	承台	CT
2	屋面板	WB	20	过梁	GL	38	设备基础	SJ
3	空心板	KB	21	连系梁	LL	39	桩	ZH
4	槽形板	CB	22	基础梁	JL	40	挡土墙	DQ
5	折板	ZB	23	楼梯梁	TL	41	地沟	DG
6	密肋板	MB	24	框架梁	KL	42	柱间支撑	ZC
7	楼梯板	TB	25	框支梁	KZL	43	垂直支撑	CC
8	盖板或沟盖板	GB	26	屋面框架梁	WKL	44	水平支撑	SC
9	挡雨板	YB	27	檩条	LT	45	梯	T
10	吊车安全走道板	DB	28	屋架	WJ	46	雨篷	YP
11	墙板	QB	29	托架	TJ	47	阳台	YT
12	天沟板	TGB	30	天窗架	CJ	48	梁垫	LD
13	梁	L	31	框架	KJ	49	预埋件	M—
14	屋面梁	WL	32	刚架	GJ	50	天窗端壁	TD
15	吊车梁	DL	33	支架	ZJ	51	钢筋网	W
16	单轨吊车梁	DDL	34	柱	Z	52	钢筋骨架	G
17	轨道连接	DGL	35	框架柱	KZ	53	基础	J
18	车挡	CD	36	构造柱	GZ	54	暗柱	AZ

2）建筑结构制图图线的选用

每个图样应根据复杂程度和比例大小,先选用适当的基本线宽度 b,再选用相应的线宽组。在同一张图纸中,相同比例的各图样,应选用相同的线宽组。建筑结构专业制图,应选用表 13-2 所示图线。

表 13-2 图线

名 称		线 型	线宽	一般用途
实线	粗		b	螺栓,钢筋线,结构平面图中的单线结构构件线,钢木支撑及系杆线,图名下横线,剖切线
	中粗		$0.7b$	结构平面图及详图中剖到或可见的墙身轮廓线,基础轮廓线,钢、木结构轮廓线,钢筋线
	中		$0.5b$	结构平面图及详图中剖到或可见的墙身轮廓线,基础轮廓线,可见钢筋混凝土构件轮廓线,钢筋线
	细		$0.25b$	标注引出线,标高符号线,索引符号线,尺寸线

续表 13-2

名　称		线　型	线宽	一般用途
虚线	粗	▬ ▬ ▬ ▬ ▬	b	不可见的钢筋线、螺栓线,结构平面图中不可见的单线结构构件线及钢、木支撑线
	中粗	▬ ▬ ▬ ▬ ▬	$0.7b$	结构平面图中的不可见构件、墙身轮廓线及不可见钢、木结构构件线、不可见的钢筋线
	中	▬ ▬ ▬ ▬ ▬	$0.5b$	结构平面图中的不可见构件、墙身轮廓线及不可见钢、木结构构件线、不可见的钢筋线
	细	-----------	$0.25b$	基础平面图中的管沟轮廓线,不可见的钢筋混凝土构件轮廓线
单点长划线	粗	▬ · ▬ · ▬	b	柱间支撑、垂直支撑、设备基础轴线图中的中心线
	细	— · — · —	$0.25b$	定位轴线,对称线,中心线,重心线
双点长划线	粗	▬ · · ▬ · · ▬	b	预应力钢筋线
	细	— ·· — ·· —	$0.25b$	原有结构轮廓线
折断线		——/\——	$0.25b$	断开界线
波浪线		～～～～～ 0.25b	断开界线	

3）比例

结构施工图绘图时根据图样的用途及被绘物体的复杂程度,应选用表 13-3 中常用比例,特殊情况下也可选用可用比例。当构件的纵、横向断面尺寸相差悬殊时,可在同一详图中的纵、横向选用不同的比例。轴线尺寸与构件尺寸也可选用不同的比例绘制。

表 13-3　比例

图　名	常用比例	可用比例
结构平面图	1:50,1:100,1:150	1:60,1:200
基础平面图		
圈梁平面图、总图中管沟、地下设施等	1:200,1:500	1:300
详图	1:10,1:20,1:50	1:5,1:25,1:30

13.2　钢筋混凝土结构图

13.2.1　基本知识

混凝土是一种人造石材,其抗压强度相较于抗拉强度来讲很高(前者约为后者的 8～18 倍)。为提高混凝土构件的抗拉能力,可采用抗拉强度高的钢筋来加强混凝土结构的受拉区,亦即在混凝土受拉区配置一定数量钢筋,即构成了钢筋混凝土构件。钢筋混凝土结构充分发挥了两种力学性能不同的材料(钢筋和混凝土)的特性,用抗压强度高的混凝土承担压力,用抗拉强度高的钢筋承担拉力,做到了物尽其用。钢筋和混凝土之间能有效的共同工作有两个前提:①钢筋与混凝土之间有很好的粘结力,使两者能可靠地结合成一个整体;②混凝土热膨胀系数与钢筋相近,在荷载作用下能共同变形,完成其结构功能。

1）混凝土强度等级

《混凝土结构设计规范》（GB 50010—2010）中，混凝土强度等级按混凝土立方体抗压强度标准值分为 14 级：C15、C20、C25、C30、C35、C40、C45、C50、C55、C60、C65、C70、C75、C80。其中，C50~C80 属高强度混凝土。

2）钢筋的品种和级别

混凝土结构中使用的钢筋按表面特征可分为光圆钢筋和带肋钢筋。用于钢筋混凝土结构及预应力混凝土结构中的普通钢筋可使用热轧钢筋，预应力钢筋可使用预应力钢绞线、钢丝，也可使用热处理钢筋。

普通钢筋混凝土结构及预应力混凝土结构中常用钢筋种类及其符号见表 13-4 所示。

表 13-4　钢筋种类及符号

普通钢筋		预应力钢筋		
牌号	符号	类型	种类	符号
HPB300	φ	预应力螺纹钢筋	螺纹	ϕ^T
HRB335 HRBF335	$\underline{\Phi}$ $\underline{\Phi}^F$	中强度预应力钢丝	光面	ϕ^{PM}
			螺旋肋	ϕ^{HM}
HRB400 HRBF400 RRB400	$\underline{\Phi}$ $\underline{\Phi}^F$ $\underline{\Phi}^R$	消除应力钢丝	光面	ϕ^P
			螺旋肋	ϕ^H
		钢绞线	$1\times3,1\times7$	ϕ^S
HRB500 HRBF500	DD^F			

3）钢筋的标注方法

钢筋的标注通常有下列两种方法：

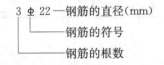 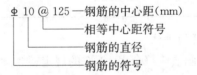

4）钢筋的锚固与连接

为了使钢筋和混凝土能有效的共同工作，钢筋在混凝土中必须有可靠的锚固。纵向受力钢筋在混凝土中的锚固长度与下列因素有关：混凝土强度等级、钢筋直径、钢筋类别及钢筋外形。

钢筋的连接头类型有：绑扎连接、机械连接或焊接。

5）钢筋混凝土构件图示方法

为了清楚地表明构件内部的钢筋，可假设混凝土为透明体，这样构件中的钢筋在施工图中便可看见。主要表达构件配筋情况的图样，称为配筋图。对于外形比较复杂的构件，还要画出表示构件外形的图样，称为模板图。构件的外形轮廓线用中实线或细实线绘制。

6）钢筋的一般表示方法

钢筋的一般表示方法应符合表 13-5 的规定。钢筋及钢丝束的说明应给出钢筋的代号、直径、数量、间距、编号及所在位置，其说明应沿钢筋的长度标注或标注在相关钢筋的引出线上。

表 13-5　钢筋的一般表示方法

一 般 钢 筋		
序号	名　称	图　例
1	钢筋横断面	.
2	无弯钩的钢筋端部	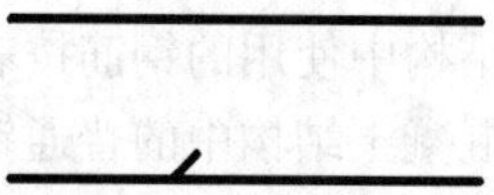
3	带半圆形弯钩的钢筋端部	
4	带直钩的钢筋端部	
5	无弯钩的钢筋搭接	
6	带半圆弯钩的钢筋搭接	
7	带直钩的钢筋搭接	
预 应 力 钢 筋		
8	预应力钢筋或钢绞线	
9	后张法预应力钢筋断面；无粘结预应力钢筋断面	⊕
10	单根预应力钢筋断面	✚
钢 筋 网 片		
11	一片钢筋网平面图	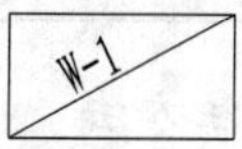 W-1
12	一行相同的钢筋平面图	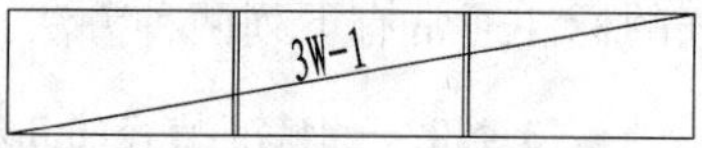 3W-1

7）钢筋的画法

钢筋的画法应符合表 13-6 的规定。

表 13-6　钢筋的画法

序　号	说　明	图　例
1	在结构楼板中配置双层钢筋时,底层钢筋的弯钩应向上或向左,顶层钢筋的弯钩则应向下或向右	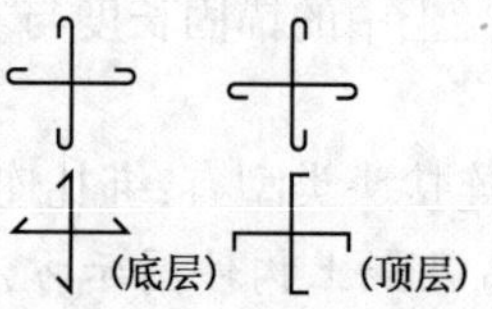 （底层）　（顶层）
2	钢筋混凝土墙体配双层钢筋时,在配筋立面图中,远面钢筋的弯钩应向上或向左,而近面钢筋的弯钩向下或向右(JM 近面,YM 远面)	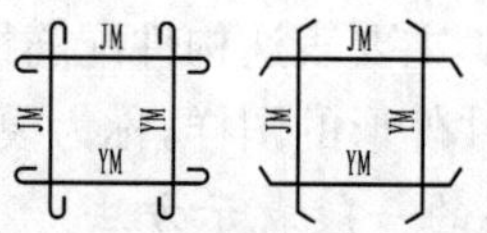 JM JM YM YM

续表 13-10

序 号	说 明	图 例
3	若在断面图中不能表达清楚的钢筋布置，应在断面图外增加钢筋大样图(如：钢筋混凝土墙、楼梯等)	
4	图中所表示的箍筋、环筋等若布置复杂时,可加画钢筋大样及说明	或
5	每组相同的钢筋、箍筋或环筋,可用一根粗实线表示,同时用一两端带斜短划线的横穿细线,表示其余钢筋及起止范围	

钢筋在平面图中的配置应按图 13-1 所示的方法表示。当钢筋标注的位置不够时,可采用引出线标注。引出线标注钢筋的斜短划线应为细实线。当构件布置较简单时,结构平面布置图可与板配筋平面图合并绘制。

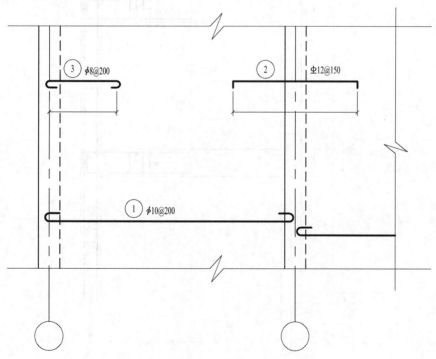

图 13-1　钢筋在平面图中的表示方法

钢筋在立面、断面图中的配置,应按图 13-2 所示的方法表示。

8) **钢筋的简化表示方法**

(1) 对称的钢筋混凝土构件,可在同一图样中一半表示模板,另一半表示配筋,如图 13-3 所示。

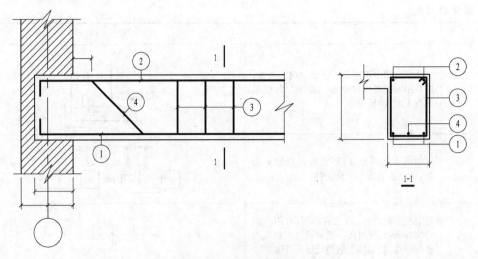

图 13-2　梁的配筋图

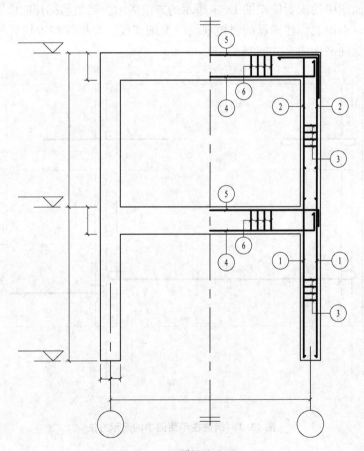

图 13-3　配筋简化方法一

（2）钢筋混凝土构件配筋较简单时，可按下列规定绘制配筋平面图：①独立基础在平面模板图左下角，绘出波浪线，绘出钢筋并标注钢筋的直径、间距等，如图 13-4(a)所示；②其他构件可在某一部位绘出波浪线，绘出钢筋并标注钢筋的直径、间距等，如图 13-4(b)所示。

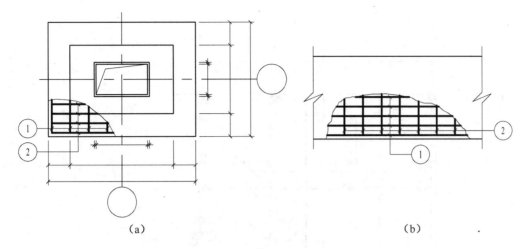

(a)   (b)

图13-4 配筋简化方法二

13.2.2 钢筋混凝土构件详图

构件详图主要用于表示结构构件的形状、大小、材料、内部构造和连接情况等。为了便于明显地表示钢筋混凝土构件中的钢筋配置情况,在构件详图中,假设混凝土为透明的,混凝土或钢筋混凝土不用图例表示,构件的外轮廓线用细实线绘制,钢筋纵方向用粗实线绘制,钢筋横截面用黑圆点表示,并标注出钢筋种类、直径、数量或间距等。

钢筋混凝土构件详图通常包括梁、柱、板、墙及基础等构件详图。基础详图将于下一节具体介绍,本节主要介绍钢筋混凝土板、梁、柱等构件详图所表示的内容。

1) 钢筋混凝土板结构详图

现浇钢筋混凝土板的配筋一般可以直接绘在结构平面图上。图13-5所示为钢筋混凝土现浇板的局部平面配筋图。板的配筋有分离式和弯起式两种形式,若板内的上部和下部钢筋分别单独配置,称为分离式配筋;若板内支座附近的上部钢筋是由下部钢筋直接弯起的,称为弯起式配筋。板配筋图中要注明钢筋型号、直径、间距以及板长、板厚及板底结构标高等。图13-5所示板内配筋为分离式配筋,且部分板底标高和板厚有变化,图中进行了特别注明。当板的配筋情况较复杂时,要结合采用剖面图来表示板的配筋情况,甚至可以将受力筋的钢筋图画在结构图一边。

2) 钢筋混凝土梁、柱结构详图

钢筋混凝土梁和柱的结构详图一般用立面图和断面图表示。图13-6所示为某框架结构框架柱 KZ1 和框架梁 KL1 的结构详图。

从框架柱 KZ1 的详图可以看出:(1)尺寸信息:该框架共5层,底层柱高5000 mm,其上两层柱层高均为3900 mm,并注明了各楼层的结构标高。框架柱截面为600 mm×400 mm。(2)配筋信息:底层柱柱底部位有从基础锚入柱中的钢筋,锚入长度为600 mm+900 mm。对于柱纵向受力钢筋,根据钢筋配置长度以及端部弯钩形式不同赋予不同钢筋编号,其中底层配置①Φ16,中间层配置⑤Φ16,顶层配置⑥Φ16和⑦Φ16。对于各层钢筋的搭接情况,从图上可以看出,底层柱的受力钢筋①下部与从基础锚入钢筋的搭接长度为900 mm。本层柱的上部钢筋均锚入上一层,并与上一层柱受力钢筋搭接,搭接长度均为

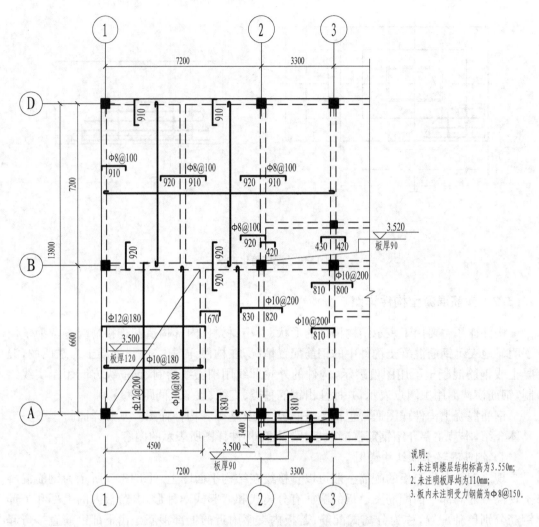

图 13-5 钢筋混凝土现浇板的平面配筋图

900 mm,见图中钢筋①与⑤的搭接以及钢筋⑤与钢筋⑥⑦的搭接。

从框架梁 KL1 的详图可以看出:(1) 尺寸信息:该框架梁为 T 形截面与框架柱整体现浇,共三跨,梁宽均为 300 mm,而梁边跨和中跨的长度和梁高相异,梁边跨长 8100 mm,高 800 mm,梁中跨长 2700 mm,高 400 mm。该框架梁的边跨有一道次梁与之整体现浇,次梁距边柱边缘的距离为 3750 mm。(2) 配筋信息:梁边跨底部通长配置纵向受力钢筋⑧4⌀20 +⑨2⌀20。三跨范围内梁上部通长配置⑩2⌀20,梁边跨边柱端上部另加配⑪2⌀22,中柱端上部另加配⑬2⌀22,其中⑬号钢筋贯通梁中跨。图中亦同时注明⑩号、⑬号钢筋分别于边柱端和中柱端的长度。由于梁边跨高度较大,因此在梁高方向中部配置两道腰筋,分别为⑮2⌀12,每道腰筋均由箍筋⑯固定,为 ⌀8@400。梁边跨主受力筋由箍筋⑭固定,其两端箍筋加密为 ⌀8@100,加密范围为 1250 mm,中间非加密区箍筋为 ⌀8@200。梁中跨主受力筋由箍筋⑰固定,其两端箍筋加密为 ⌀6@100,加密范围为 650 mm,中间非加密区箍筋为 ⌀6@200。若梁左右对称,亦可在梁立面图的对称中心线上画上对称符号后,只画一半,也可

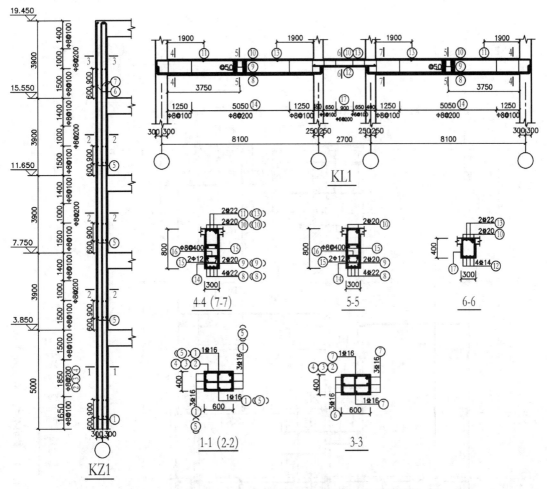

图 13-6 钢筋混凝土梁柱结构详图

以在对称符号的一半绘制模板图,另一半绘制梁内配筋。

13.2.3 结构平面图

楼层结构平面(布置)图是用一假想水平剖切面沿某楼板面将房屋剖开后所作的水平正投影图,能表示房屋各层结构平面布置情况,即每层楼面梁、柱、板、墙及楼面下层的门窗过梁、大梁、圈梁的布置,现浇板的构造与配筋情况以及它们之间的结构关系。楼层结构平面图是安装各层楼面的承重构件、制作圈梁和局部现浇板的施工依据。

楼层结构平面图一般采用分层的结构平面图表示,如各楼层结构平面图和屋顶结构平面图。一般房屋有几层就应该画几个楼层结构平面图。若某些楼层结构平面布置相同或绝大部分相同,可绘制一标准层平面图,对局部不同的地方再绘制局部结构平面图。

下面以某办公楼的三层结构平面图(图 13-7)为例,来说明结构平面图的图标内容和要求。

1) 图名、比例、纵横向定位轴线及编号

图名为某楼层结构平面图或屋顶结构平面图,比例通常采用与建筑平面图相同的比例。定位轴线及其编号必须与建筑平面图一致。本例中,比例为 1∶100,定位轴线为①~⑥及Ⓐ~Ⓓ。

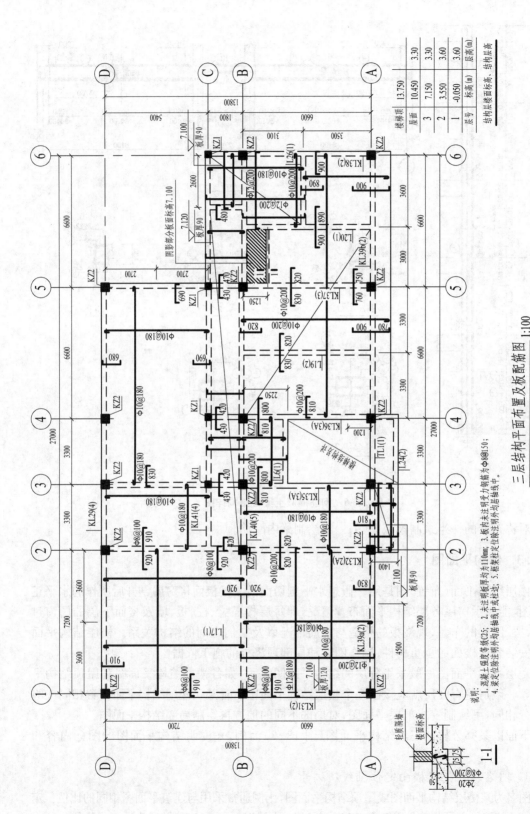

三层结构平面布置及板配筋图 1:100

图 13-7 某办公楼三层结构平面图

2) 下层承重墙、门窗洞口的布置及本层柱的位置

楼层结构平面图或屋顶结构平面图是采用在某楼层楼面或屋面上方的一个水平剖面图来表示的,楼面板或屋面板下的墙身线和门窗洞位置线是不可见的,应画虚线。为了画图方便,习惯上也可画成细实线。

3) 本层结构构件的平面布置

本层的结构构件主要包括:各种梁(如楼面梁、屋面梁、雨篷梁、阳台梁、门窗过梁、圈梁等)、各种柱(包括构造柱及承重柱)及楼板的布置和代号等。

若过梁、砖墙中的圈梁位置与承重墙体或框架梁位置重合,用粗点划线表示其中心线的位置。

若楼板为预制楼板,其布置不必按实际投影分块画出,可简化为一条对角线(细实线)来表示楼板的布置范围,并沿对角线方向注写出预制楼板的块数和型号。预制楼板的标注方法,目前各地区有所不同。本教材列举一种标注法如下:

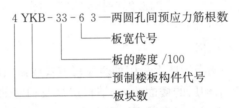

其中,板宽代号分别有 4、5、6、8、9、12,代表板的名义宽度分别为 400 mm、500 mm、600 mm、800 mm、900 mm、1200 mm,板的实际宽度为名义宽度减去 20 mm。

本例中楼板为现浇板,则应画出其配筋情况,这在上一节钢筋混凝土板构件详图中已有详细介绍。

楼梯间的结构布置一般在楼层结构平面图中不予表示,而用较大比例单独画出楼梯结构详图。

4) 尺寸标注

结构平面图中需标注出轴线间尺寸及轴线总尺寸、各承重构件的平面位置及局部尺寸、楼层结构标高等,同时还要注明各梁、板结构构件底面标高,作为安装或支撑的依据。梁、板的底面标高可以注写在构件代号后的括号内,也可以用文字统一说明。本例中同层部分区域结构标高、板厚或构造与其他一般区域有所差别,则在图中进行了引出说明。

5) 其他

结构平面图中同时应附有关梁、板等与其他构件连接的构造图、施工说明等。本例中阴影部分楼板在建筑功能上为开水间,其结构标高低于一般结构标高 50 mm,图 13-7 中通过1-1 剖面详图标明了该区域的构造情况。

13.2.4 钢筋混凝土柱、梁的平面整体表示方法

建筑结构施工图平面整体设计方法(简称平法)对我国目前混凝土结构施工图的设计表示方法作了重大改革,被国家科委列为《"九五"国家级科技成果重点推广计划》项目(项目编号:97070209A),同时被建设部列为 1996 年科技成果重点推广项目(项目编号:96008)。

平法的表达形式,概括地讲,是把结构构件的尺寸和配筋等,按照平面整体表示方法制图规则,整体直接表达在各类构件的结构平面布置图上,再与标准构造图相配合,即构成一套新型完整的结构设计,改变了传统的将构件从结构平面布置图中索引出来,再逐个绘制配筋详图的繁琐方法。

按平法设计绘制的施工图,一般是由各类结构构件的平法施工图和标准构造详图两大部分组成。必须根据具体工程设计,按照各类构件的平法制图规则,在按结构(标准)层绘制的平面布置图上直接表示各构件的尺寸、配筋和所选用的标准构造详图。出图时,宜按基础、柱、剪力墙、梁、板、楼梯及其他构件的顺序排列。

在平面布置图上表示各构件的尺寸和配筋方式,有平面注写方式、列表注写方式和截面注写方式三种。按平法设计绘制结构施工图时,应将所有柱、墙、梁构件进行编号,编号中含有类型代号和序号,其中,类型代号的主要作用是指明所选用的标准构造详图。柱、梁编号规则在后续章节作具体介绍。

本节以某框架结构办公楼为例(第13.2.5中读图实例图13-8、图13-9、图13-10),主要介绍柱、梁平面施工图制图规则。

1)柱平法施工图制图规则

柱平法施工图系在柱平面布置图上采用列表注写方式或截面注写方式表达。在柱平法施工图中,应按规定注明各结构层的楼面标高、结构层高及相应的结构层号。实例图13-8和图13-9分别为采用列表注写方式和截面注写方式的柱平法施工图,对相同设计内容进行了表达。

(1)列表注写方式

列表注写方式系在柱平面布置图上(一般只采用适当比例绘制一张柱平面布置图,包括框架柱、框支柱、梁上柱和剪力墙上柱),分别在同一编号的柱中选择一个(有时需要选择几个)截面标注几何参数代号;在柱表中注写柱号、柱段起止标高、几何尺寸(含柱截面对轴线的偏心情况)与配筋具体数值,并配以各种柱截面形状及其箍筋类型图的方式,来表达柱平法施工图,见实例图13-8所示。

柱表注写内容规定如下:

① 注写柱编号

柱编号由类型代号和序号组成,应符合表13-7的规定。编号时,当柱的总高、分段截面尺寸和配筋均对应相同,仅分段截面与轴线的关系不同时,仍可将其编为同一柱号。

表 13-7　柱编号

柱类型	代　　号	序　　号	柱类型	代　　号	序　　号
框架柱	KZ	××	梁上柱	LZ	××
框支柱	KZZ	××	剪力墙上柱	QZ	××
芯　柱	XZ				

由实例图13-8可以看出,该框架有两类框架柱:KZ1 和 KZ2。

② 注写各段柱的起止标高

自柱根部往上以变截面位置或截面未变但配筋改变处为界分段注写。框架柱和框支柱的根部标高系指基础顶面标高。芯柱的根部标高系指根据结构实际需要而定的起始位置标高。梁上柱的根部标高系指梁顶面标高。剪力墙上柱的根部标高分两种：当柱纵筋锚固在墙顶部时，其根部标高为墙顶面标高；当柱与剪力墙重叠一层时，其根部标高为墙顶面往下一层的结构层楼面标高。

实例图 13-8 中两类框架柱从底层地面到屋面(标高−0.050～10.450)截面及配筋情况均相同，因此均只标注一段，但(③+④)×(Ⓐ+Ⓑ)轴(楼梯间角部框架柱)以及⑤×Ⓓ轴的 KZ2 柱顶标高与其他 KZ2 不同，则于图中另外进行了注写说明。

③ 注写截面尺寸

对于矩形柱，注写柱截面尺寸 $b×h$ 及与轴线关系的几何参数代号 b_1、b_2 和 h_1、h_2 的具体数值，须对应于各段柱分别注写。其中 $b=b_1+b_2$，$h=h_1+h_2$。当截面的某一边收缩变化至与轴线重合或偏到轴线的另一侧时，b_1、b_2、h_1、h_2 中的某项为零或为负值。

对于圆柱，表中 $b×h$ 一栏改用在圆柱直径数字前加"d"表示。为表达简单，圆柱截面与轴线的关系也用 b_1、b_2 和 h_1、h_2 表示，并使 $d=b_1+b_2=h_1+h_2$。

④ 注写柱纵筋

当柱纵筋直径相同、各边根数也相同时(包括矩形柱、圆柱和芯柱)，将纵筋注写在"全部纵筋"一栏中；除此之外，柱纵筋分角筋、截面 b 边中部配筋和 h 边中部筋三项分别注写(对于采用对称配筋的矩形截面柱，可仅注写一侧中部筋，对称边省略不注)。当为圆柱时，表中角筋注写圆柱的全部纵筋。

实例图 13-8 中 KZ1 全部纵筋为 8Φ18，KZ2 中全部纵筋为 12Φ20，均沿各边等距布置，无需分别注写其角筋和中部配筋。

⑤ 注写箍筋类型和箍筋肢数

具体工程所设计的各种箍筋类型图以及箍筋复合的具体方式，须画在表的上部或图中的适当位置，在其上标注与表中相对应的 b、h 并编上其类型号，在箍筋类型栏内注写箍筋类型号。

⑥ 注写柱箍筋(包括钢筋)

柱箍筋的注写包括钢筋级别、直径与间距。当为抗震设计时，用斜线"/"区分柱端箍筋加密区与柱身非加密区长度范围内箍筋的不同间距。施工人员须根据标准构造详图的规定，在规定的几种长度值中取其最大值作为加密区长度。当箍筋沿柱全高为一种间距时，则不使用"/"线。当圆柱采用螺旋箍筋时，需在箍筋前加"L"。

实例图 13-8 中，KZ1 箍筋为 Φ8，加密区间距 100，非加密区间距 200；KZ2 箍筋为 Φ10，加密区间距 100，非加密区间距 200，而(③+④)×Ⓐ轴的 KZ2 箍筋间距全长均为 Φ8@100，与其他 KZ2 不同，则于图中另作注写说明。

(2) 截面注写方式

截面注写方式系在分标准层绘制的柱平面布置图的柱截面上，分别在同一编号的柱中选择一个截面，以直接注写截面尺寸和配筋具体数值的方式来表达柱平法施工图。实例图 13-9 即为采用截面注写方式绘制的柱平法施工图。

截面注写内容规定与列表注写相关规定相近。其具体做法是对所有柱截面按平面注写方式规定进行编号，从相同编号的柱中选择一个截面，按另一种比例原位放大绘制柱截面配筋图，并在各配筋图上继其编号后再注写截面尺寸 $b×h$、角筋或全部纵筋(当纵筋采用一种直径且能够图示清楚时)、箍筋的具体数值以及在柱截面图标注柱截面与轴线关系 b_1、b_2 和

h_1、h_2 的具体数值。

当纵筋采用两种直径时,须再注写截面各边中部筋的具体数值(对于采用对称配筋的矩形截面柱,可仅在一侧注写中部筋,对称边省略不写)。

当采用柱截面注写方式时,可以根据具体情况,在一个柱平面布置图上加用小括号和尖括号来区分和表达不同标准层的注写数值。

2)梁平法施工图制图规则

梁平法施工图系在梁平面布置图上采用平面注写方式或截面注写方式表达。

梁平面布置图,应分别按梁的不同结构层(标准层),将全部梁及与其相关联的柱、墙、板一起采用适当比例绘制。

(1)平面注写方式

平面注写方式,系在梁平面布置图上,分别在不同编号的梁中各选一根梁,在其上注写截面尺寸和配筋具体数值的方式来表达梁平法施工图。实例图 13-10 即是采用平面注写方式表达的梁平法施工图。

平面注写包括集中标注与原位标注。集中标注表达梁的通用数值,原位标注表达梁的特殊数值。当集中标注中的某项数值不适用于梁的某部位时,则将该项数值原位标注,施工时原位标注取值优先。

① 梁集中标注

梁集中标注的内容有五项必注值及一项选注值,集中标注可以从梁的任意一跨引出,规定如下:

a. 梁编号(必注值)

梁编号由梁类型代号、序号、跨数及有无悬挑代号组成,应符合表 13-8 的规定。其中(××A)为一端有悬挑,(××B)为两端有悬挑,悬挑不计入跨数。如实例图 13-10 中:KL31(2)表示 31 号框架梁,2 跨;KL35(3A)表示 35 号框架梁,3 跨,一端有悬挑;L19(2)表示 19 号次梁,2 跨。

表 13-8　梁编号

梁类型	代　号	序　号	跨数及是否带有悬挑
楼层框架梁	KL	××	(××)、(××A)或(××B)
屋面框架梁	WKL	××	(××)、(××A)或(××B)
框支梁	KZL	××	(××)、(××A)或(××B)
非框架梁	L	××	(××)、(××A)或(××B)
悬挑梁	XL	××	(××)、(××A)或(××B)
井字梁	JZL	××	(××)、(××A)或(××B)

b. 梁截面尺寸(必注值)

该项为必注值。当为等截面梁时,用 $b×h$ 表示;当为加腋梁时,用 $b×hYc_1×c_2$ 表示,其中 c_1 为腋长,c_2 为腋高;当有悬挑梁且根部和端部高度不同时,用斜线分隔根部与端部的高度值,即 $b×h_1/h_2$。

如实例图 13-10 中:KL31 和 KL35 截面尺寸均为 250×600,L19 截面尺寸为 250×500。

c. 梁箍筋(必注值)

包括钢筋级别、直径、加密区与非加密区间距及肢数。箍筋加密区与非加密区的不同间距与肢数常用斜线"/"分隔；当梁箍筋为同一种间距及肢数时，则不需要用斜线；当加密区与非加密区的箍筋肢数相同时，则将肢数注写一次，箍筋肢数应写在括号内。

如实例图 13-10 中：KL31 和 KL35 箍筋均为 $\phi8@100/200(2)$，表示箍筋为 I 级钢筋，直径 $\phi8$，加密区间距为 100，非加密区间距为 200，均为两肢箍；L19 的箍筋仍为 $\phi8$ 两肢箍，沿全长等间距 200 布置，未区分加密区和非加密区。

d. 梁上部通长筋或架立筋配置(必注值)

所注规格与根数应根据结构受力要求及箍筋肢数等构造要求而定，当同排纵筋中既有通长筋又有架立筋时，应用加号"+"将通长筋和架立筋相连。注写时须将角部纵筋写在加号的前面，架立筋写在加号的括号内，以示不同直径及其与通长筋的区别。当全部采用架立筋时，则将其写入括号内。当梁的上部纵筋和下部纵筋为全跨相同，且多数跨配筋相同时，此项可加注下部纵筋的配筋值，用分号";"将上部与下部纵筋的配筋值分隔开来，少数跨不同者进行原位标注。

如实例图 13-10 中：KL31 上部通长筋为 2Φ18，下部通长筋为 4Φ16；KL35 上部通长筋为 2Φ20；L19 上部通长筋为 2Φ18。

e. 梁侧面纵向构造钢筋或受扭钢筋配置(必注值)

当梁腹板高度大于 450 mm 时，须配置纵向构造钢筋，所注写规格与根数应符合规定。此项注写值以大写字母 G 打头，接续注写设置在梁两个侧面的总配筋值，且对称配置。

当梁侧面配置受扭钢筋时，此项注写值以大写字母 N 打头，接续注写配置在梁两个侧面的总配筋值，且对称配置。受扭纵向钢筋应满足梁侧面纵向构造钢筋的间距要求，且不再重复配置纵向构造钢筋。

如实例图 13-10 中：KL31 和 KL35 均在侧面配置 2Φ12 的受扭钢筋，下部通长筋为 4Φ16；KL35 上部通长筋为 2Φ20；L18 侧面则未配置钢筋。

f. 梁顶面标高高差(选注值)

指相对于结构层楼面标高的高差值，有高差时将其写入括号内，无高差时不注。梁顶面标高高于所在结构层楼面标高时，其标高高差为正值，反之为负值。

如实例图 13-10 中：TL1(1 号楼梯梁)梁顶面在结构层楼面标高下 1.8 m 位置。

② 梁原位标注

梁原位标注内容规定如下：

a. 梁支座上部纵筋

该部位含通长筋在内的所有纵筋。当上部钢筋多于一排时，用斜线"/"将各排纵筋自上而下分开；当同排纵筋有两种直径时，用加号"+"将两种直径的纵筋相连，注写时将角部纵筋写在前面；当梁中间支座两边的上部纵筋不同时，须在支座两边分别标注；当梁中间支座两边的上部纵筋相同时，可只标注一边，另一边可省去不注。

如实例图 13-10 中：KL40 在②号轴线支座左边的上部纵筋为 8Φ22，分两排布置，其中上排五根，下排三根，该梁支座左边上部纵筋为 3Φ22。

b. 梁下部纵筋

当下部纵筋多于一排时，用斜线"/"将各排纵筋自上而下分开；当同排纵筋有两种直径时,用加号"＋"将两种直径的纵筋相连,注写时将角部纵筋写在前面。

当梁下部纵筋不全部伸入支座时,将梁支座下部纵筋减小的数量写在括号中。

如实例图 13-10 中:L19 下部纵筋为 4Φ22,一排布置。

c. 梁附加箍筋或吊筋及其他

将其直接画在平面图中的主梁上,用线引出其配筋值。当多数附加箍筋或吊筋相同时,可在梁平法施工图上统一注明;少数与统一注明值不同时,再原位引出。

如实例图 13-10 中:主次梁相交处均在主梁两边各配置三道附加箍筋,直接绘在了主梁上,附加箍筋配置情况在说明中进行了统一注明;KL31 在Ⓐ～Ⓑ跨的箍筋配置为 φ8@100/150(2)与集中标注的不同,在原位引出;KL40 在①～②跨的截面尺寸与箍筋配置均与集中标注不同,在原位引出;KL35 在Ⓑ～Ⓒ跨的截面尺寸、箍筋配置以及梁顶标高均与集中标注不同,在原位引出。

(2) 截面注写方式

截面注写方式,系在分标准层绘制的梁平面布置图上,分别在不同编号的梁中选择一根梁用剖面号引出配筋图,并在其上注写截面尺寸和配筋具体数值的方式来表达梁平法施工图。

对所有梁按平面注写方式进行编号,从相同编号的梁中选择一根梁,先将"单边截面号"画在该梁上,再将截面配筋详图画在本图或其他图上。当某梁的顶面标高与结构层的楼面标高不同时,尚应继其梁编号后注写梁顶面标高高差。

在截面配筋详图上注写截面尺寸、上部筋、下部筋、侧面构造筋或受扭筋、箍筋的具体数值时,其表达方式与平面注写方式相同。

截面注写方式既可以单独使用,也可以与平面注写方式结合使用。

13.2.5　读图实例

以前述某办公楼为例,本节给出该办公楼框架柱平法施工图(图 13-8、图 13-9)和三层梁平法施工图(图 13-10),并结合图 13-7(结构平面图及板配筋图)示例说明钢筋混凝土结构图的图示方式和内容。

13.3　基础图

基础是位于承重墙或柱下面的地下承重结构部分,它承受房屋的全部荷载,并将荷载传递给下面的地基。

根据上部承重结构形式的不同及地基承载力的强弱,房屋的基础形式通常有以下几种:柱下独立基础、墙(或柱)下条形基础、柱下十字交叉基础、筏形基础及箱型基础等。根据基础所采用的材料不同,基础又可分为砖石基础、混凝土基础及钢筋混凝土基础等。

基础图就是要表达建筑物室内地面以下基础部分的平面布置和详细构造的图样,它是施工放线、开挖基坑及施工基础的依据。基础图通常包括基础平面图和基础详图。基础平面图主要表达基础的平面布置,一般只画出基础墙、构造柱、承重柱的断面以下基础底面的轮廓线。至于基础的细部投影(如基础及基础梁的基本形状、材料和构造等)将反映在基础详图中。在第 13.3.3 读图实例中仍然以某办公楼为例,该办公楼采用柱下独立基础形式,图 13-11 为该办公楼基础平面布置及基础梁平法施工图,图 13-12 为基础详图。

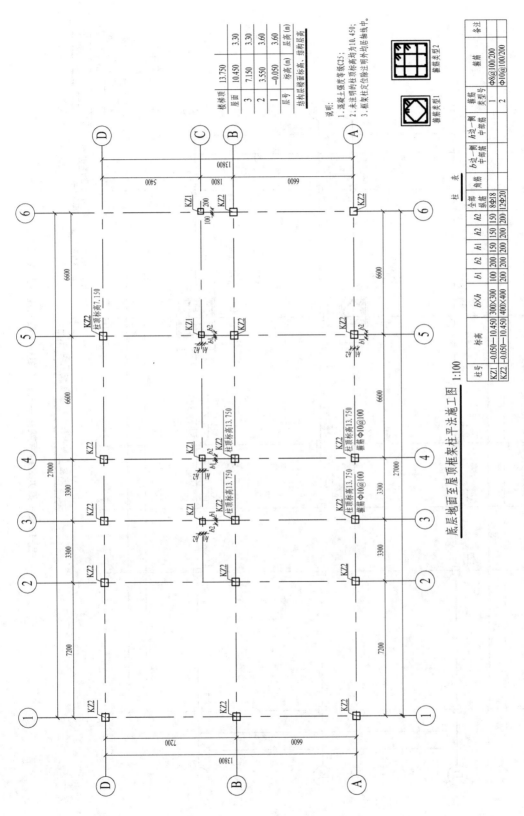

结构层楼面标高、结构层高

屋面	13.750	
层号	标高(m)	层高(m)
屋面	13.750	
3	10.450	3.30
	7.150	3.30
2	3.550	3.60
1	−0.050	3.60
层号	标高(m)	层高(m)

结构层楼面标高、结构层高

说明:
1. 混凝土强度等级C25;
2. 未注明的柱顶标高均为10.450;
3. 框架柱定位除注明外均以层轴线为中。

箍筋类型1

箍筋类型2

			箍筋	
			类型号	箍筋	备注
			1	Φ8@100/200	
			2	Φ10@100/200	

柱 表

柱号	标高	b×h	b1	b2	h1	h2	全部纵筋	角筋	b边一侧中部筋	h边一侧中部筋	箍筋类型号	箍筋	备注
KZ1	−0.050~10.450	300×300	100	200	150	150	8Φ18						
KZ2	−0.050~10.450	400×400	200	200	200	200	12Φ20						

底层地面至屋顶框架柱平法施工图 1:100

图 13-8 某办公楼框架柱平法施工图

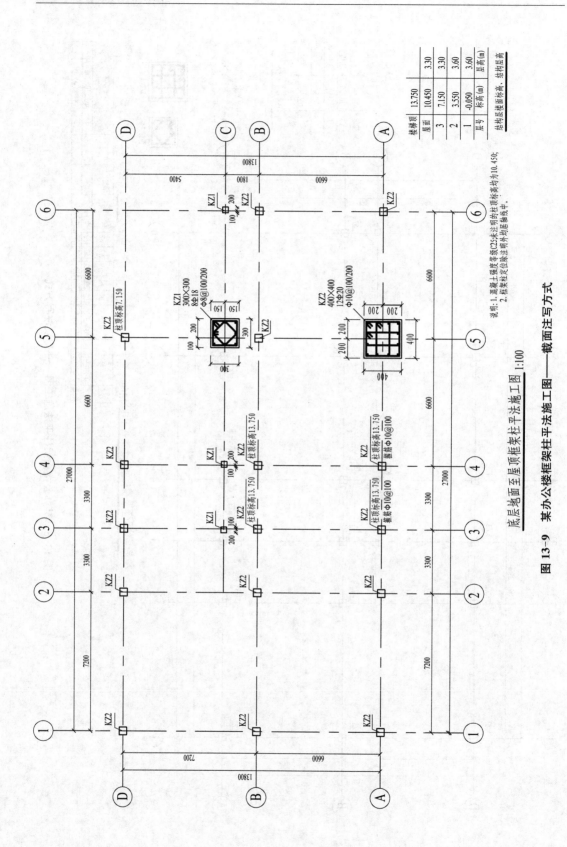

图 13-9 某办公楼框架柱平法施工图——截面注写方式

底层地面至屋顶层框架柱平法施工图 1:100

说明:1. 混凝土强度等级C25未注明的均为10.450;
2. 框架柱定位除注明外均居插轴线中。

层号	标高(m)	层高(m)	结构层高
楼梯顶	13.750		
屋面	10.450	3.30	3.30
3	7.150	3.30	3.30
2	3.550	3.60	3.60
1	-0.050	3.60	3.60
层号	标高(m)	层高(m)	结构层高

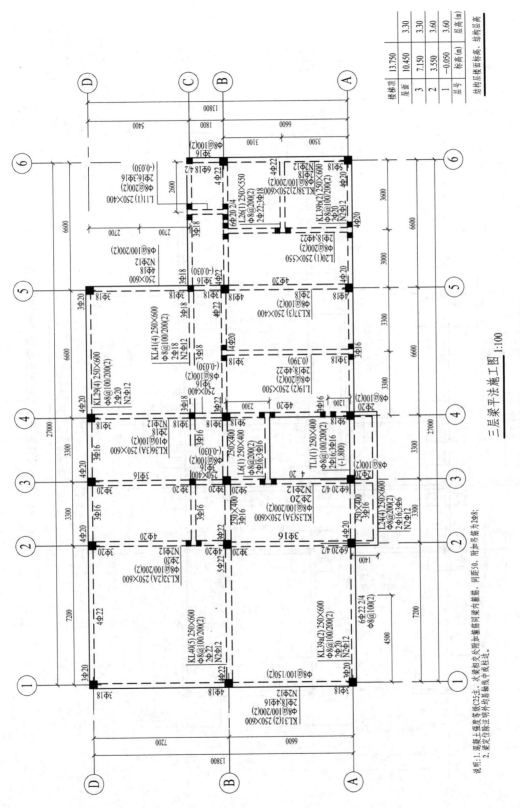

三层梁平法施工图 1:100

图 13-10 某办公楼三层梁平法施工图

楼板顶	13.750		
屋面	10.450	3	3.30
3	7.150	3	3.30
2	3.550	2	3.60
1	-0.050	1	3.60
层号	标高 (m)		层高 (m)

结构层楼面标高、结构层高

说明：1. 混凝土强度等级 C25注：次梁相交处附加箍筋同梁内箍筋（间距50，附加吊筋为2Φ8；
2. 柱定位除注明外均为轴线居中或居柱边。

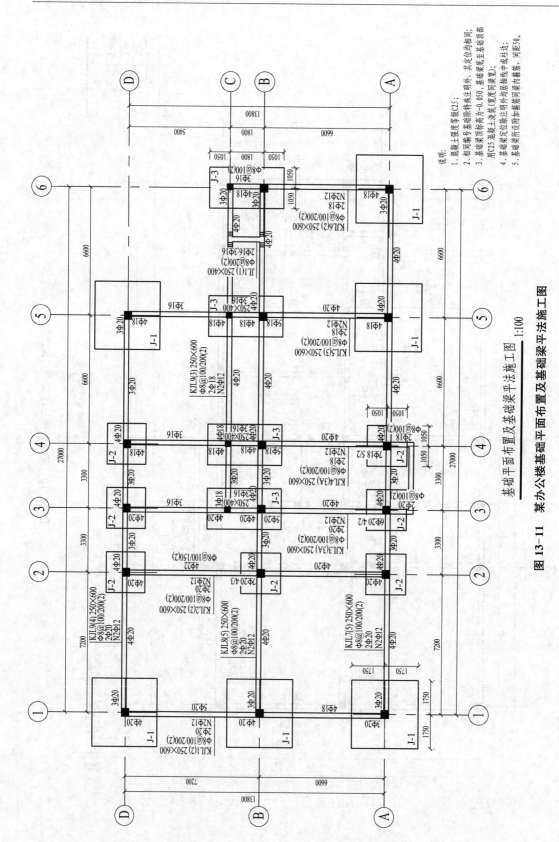

基础平面布置及基础梁平法施工图 1:100

图 13-11 某办公楼基础平面布置及基础梁平法施工图

13.3.1　基础平面图

基础平面(布置)图表示基槽未回填土时基础平面布置的图样,即沿房屋的底层地面以下用一假想水平剖切平面将房屋剖开,移去剖切平面以上的部分所作的水平正投影图样。

1) 图名、比例、纵横向定位轴线及编号

图名一般为"基础平面(布置)图"。比例通常与建筑平面图相同。定位轴线及其编号必须与建筑平面图相一致。

2) 基础的平面布置

包括基础墙、构造柱、承重柱、基础梁、地基圈梁以及基础底面的形状等。

在基础平面图中,轴线两侧用粗实线画出被剖切到的基础墙轮廓线。材料图例的表示方法与建筑平面图相同。对于剖切到的钢筋混凝土构造柱、雨篷承重柱也用粗实线绘制,一般涂黑表示。基础底面的外形是可见轮廓线,画成中实线。

按抗震设防要求,为防止地基产生不均匀沉降,在基础中应设置基础圈梁 JQL。在房屋底层平面中开有较大的门洞处,为了使条形基础能够足以承受地基的反力,常在条形基础中设置基础梁 JL。基础圈梁及基础梁的投影与墙身的投影重合,因此均用粗点划线表示其中心线的位置。基础梁施工图绘制与一般梁相似,读图实例中为节约篇幅,将基础梁平法施工图与基础平面布置图绘于一起,见图 13-11 所示。

3) 断面图的剖切线及其编号或注写基础代号

为了便于绘制基础详图,基础平面图中一般在剖切位置旁注写基础编号。结构平面图中的剖面图,断面详图的编号顺序宜按下列规定编排:外墙按顺时针方向从左下角开始编号;内横墙从左至右、从上至下编号;内纵墙从上至下、从左至右编号。图 13-11 中分别将不同类型基础进行编号,共有三类独基。

4) 尺寸

基础平面图上主要标注的尺寸:基础的定位尺寸、基础的大小尺寸及细部尺寸等。基础的定位尺寸主要指轴线间尺寸、轴线到基坑边尺寸及轴线到基础墙边尺寸。基础的大小尺寸主要包括:基础墙宽度、柱外形尺寸、基础底面尺寸(这些尺寸可直接标注在基础平面图上,也可以用文字加以说明和用基础代号等形式标注)等。

5) 其他

当基础底面标高有变化时,应在基础平面图对应部位的附近画出一段基础垫层的垂直剖面图来表示基础标高的变化,并标注相应基底的标高。

对于基础底面标高、条形基础和基础梁等的材料要求可以用文字作统一的说明。

13.3.2　基础详图

基础平面图仅表明了基础的平面布置,但基础各部分的形状、材料、大小尺寸及细部构造等都未在基础平面图上表达出来,这就需要另画基础详图来表达。基础详图是用来详尽表示基础的截面形状、尺寸、材料和做法的图样。根据基础平面布置图的不同编号,分别绘制各基础详图。由于各条形基础、各独立基础的断面形式及配筋形式是类似的,因此一般只需画出一个通用的断面图,再附上一个表加以辅助说明即可。

条形基础详图通常采用垂直断面图表示。独立基础详图通常用垂直断面图和平面图表示。平面图主要表示基础的平面形状,垂直断面图表示了基础断面形式及基础底板内的配筋。在平面图中,为了更明显地表示基础底板内双向网状配筋情况,可在平面图中一角用局部剖面表示,见图 13-12 所示。

13.3.3　读图实例

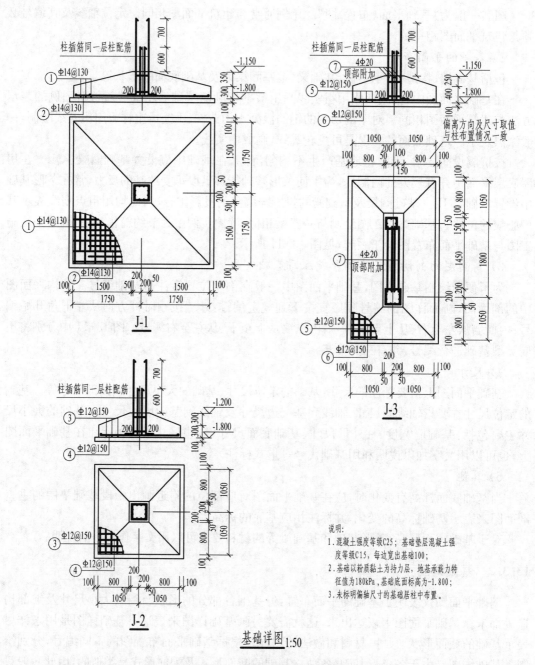

基础详图 1:50

图 13-12　某办公楼基础详图

13.4 钢结构图

钢结构由于具有强度高、自重小、安全可靠、便于安装制作等优点,其使用范围越来越广,主要用于大跨度桥梁及屋架、工业厂房及高层建筑等。

钢结构是由各种型钢和钢板经一定的连接方式(如焊接、螺栓连接及铆钉连接等)连接而成的承重结构。因此,钢结构图主要应表达钢构件的种类、形状、尺寸及连接方式等有关内容。同钢筋混凝土结构图一样,钢结构图上表达的内容不仅包括图形,还要标记国标规定的各种符号、代号及图例等。

钢结构设计制图分为钢结构设计图和钢结构施工详图两个阶段。钢结构设计图应由具有设计资质的设计单位完成,设计图的内容和深度应满足编制钢结构施工详图的要求;钢结构施工详图(即加工制作图)一般应由具有钢结构专项设计资质的加工制作单位完成,也可由具有该项资质的其他单位完成。若设计合同未指明要求设计钢结构施工详图,则钢结构设计内容仅为钢结构设计图。

钢结构设计图的内容包括:

(1) 设计说明,包括设计依据,荷载资料,项目类别,工程概况,所用钢材牌号和质量等级(必要时提出物理、力学性能和化学成分要求)及连接件的型号、规格,焊缝质量等级,防腐及防火措施。

(2) 基础平面及详图应表达钢柱与下部混凝土构件的连接构造详图。

(3) 结构平面(包括各层楼面、屋面)布置图应注明定位关系、标高、构件(可用单线绘制)的位置及编号、节点详图索引号等;必要时应绘制檩条、墙梁布置图和关键剖面图;空间网架应绘制上、下弦杆和关键剖面图。

(4) 构件与节点详图

① 简单的钢梁、柱可用统一详图和列表法表示,注明构件钢材牌号、尺寸、规格,加劲肋做法,连接节点详图,施工、安装要求。

② 格构式梁、柱、支撑应绘出平、剖面(必要时加立面)与定位尺寸、总尺寸、分尺寸,并注明单构件型号、规格、安装节点和其他构件连接详图。

钢结构施工详图是根据钢结构设计图编制的组成结构构件的每个零件的放大图,标注细部尺寸、材质要求、加工精度、工艺流程要求、焊缝质量等级等,宜对零件进行编号,并考虑运输和安装能力确定构件的分段和拼装节点。

本节主要介绍《建筑结构制图标准》(GB/T 50105—2001)中钢结构图的有关规定:常用型钢的标注方法,常用连接的表示方法等,最后介绍钢屋架结构详图。

13.4.1 型钢及其连接

1) 型钢

钢结构中用的型钢,是由轧钢厂按国家标准规格和截面形状轧制而成的。根据我国标准及冶金行业标准,我国钢结构中常用型钢及其标注方法应符合表 13-9 的规定。

对于截面高度相同的工字钢和槽钢,可能有几种不同的腹板厚度和翼缘厚度,需在型号后面加 a、b、c 加以区别。一般按 a、b、c 的顺序,腹板厚度和翼缘厚度依次递增 2 mm。

表 13-9　常用型钢的标注方法

序　号	名　称	截　面	标　注	说　明
1	等边角钢		∟ $b \times t$	b 为肢宽 t 为肢厚
2	不等边角钢		$B \times b \times t$	B 为长肢宽 b 为短肢宽 t 为肢厚
3	工字钢		N　Q N	轻型工字钢加 Q 字;N 为工字钢型号
4	槽钢		N　Q N	轻型槽钢加 Q 字;N 为槽钢型号
5	方钢		□b	
6	扁钢		— $b \times t$	
7	钢板		$\dfrac{-b \times t}{l}$	宽×厚 板长
8	圆钢		$\varnothing d$	
9	钢管		DN × × $d \times t$	内径 外径×壁厚
10	薄壁方钢管		B□$b \times t$	
11	薄壁等肢角钢		B∟ $b \times t$	
12	薄壁等肢卷边角钢		B⌐ $b \times a \times t$	薄壁型钢加注 B 字; t 为壁厚
13	薄壁槽钢		B⌐ $h \times b \times a \times t$	
14	薄壁卷边槽钢		B⌐ $h \times b \times a \times t$	
15	薄壁卷边 Z 型钢		B⌐ $h \times b \times a \times t$	
16	T 型钢		TW × × TM × × TN × ×	TW 为宽翼缘 T 型钢;TM 为中翼缘 T 型钢;TN 为窄翼缘 T 型钢
17	H 型钢		HW × × HM × × HN × ×	HW 为宽翼缘 H 型钢;HM 为中翼缘 H 型钢;HN 为窄翼缘 H 型钢
18	起重机钢轨		⊥ QU × ×	详细说明产品规格、型号
19	轻轨及钢轨		⊥ × × kg/m 钢轨	

H 型钢是一种经工字钢发展而来的经济断面型材,与普通工字钢相比,它的翼缘内外表面平行,内表面无斜度,翼缘端部为直角,与其他构件连接方便。一般分为宽翼缘 H 型钢(HW)、中翼缘 H 型钢(HM)、窄翼缘 H 型钢(HN)。

T 型钢是由 H 型钢剖分而成的,其代号与 H 型钢相应,采用 TW、TM 及 TN 表示。

冷弯薄壁型钢一般由厚度为 $1.5\sim6$ mm 的钢板经冷弯而成,有各种截面形式。冷弯薄壁型钢的特点是:与相同面积的其他型钢相比,截面几何形状开展,截面惯性矩大,是一种高效经济的截面。但由于壁较薄,对锈蚀较敏感。

2) 钢结构连接表示方法

钢结构的连接通常采用螺栓连接和焊接连接。螺栓连接主要用于钢结构的安装和拼接部分的连接以及可拆装的结构中,它的优点是拆装和操作简便。焊接是目前钢结构中主要的连接方法,它的优点是不削弱杆件截面,构造简单和施工方便。以下分别对这两类连接的表示方法进行介绍。

(1) 螺栓连接的表示方法

螺栓连接可分为普通螺栓连接和高强螺栓连接。普通螺栓连接通常采用 Q235 钢板制作,安装时用普通扳手拧紧;高强螺栓则用高强度钢板经热处理制成,安装时用能控制螺栓杆的扭矩或拉力的特制扳手拧紧到规定的预拉力值,把被连接件高度加紧。普通螺栓分为 A、B、C 三级,其中 A 级和 B 级为精制螺栓,螺栓孔径 d_0 比螺栓杆直径 d 只大 $0.3\sim0.5$ mm。C 级螺栓为粗制螺栓,螺栓孔径 d_0 比螺栓杆直径 d 大 $1.5\sim3$ mm。高强螺栓按传力方式可分为摩擦型和承压型两种,摩擦型连接螺栓孔径 d_0 比螺栓杆直径 d 大 $1.5\sim2.0$ mm,而承压型连接螺栓孔径 d_0 比螺栓杆直径 d 大 $1.0\sim1.5$ mm。

螺栓连接件由螺杆、螺母和垫圈组成。由于制图比例的影响,螺栓连接和螺栓孔可用简化的图例表示,如表 13-10 中的规定。

表 13-10 螺栓、孔、电焊铆钉的表示方法

序 号	名 称	图 例	说 明
1	永久螺栓		
2	高强螺栓		1. 细"+"线表示定位线 2. M 表示螺栓型号 3. φ 表示螺栓孔直径 4. d 表示膨胀螺栓、电焊铆钉直径 5. 采用引出线标注螺栓时,横线上标注螺栓规格,横线下标注螺栓孔直径
3	安装螺栓		
4	胀锚螺栓		

续表 13-10

序　号	名　称	图　例	说　明
5	圆形螺栓孔		
6	长圆形螺栓孔		同上
7	电焊铆钉		

（2）焊缝连接的表示方法

由于各种型钢及钢板组合连接方式的不同,因此产生了不同的焊缝形式。焊缝连接按所连接构件的相对位置可分为对接、搭接和 T 形连接,采用的焊缝的形式有对接焊缝和角焊缝两大类。

在钢结构图中,必须将焊缝接头形式、焊缝形式、位置和尺寸标注清楚,同时还要注明施焊方法等。这些内容一般应采用标注焊缝符号的方式表示。

① 焊缝符号

根据国标《焊缝符号表示法》(GB/T 324—2008),焊缝符号一般由基本符号和引出线组成,必要时还可加上辅助符号、补充符号和焊缝尺寸等。

指引线一般由箭头和基准线组成(如图 13-13)。基准线上、下面用来标记焊缝的有关符号。箭头用以将整个符号指示到焊缝处,必要时允许转折一次。

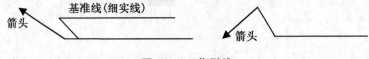

图 13-13 指引线

基本符号是表示焊缝横截面形状的符号,它是采用近似于焊缝横截面实际形状的符号表示,如"V"表示 V 形坡口对接焊缝,"⊿"表示角焊缝等。焊缝基本符号及标注示例见表 13-11。

辅助符号表示焊缝表面形状特征,随基本符号标注在相应的位置上。如"$\overline{V}$"表示在 V 形焊缝表面的余高部分应加工,使之与焊件表面齐平。若不需要确切地说明焊缝表面形状时,可以不使用辅助符号。常用焊缝辅助符号及标注示例见表 13-12。

表 13-11　常用焊缝基本符号及标注示例

焊缝名称	焊缝形式	基本符号	示　例
I 形焊缝	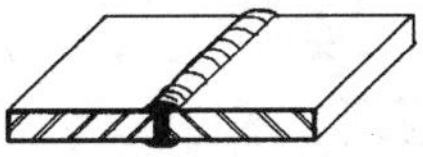	‖	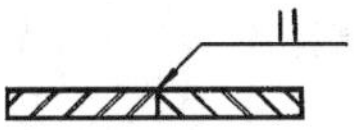
单边 V 形焊缝		V	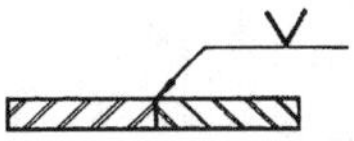
双边 V 形焊缝	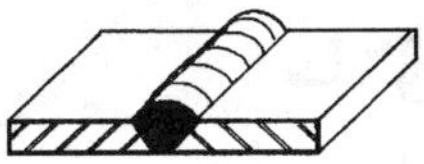	V	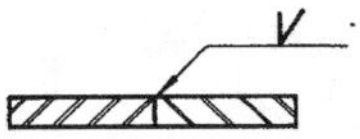
角焊缝	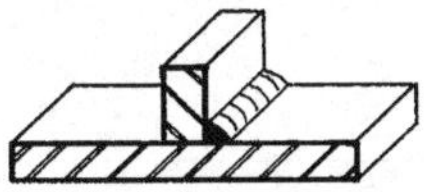	◸	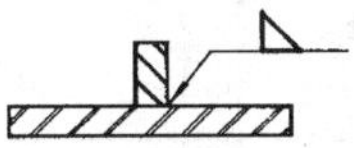

表 13-12　常用焊缝辅助符号及标注示例

辅助符号	标注示例	说　明
平面符号—	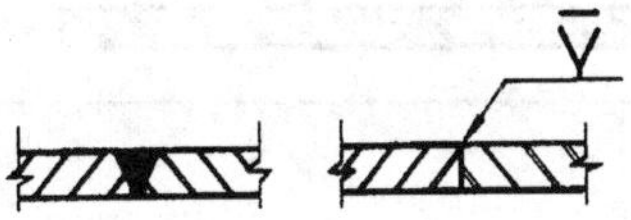	表示双边 V 形对接焊缝表面磨平
凹面符号⌣	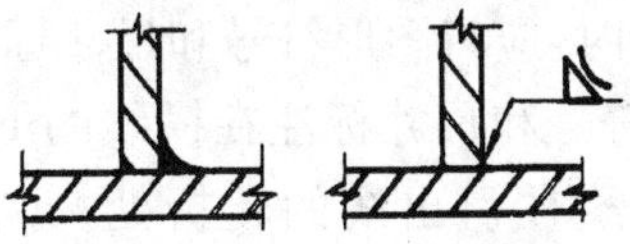	表示 T 形连接角焊缝表面凹陷
凸面符号⌢	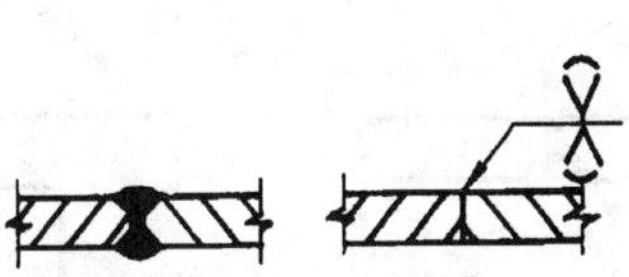	表示双 V 形对接焊缝表面凸起

补充符号是为了补充说明焊缝的某些特征而设置的符号,如果需要,可随基本符号标注在相应位置处。如"○"表示周边围焊。常用焊缝补充符号及标注示例见表 13-13。

表 13-13　常用焊缝补充符号及标注示例

辅助符号	标注示例及说明	
带垫板符号　—		表示双边 V 形对接焊缝底部带垫板
三面焊缝符号　⊏		表示角焊缝沿焊件三面施焊
周围焊缝符号　○ 现场施焊符号　▶		表示角焊缝沿焊件周围现场施焊； 现场焊缝符号为涂黑的三角形旗号，绘在引出线的转折处
相同焊缝符号 ⌒90°	在同一图形上，当焊缝形式、断面尺寸和辅助要求均相同时，可只选择一处标注焊缝的符号和尺寸，并加注"相同焊缝符号"。相同焊缝符号为 3/4 圆弧，绘在引出线的转折处。在同一图形上，当有数种相同的焊缝时，可将焊缝分类编号标注。在同一类焊缝中可选择一处标注焊缝符号和尺寸。分类编号采用大写的拉丁字母 A、B 等 5▷250　4	

② 焊缝标注有关规范规定

《建筑结构制图标准》(GB/T 50105—2010)对焊缝的表示方法规定如下：

a. 单面焊缝的标注。

当箭头指向单面焊缝所在的正面一侧时，应将图形符号和尺寸标注在横线上方；当箭头指向单面焊缝所在背面一侧时，应将图形符号和尺寸标注在横线的下方。表示环绕工作件周围的焊缝时，其围焊焊缝符号为圆圈，绘在引出线的转折处，并标注焊脚尺寸 K。如图 13-14 所示。

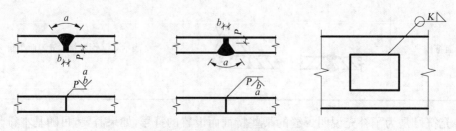

图 13-14　单面焊缝的标注方法

b. 双面焊缝的标注。

对双面焊缝,应在横线的上、下方都标注符号和尺寸。上方表示箭头一侧的符号和尺寸,下方表示另一面的符号和尺寸;当两面焊缝的尺寸相同时,只需在横线上方标注焊缝的符号和尺寸,如图 13-15 所示。

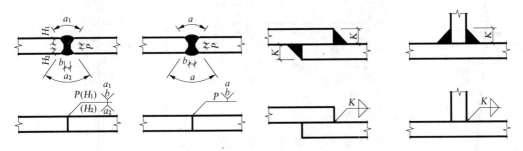

图 13-15　双面焊缝的标注方法

c. 三个和三个以上的焊件相互焊接的焊缝,不得作为双面焊缝标注,其焊缝符号和尺寸应分别标注,如图 13-16 所示。

d. 相互焊接的两个焊件中,当只有一个焊件带坡口时(如单面 V 形焊缝),引出线箭头必须指向带坡口的焊件(如图 13-17 所示);当为单面带双边不对称坡口焊缝时,引出线箭头必须指向较大坡口的焊件(如图 13-18 所示)。

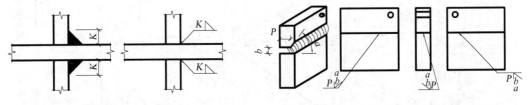

图 13-16　三个以上焊件的焊缝标注方法　　　**图 13-17　一个焊件带剖口的焊缝标注方法**

e. 熔透角焊缝的符号为涂黑的圆圈,绘在引出线的转折处,如图 13-19 所示。

f. 局部角焊缝的标注,如图 13-20 所示。

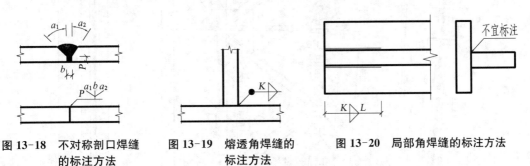

图 13-18　不对称剖口焊缝　　**图 13-19　熔透角焊缝的**　　**图 13-20　局部角焊缝的标注方法**
**　　　　　的标注方法**　　　　　**标注方法**

13.4.2　钢屋架结构详图

图 13-21 所示为某钢结构屋架。

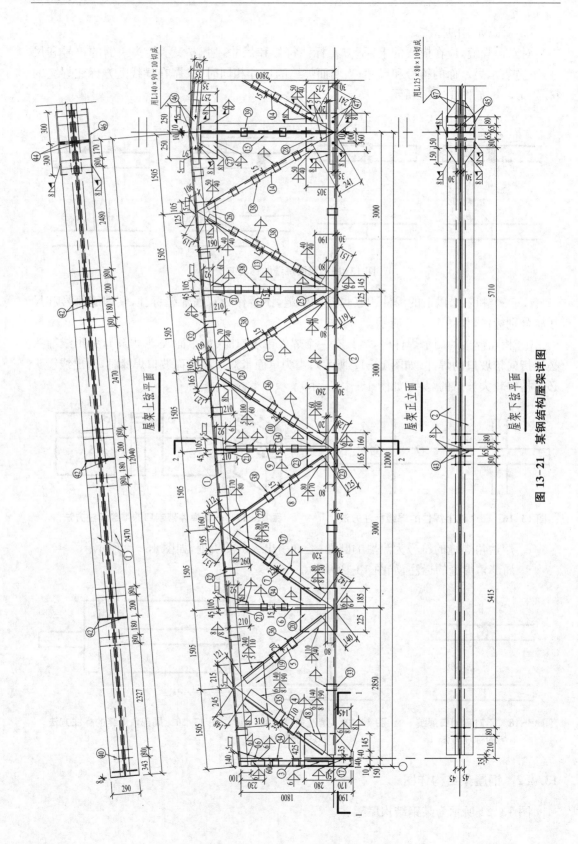

图 13-21 某钢结构屋架详图

屋架上弦平面

屋架正立面

屋架下弦平面

14 给排水施工图

给水排水工程是现代化城市及工矿建设中必要的市政基础工程,由给水工程和排水工程两部分组成。

14.1 给排水施工图的一般概念

给水工程是为居民生活或工业生产提供合格用水的工程,排水工程则是将居民生活或工业生产中产生的污、废水收集和排放出去的工程。它可以分为室内外给水工程和室内外排水工程。

14.1.1 简介

1) 室外给水工程

室外给水工程是指向民用和工业生产部门提供用水而建造的工程设施,一般包括水源取水、水质净化、泵站加压及净水输送。

2) 室内给水工程

室内给水工程是从室外给水管网引水,供室内各种用水设施用水的工程,按用途可分为如下四类:生活给水系统、生产给水系统、消防给水系统和联合给水系统。

3) 室内排水工程

室内排水工程是将建筑物内部的污、废水排入室外管网的工程,按所排水性质的不同分为生活污水管道、工业废水管道及雨水管道。

生活污水不得与室内雨水合流,冷却系统排水可以排入室内雨水系统。生活污水有时又分为生活污水管道(粪便水)和生活废水管道(洗涤池、淋浴等用水)。

室内排水工程一般包括污水收集、污水排除。污水收集是指利用卫生器具收集污、废水。污水排除是指将卫生器具收集的污、废水经过存水弯和排水短管流入横支管及干管。

4) 室外排水工程

室外排水工程是指把室内排出的生活污水、生产废水及雨水按一定系统组织起来,经过污水处理,达到排放标准后,再排入天然水体。室外排水系统包括窨井、排水管网、污水泵站及污水处理和污水排放口等,流程为:窨井→排水管网→污水泵站→污水处理→污水排放口。

室外排水系统有分流制和合流制两种。分流制指将各种污水分门别类分别排出,它的优点在于有利于污水的处理和利用,管道可以分期建设,管道的水力条件较好;缺点是投资较大。合流制指将各种污水统一汇总排放到一套管网中,它的优点在于节约投资;缺点是当雨季排水量大时,可能出现排放不及时的现象。

14.1.2 常用管道、配件知识

1) 常用材料及配件

(1) 管道。给排水工程常用管材种类很多,根据不同的分类方法,主要有以下几类:

① 按制造材质分为金属管和非金属管。金属管包括钢管、铸铁管、铜管和铅管等;非金属管包括混凝土管、钢筋混凝土管、石棉水泥管、陶土管、橡胶管和塑料管等。

② 按制造方法分为有缝管和无缝管。有缝管又称为焊接钢管,有镀锌钢管(白铁管)和非镀锌钢管(黑铁管)两种;无缝钢管通常用在需要承受较大压力的管道上,在给排水管道中很少使用。

③ 按管内介质有无压力分为有压力管道和无压力管道(或称重力管道)。一般来说,给水管道为压力管道,排水管道为无压力管道。

(2) 连接配件。管道是由管件装配连接而成。常用的管件有弯头、三通、四通、大小头、存水弯及检查口等,它们分别起连接、改向、分支、变径和封堵等作用。

(3) 控制配件。为了控制和调节各种管道及设备内气体、液体的介质流动,需要在管道上设置各种阀门。常用的阀门有截止阀、闸阀、止回阀、旋塞阀、安全阀、减压阀和浮球阀等。

① 截止阀:一般用于气、水管道上,其主要作用是关断管道某一个部分。

② 闸阀:一般装于管道上作启闭管路及设备中介质作用,其特点是介质通过时阻力很小。

③ 止回阀:只允许介质流向一个方向,当介质反向流动时,阀门自动关闭。

④ 旋塞阀:装于管道上,用来控制管路启闭的一种开关设备。

⑤ 安全阀:当压力超过规定标准时,从安全门中自动排出多余的介质。

⑥ 减压阀:用于将蒸汽压力降低,并能将此压力保证在一定的范围内不变。

⑦ 浮球阀:是水箱、水池、水塔等储水装置中进水部分的自动开关设备。当水箱中的水位低于规定位置时,即自动打开,让水进入水箱;当水位达到规定位置时,即自动关闭,停止进水。

(4) 量测配件。常用的量测配件有压力表、文氏表及水表等。

① 压力表:用于量测管道内的压力值。

② 文氏表:安装在水平管道上用来测定流量。

③ 水表:用于量测用水量。

2) 管道与配件的公称直径

为了使管道与配件能够互相连接,其连接处的口径应保持一致,口径大小现在常用公称直径 DN 表示。所谓公称直径,也就是管道与配件的通用口径。管道的公称直径与管内径接近,但它不一定等于管道或配件的实际内径,也不一定等于管道或配件的外径,而只是一种公认的称呼直径,又称为名义直径。

一般阀门和铸铁管的公称直径等于管道的内径,但钢管的公称直径与它的内、外径均不相等。

3) 管道及配件的压力

管道及配件的压力分为公称压力、试验压力和工作压力。

(1) 公称压力。公称压力用 P_g 表示,并注明压力数值。例如 $P_g1.8$ 代表公称压力为

1.8 MPa 的管道。管道公称压力等级的划分是按《建筑给水排水与采暖工程施工质量验收规范》(GB 50242—2002)确定的。

① 低压管道：P_g1.6 以内为低压管道。

② 中压管道：P_g1.6～10.0 MPa 为中压管道。

③ 高压管道：P_g10.0 MPa 以上为高压管道。

（2）试验压力。试验压力是对管道进行水压或严密性试验而规定的压力，用 P_s 表示。例如 P_s2.0 代表试验压力为 2.0 MPa。

（3）工作压力。工作压力是表示管道质量的一种参数，用 P 表示，并在 P 的右下方注明介质最高温度的数值，其数值是以介质最高温度除以 10 表示。例如 P_{25} 代表介质最高温度为 250℃。

14.1.3 给排水制图的一般规定

1）图线

图线的宽度 b，应根据图纸的类别、比例和复杂程度，按《房屋建筑制图统一标准》(GB/T 50001—2010)中的规定选用。线宽 b 宜为 0.7 mm 或 1.0 mm。

给排水制图采用的各种图线宜符合表 14-1 的规定。

表 14-1 给排水施工图中图线的选用

名　称	线　型	线　宽	用　途
粗实线		b	新设计的各种排水和其他重力流管线
粗虚线		b	新设计的各种排水和其他重力流管线的不可见轮廓线
中粗实线		0.75b	新设计的各种给水和其他压力流管线；原有的各种排水和其他重力流管线
中粗虚线		0.75b	新设计的各种给水和其他压力流管线及原有的各种排水和其他重力流管线的不可见轮廓线
中实线		0.5b	给水排水设备、零(附)件的可见轮廓线；总图中新建的建筑物和构筑物的可见轮廓线；原有的各种给水和其他压力流管线
中虚线		0.5b	给水排水设备、零(附)件的不可见轮廓线；总图中新建的建筑物和构筑物的不可见轮廓线；原有的各种给水和其他压力流管线的不可见轮廓线
细实线		0.25b	建筑的可见轮廓线；总图中原有的建筑物和构筑物的可见轮廓线；制图中的各种标注线
细虚线		0.25b	建筑的不可见轮廓线；总图中原有的建筑物和构筑物的不可见轮廓线
单点长划线		0.25b	中心线、定位轴线
折断线		0.25b	断开界线
波浪线		0.25b	平面图中水面线；局部构造层次范围线；保温范围示意线等

2）比例

给排水制图的比例宜按表 14-2 的规定选用。

表 14-2　给排水制图中常用比例的选用

名　　称	比　　例	备　　注
区域规划图 区域位置图	1：50000、1：25000、1：10000、 1：5000、1：2000	宜与总图专业一致
总平面图	1：1000、1：500、1：300	宜与总图专业一致
管道纵断面图	纵向1：200、1：100、1：50 横向1：1000、1：500、1：300	
水处理厂(站)平面图	1：500、1：200、1：100	
水处理构筑物、设备间、卫生间、泵房平、剖面图	1：100、1：50、1：40、1：30	
水处理厂(站)平面图	1：500、1：200、1：100	宜与建筑专业一致
水处理厂(站)平面图	1：500、1：200、1：100	宜与相应图纸一致
详图	1：50、1：30、1：20、1：10、1：5、 1：2、1：1、2：1	

3）标高标注

（1）标高标注的一般规定

标高符号及一般标注方法应符合《房屋建筑制图统一标准》(GB/T 50001—2010)中的有关规定。室内管道的标高为了与建筑图一致以便对照阅读，采用相对标高进行标注；室外管道为了与总图对应以便定位，宜标注绝对标高，当总图无绝对标高资料时，可标注相对标高，总之应与总图标注保持一致。压力管道应标注管中心标高；沟渠和重力流管道宜标注沟（管）内底标高。

（2）标高标注的部位

① 沟渠和重力流管道的起讫点、转角点、连接点、变坡点、变尺寸(管径)点及交叉点。

② 压力流管道中的标高控制点。

③ 管道穿外墙、剪力墙和构筑物的壁及底板等处。

④ 不同水位线处。

⑤ 为了与土建其他图纸配套，还应标注构筑物和土建部分的相关标高。

（3）标高的标注方法

在不同的施工图上标高的标注方法各不相同，见图 14-1～图 14-3。这三张图分别表示了在平面图、剖面图和轴测图中标高的标注规定。

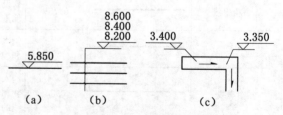

图 14-1　平面图中管道及沟渠标高标注法

高的标注规定。图14-1(a)、(b)表示了在平面图中管道标高的标注方式。图 14-1(c)表示了在平面图中沟渠标高的标注方式。图 14-2 表示了在剖面图中管道及水位标高的标注方式。图 14-3 则表示了在轴测图中管道标高的标注方式。

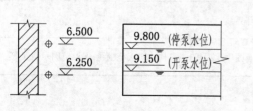

图 14-2　剖面图中管道及水位标高标注法

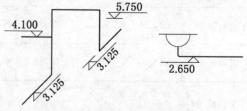

图 14-3　轴测图中管道标高标注法

在建筑工程中，管道也可标注相对本层建筑地面的标高，标注方法为 $h+\times,\times\times\times$。$h$ 表示本层建筑地面标高（如 $h+0.250$）。

（4）管径的标注

管径的尺寸标注应以毫米（mm）为单位，管径的表达方式应符合下列规定：

① 水煤气输送钢管（镀锌或非镀锌管）、铸铁管等管材，管径宜以公称直径 DN 表示（如 DN15）。

② 无缝钢管、焊接（直缝或螺旋缝）钢管和不锈钢管等管材，管径宜以外径 D×壁厚表示（如 D108×4）。

③ 钢筋混凝土（或混凝土）管、陶土管、耐酸陶瓷管和缸瓦管等管材，管径宜以内径 d 表示（如 d230）。

④ 塑料管材，管径宜按产品标准的方法表示。

⑤ 当设计均用公称直径 DN 表示管径时，应有公称直径 DN 与相应产品规格对照表。

管径的标注方法见图 14-4，其中图（a）表示的是单根管道的管径表达方式，图（b）表示的是多根管道的管径表达方式。

（5）编号方法

当建筑物的给水引入管或排水排出管的数量超过一根时，宜进行编号，编号宜按图 14-5（a）的方法表示；建筑物内穿越楼层的立管，其数量超过 1 根时也宜进行编号，编号宜按图 14-5（b）的方法表示。图 14-5（b）的左图为平面图中立管的表达，右图则是系统图中立管的表达。

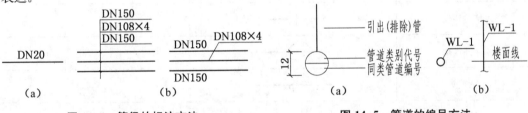

图 14-4　管径的标注方法　　　　　　　　**图 14-5　管道的编号方法**

在图形中，当给排水附属构筑物的数量超过 1 个时，宜进行编号。编号的方法为：构筑物代号-编号。如 HFC-1，代表的是 1 号化粪池。构筑物的代号一般采用汉语拼音的首字母来表示。编号一般按照介质流动的顺序来编。给水构筑物的编号顺序宜为：从水源到干管，再从干管到支管，最后到用户；排水构筑物的编号顺序宜为：从上游到下游，先干管后支管。

（6）给排水图例

与建筑、结构施工图一样，给排水施工图也常常采用图例来表达特定的物体，要想看懂给排水施工图，首先要熟悉有关的图例，表 14-3 列出了给排水施工图中常用的一些图例。

表 14-3　管道图例

名　　称	图　　例	备　　注
生活给水管	——— J ———	
废水管	——— F ———	可与中水源水管合用
污水管	——— W ———	

续表 14-3

名　称	图　例	备　注
雨水管	—— Y ——	
管道立管	XL-1　　XL-1　平面　系统	X:管道类别 L:立管　1:编号
管道交叉		在下方和后面的管道应断开
三通连接		
四通连接		
存水弯		
立管检查口		
通气帽	↑成品　铅丝球	
圆形地漏		通用,如为无水封,地漏应加存水弯
自动冲洗水箱		
法兰连接		
承插连接		
活接头		
管　堵		
法兰堵盖		
闸　阀		
截止阀	DN≥50　　DN<50	
浮球阀	平面　系统	
放水龙头		左侧为平面,右侧为系统
立式洗脸盆		
浴　盆		

续表 14-3

名　　称	图　　例	备　　注
盥洗槽		不锈钢制品
污水池		
坐式大便器		
小便槽		
淋浴喷头		
矩形化粪池	HC	HC 为化粪池代号
阀门井 检查井		
水表		

14.1.4　给排水制图的图样画法

1) 图纸规定

(1) 设计应以图样表示,不得以文字代替绘图。如必须对某部分进行说明时,说明文字应通俗易懂、简明清晰。有关全工程项目的问题应在首页说明,局部问题应注写在本张图纸内。

(2) 工程设计中,本专业的图纸应单独绘制。

(3) 在同一个工程项目的设计图纸中,图例、术语、绘图表示方法应一致。

(4) 在同一个工程项目的设计图纸中,图纸规格应一致。如有困难时,不宜超过两种规格。

(5) 图纸编号应遵守下列规定:

① 规划设计采用水规划—××。

② 初步设计采用水初—××,水扩初—××。

③ 施工图采用水施—××。

(6) 图纸的排列应符合下列要求:

① 初步设计的图纸目录应以工程项目为单位进行编写;施工图的图纸目录应以工程单体项目为单位进行编写。

② 工程项目的图纸目录、使用标准图目录、图例、主要设备器材表、设计说明等,如一张图纸幅面不够使用时,可采用两张图纸编排。

③ 图纸图号应按下列规定编排:

系统原理图在前,平面图、剖面图、放大图、轴测图、详图依次在后;

平面图中应地下各层在前,地上各层依次在后;

水净化(处理)流程图在前,平面图、剖面图、放大图、详图依次在后;

总平面图在前,管道节点图、阀门井示意图、管道纵断面图或管道高程表、详图依次在后。

2) 建筑给水排水平面图的图样画法

(1) 建筑物轮廓线、轴线号、房间名称、绘图比例等均应与建筑专业一致,并用细实线绘制。

(2) 各类管道、用水器具及设备、消火栓、喷洒头、雨水斗、阀门、附件、立管位置等应按图例以正投影法绘制在平面图上,线型按本标准 2.1.2 条的规定执行。

(3) 安装在下层空间或埋设在地面下而为本层使用的管道,可绘制于本层平面图上;如有地下层,排水管、引入管、汇集横干管可绘于地下层内。

(4) 各类管道应标注管径。生活热水管要示出伸缩装置及固定支架位置;立管应按管道类别和代号自左至右分别进行编号,且各楼层相一致;消火栓可按需要分层按顺序编号。

(5) 引入管、排出管应注明与建筑轴线的定位尺寸、穿建筑外墙标高、防水套管形式。

(6) ±0.000 标高层平面图应在左右上方绘制指北针。

3) 屋面雨水平面图的画法

(1) 屋面形状、伸缩缝位置、轴线号等应与建筑专业一致,不同层或标高的屋面应注明屋面标高。

(2) 绘制出雨水斗位置、汇水天沟或屋面坡向、每个雨水斗汇水范围、分水线位置等。

(3) 对雨水斗进行编号,并宜注明每个雨水斗汇水面积。

(4) 雨水管应注明管径、坡度,无剖面图时应在平面图上注明起始及终止点管道标高。

4) 系统原理图的画法

(1) 多层建筑、中高层建筑和高层建筑的管道以立管为主要表示对象,按管道类别分别绘制立管道系统原理图。如绘制立管在某层偏置(不含乙字管)设置,该层偏置立管宜另行编号。

(2) 以平面图左端立管为起点,顺时针自左向右按编号依次顺序均匀排列,不按比例绘制。

(3) 横管以首根立管为起点,按平面图的连接顺序,水平方向在所在层与立管相连接,如水平呈环状管网,绘两条平行线并于两端封闭。

(4) 立管上的引出管在该层水平绘出。如支管上的用水或排水器具另有详图时,其支管可在分户水表后断掉,并注明详见图号。

(5) 楼地面、层高相同时应等距离绘制,夹层、跃层、同层升降部分应以楼层线反映,在图纸的左端注明楼层层数和建筑标高。

(6) 管道阀门及附件(过滤器、除垢器、水泵接合器、检查口、通气帽、波纹管、固定支架等)、各种设备及构筑物(水池、水箱、增压水泵、气压罐、消毒器、冷却塔、水加热器、仪表等)均应示意绘出。

(7) 系统的引入管、排水管绘出穿墙轴线号。

(8) 立管、横管均应标注管径,排水立管上的检查口及通气帽注明距楼地面或屋面的高度。

5）平面放大图的画法

（1）管道类型较多，正常比例表示不清时，可绘制放大图。

（2）比例等于和大于 1∶30 时，设备和器具按原形用细实线绘制，管道用双线以中实线绘制。

（3）比例小于 1∶30 时，可按图例绘制。

（4）应注明管径和设备、器具附件、预留管口的定位尺寸。

6）剖面图的画法

（1）设备、构筑物布置复杂，管道交叉多，轴测图不能表示清楚时，宜辅以剖面图，管道线型应符合表 14-1 的规定。

（2）表示清楚设备、构筑物、管道、阀门及附件位置、形式和相互关系。

（3）注明管径、标高、设备及构筑物有关定位尺寸。

（4）建筑、结构的轮廓线应与建筑及结构专业相一致。本专业有特殊要求时，应加注附注予以说明，线型用细实线。

（5）比例等于和大于 1∶30 时，管道宜采用双线绘制。

7）轴测图的画法

（1）卫生间放大图应绘制管道轴测图。

（2）轴测图宜按 45°正面斜轴测投影法绘制。

（3）管道布图方向应与平面图一致，并按比例绘制。局部管道按比例不易表示清楚时，该处可不按比例绘制。

（4）楼地面图、管道上的阀门和附件应予以表示，管径、立管编号与平面一致。

（5）管道应注明管径、标高（亦可标注距楼地面尺寸），接出或接入管道上的设备、器具宜编号或注字表示。

8）详图的绘制规定

（1）无标准设计图可供选用的设备、器具安装图及非标准设备制造图，宜绘制详图。

（2）安装或制造总装图上，应对零部件进行编号。

（3）零部件应按实际形状绘制，并标注各部件尺寸、加工精度、材质要求和制造数量，编号应与总装图一致。

14.2　给水排水平面图

给水排水平面图是建筑给水排水工程图中最基本的图样，它主要反映卫生器具、管道及其附件相对于房屋的平面位置。

14.2.1　给水排水平面图的图示特点

1）比例

给水排水平面图的比例，可采用与房屋建筑平面图相同的比例，一般为 1∶100，有时也可采用 1∶50、1∶200、1∶300。如在卫生设备或管路布置较复杂的房间，用 1∶100 不足以表达清楚时，可选择 1∶50 来画。本书所列的某建筑的各层给水排水平面图（图 14-6～图 14-9）均采用 1∶100 绘制。

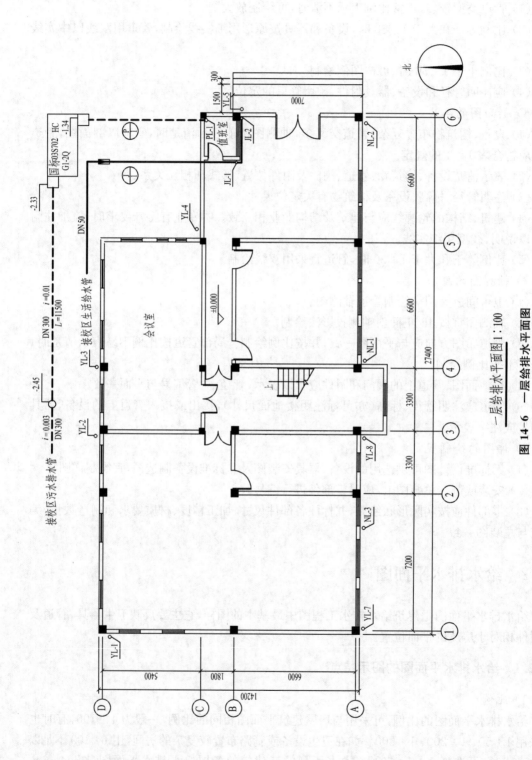

一层给排水平面图1:100

图14-6 一层给排水平面图

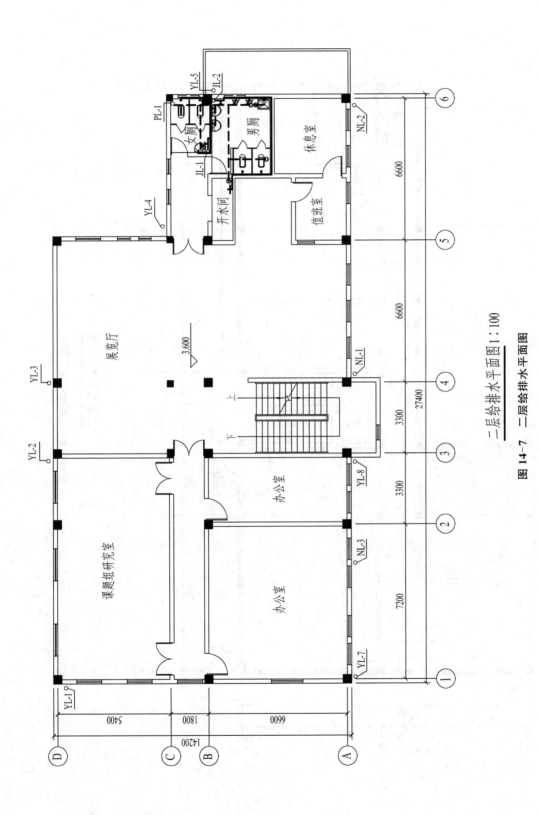

二层给排水平面图 1:100

图 14-7　二层给排水平面图

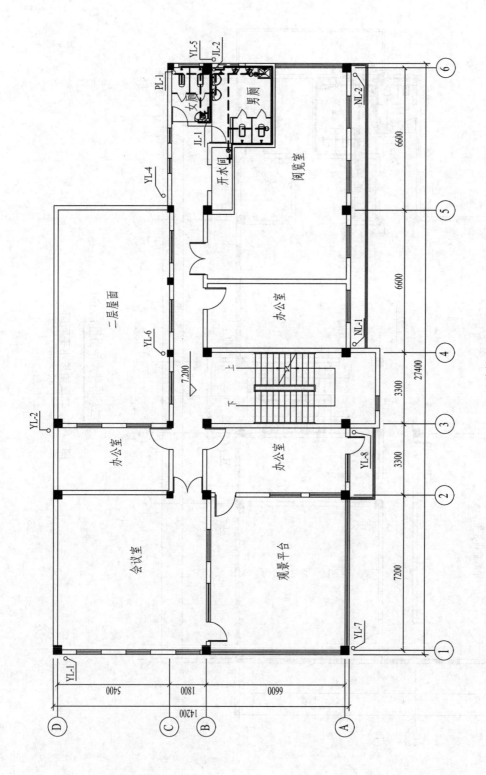

三层给排水平面图 1:100

三层给排水平面图

图 14-8

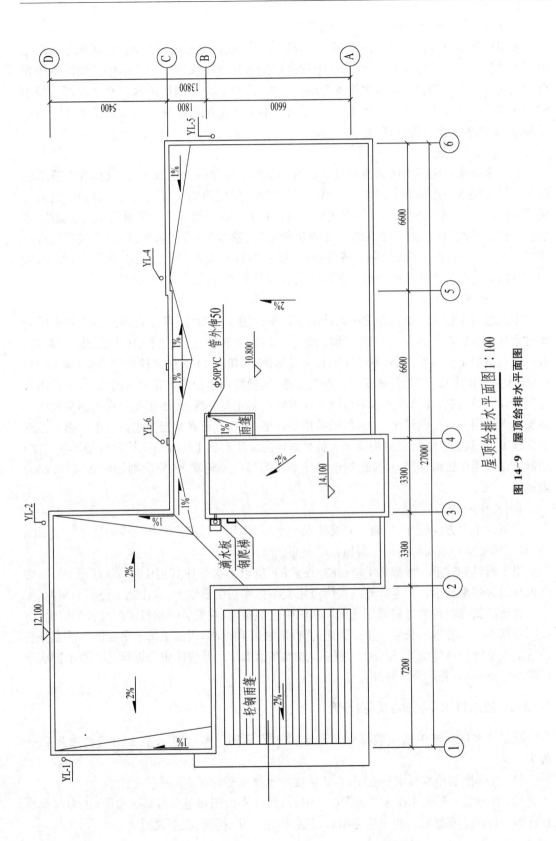

屋顶给排水平面图 1:100

图 14-9 屋顶给排水平面图

2）给水排水平面图的数量和表达范围

多层房屋的给水排水平面图原则上应分层绘制。底层给水排水平面图应单独绘制。楼层平面的管道布置若相同时,可绘制一个标准层给水排水平面图。但在图中必须注明各楼层的层次及标高。如设有屋顶水箱及管路布置时,应单独画屋顶层给水排水平面图。但当管路布置不太复杂时,如有可能,也可将屋面上的管道系统附画在顶层给水排水平面图中(用双点划线表示水箱的位置)。

3）房屋平面图

在给水排水平面图中所画的房屋平面图不是用于房屋的土建施工,而仅作为管道系统各组成部分的水平布局和定位基准。因此,仅需抄绘房屋的墙身、柱、门窗洞、楼梯、台阶等主要构配件,至于房屋的细部及门窗代号等均可省去。底层给水排水平面图要画全轴线,楼层给水排水平面图可仅画边界轴线。建筑物轮廓线、轴线号、房间名称、绘图比例等均应与建筑专业一致,并用细实线绘制。各类管道、用水器具及设备、消火栓、喷洒头、雨水斗、阀门、附件、立管位置等应按图例以正投影法绘制在平面图上,线型按规定执行。

4）卫生器具平面图

室内的卫生设备一般已在房屋设计的建筑平面图上布置好,可以直接抄绘于相应的给水排水平面布置图上。常用的配水器具和卫生设备,如洗脸盆、大便器、污水池、淋浴器等均有一定规格的工业定型产品,不必详细画出其形体,可按表 14-3 所列的图例画出;施工时可按《给水排水国家标准图集》来安装。而盥洗槽、大便槽和小便槽等是现场砌筑的,其详图由建筑设计人员绘制,在给水排水平面图中仅需画出其主要轮廓,屋面水箱可在屋顶平面图中按实际大小用一定比例绘出,如未另画屋顶平面图,水箱亦可在顶层给水排水平面图上用双点划线画出,其具体结构由结构设计人员另画详图。所有的卫生器具图线都用细线($0.25b$)绘制。也可用中粗线($0.5b$),按比例画出其平面图形的外轮廓,内轮廓则用细实线($0.25b$)表示。

5）尺寸和标高

房屋的水平方向尺寸,一般在底层给水排水平面图中,只需注明其轴线间尺寸。至于标高,只需标注室外地面的整平标高和各层地面标高。

卫生器具和管道一般都是沿墙、靠柱设置的,所以不必标注其定位尺寸。必要时,以墙面或柱面为基准标出。卫生器具的规格可用文字标注在引出线上,或在施工说明中写明。

管道的长度在备料时只需用比例尺从图中近似量出,在安装时则以实测尺寸为依据,所以图中均不标注管道的长度。至于管道的管径、坡度和标高,因给水排水平面图不能充分反映管道在空间的具体位置、管路连接情况,故均在给水排水系统图中予以标注。给水排水平面图中一概不标(特殊情况除外)。

14.2.2 给水排水平面图的画图步骤

绘制给水排水施工图一般都先画给水排水平面图。给水排水平面图的画图步骤一般为:

（1）先画底层给水排水平面图,再画楼层给水排水平面图。

（2）在画每一层给水排水平面图时,先抄绘房屋平面图和卫生器具平面图(因为这都已在建筑平面图上布置好),再画管道布置,最后标注尺寸、标高、文字说明等。

（3）抄绘房屋平面图的步骤与画建筑平面图一样，先画轴线，再画墙体和门窗洞，最后画其他构配件。

（4）画管路布置时，先画立管，再画引入管和排水管，最后按水流方向画出横支管和附件。给水管一般画至各卫生设备的放水龙头或冲洗水箱的支管接口；排水管一般画至各设备的污、废水的排泄口。

14.2.3　给排水平面图的阅读

多层房屋的给水排水平面图原则上应分层绘制。底层给排水平面图应单独绘制。楼层平面的管道布置若相同时，可绘制一个标准层给排水平面图。但在图中必须注明各楼层的层次及标高。如设有屋顶水箱及管路布置时，应单独画屋顶层给排水平面图。但当管路布置不太复杂时，如有可能也可将屋面上的管道系统附画在顶层给水排水平面图中（用双点划线表示水箱的位置）。本例的各层给水排水平面图，虽然二、三层管路布置相同，但由于部分房间不同，故分层绘制。

一般由于底层给排水平面图中的室内管道需与户外管道相连，所以必须单独画出一个完整的平面图（如图14-6所示）。

在给排水平面图上表示的管道应包括立管、干管、支管，底层给排水平面图还有引入管和废污水排出管。为了便于读图，在底层给水排水平面图中的各种管道要编号，系统的划分视具体情况而异，一般给水管以每一引入管为一个系统，污、废水管以每一个承接排水管的检查井为一个系统。

14.3　给水排水系统图

给水排水平面图主要显示室内给水排水设备的水平安排和布置，而连接各管路的管道系统因其在空间转折较多，上下交叉重叠，往往在平面图中无法完整且清楚地表达，因此，需要有一个同时能反映空间三个方向的图来表示，这种图被称为给水排水系统图（或称管系轴测图）。给水排水系统图能反映各管道系统的管道空间走向和各种附件在管道上的位置（如图14-11）。

14.3.1　给水排水系统图的图示特点和表达方法

给水排水平面图是绘制给水排水系统图的基础图样。通常，系统图采用与平面图相同的比例绘制，一般为1∶100或1∶200。当局部管道按比例不易表示清楚时，可以不按比例绘制。

系统图习惯上采用45°正面斜等轴测投影绘制。通常，将房屋的横向作为 OX 轴，纵向作为 OY 轴，高度方向作为 OZ 轴，三个方向的轴向伸缩系数相等均取1。当系统图与平面图采用相同的比例绘制时，OX 轴、OY 轴方向的尺寸可以直接在相应的平面图上量取，OZ 轴方向的尺寸按照配水器具的习惯安装高度量取。

给水、排水系统图通常分开绘制，分别表现给水系统和排水系统的空间枝状结构，即系统图通常按独立的给水或排水系统来绘制，每一个系统图的编号应与底层给水排水平面图中的编号一致。

系统图中的管道依然用粗线型表示，其中给水管用粗实线表示，排水管用粗虚线表示。为了使系统图绘制简捷、阅读清晰，对于用水器具和管道布置完全详图的楼层，可以只画一层的所有管道，其他楼层省略，在省略处用 S 形折断符号表示，并注写"同底层"的字样。当管道的轴测投影相交时，位于上方或前方的管道连续绘制，位于下方或后方的管道则在交叉处断开。如图 14-10。

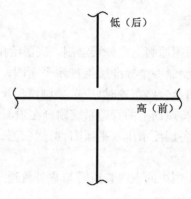

图 14-10　管道交叉表示方法

在给水排水系统图中，应对所有管段的直径、坡度和标高进行标注。管段的直径可以直接标注在管段的旁边或由引出线引出，管径尺寸应以毫米为单位。给水管径的标注水管和排水管均需标注"公称直径"，在管径数字前应加以代号"DN"，如 DN50 表示公称直径为 50 mm。给水管为压力管，不需要设置坡度；排水管为重力管，应在排水横管旁边标注坡度，如"$i = 0.02$"，箭头表示坡向，当排水横管采用标准坡度时，可省略坡度标注，在施工说明中写明即可。系统图中的标高数字以 m 为单位，保留三位有效数字。给水系统一般要求标注楼（地）面、屋面、引入管、支管水平段、阀门、龙头、水箱等部位的标高，管道的标高以管中心标高为准。排水系统一般要求标注楼（地）面、屋面、主要的排水横管、立管上的检查口及通气帽、排出管的起点等部位的标高，管道的标高以管内底标高为准。

14.3.2　给水排水系统图的画图步骤

（1）为使各层给水排水平面图和给水排水系统图容易对照和联系起见，在布置图幅时，将各管路系统中的立管穿越相应楼层的楼地面线，如有可能尽量画在同一水平线上。

（2）先画各系统的立管，定出各层的楼地面线、屋面线，再画给水引入管及屋面水箱的管路；排水管系中接画排出横管、窨井及立管上的检查口和通气帽等。

（3）从立管上引出各横向的连接管段。

（4）在横向管段上画出给水管系的截止阀、放水龙头、连接支管、冲洗水箱等；在排水管系中可接画承接支管、存水弯等。

（5）标注公称直径、坡度、标高、冲洗水箱的容积等数据。

14.3.3　给排水系统图的阅读

系统图以平面图中的立管符号为首要对象在图面上排序，进行展开。立管的展开排列方式为：以平面图左端（或下端）的立管为基准，在系统图中自左至右展开排列各立管，立管的排列次序按平面图中的排列次序,并应使读图者能方便地互相对照。所有编号的立管(穿楼板的立管均要编号)均在系统图中绘出。

横干管以任一个立管与横干管的连接点为基点,向一侧或两侧展开,并依次连接各立管。连接次序严格按照平面图中的连接次序。

系统图中均需绘制楼层线。相同层高的楼层线间距按等距离绘制。当个别层所画内容较多占不开时,可适当拉大间距。夹层、跃层及楼层升降部分均用楼层线反映。楼层线标注层数和建筑地面标高。

立管的上下两端点及横管均准确地绘制在所在层内。管道均不标注标高,其标高标注在平面图中。立管端点标高在平面图中与其连接的横管上反映。

立管上所有的阀器件(包括检查口、阀门、逆止阀、减压阀、伸缩节及固定支架等)及接出支管等均要绘出,并准确地绘制在所在层内。当接出的支管另有详图时,支管线可引出后断掉。

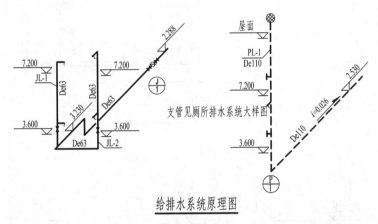

给排水系统原理图

注: 排水支管见厕所排水系统大样图
　　给水支管见厕所给水系统大样图

图 14-11　给排水系统原理图

14.4　卫生设备安装详图

给水排水平面图和给水排水系统图仅表示卫生器具及各管道的规格和布置连接情况,至于卫生器具的镶接还要有安装详图来作为施工的依据。

常用的卫生设备安装详图,可套用《给水排水国家标准图集—S342 卫生设备图》,不必另行绘制,只需在施工图中注明所套用的卫生器具的详图编号即可。

详图一般采用的比例较大,常用 1∶25～1∶50,以能表达清楚或按施工要求而定。详图必须画得详尽、具体、明确,尺寸注写充分,材料、规格清楚。

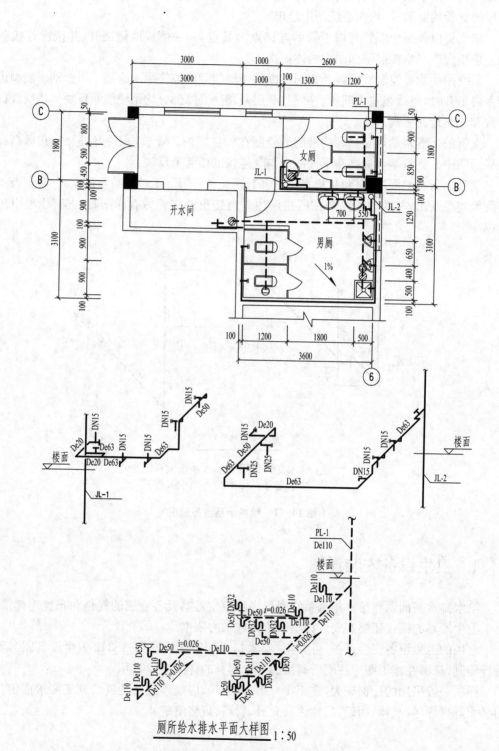

厕所给水排水平面大样图 1:50

图 14-12 厕所给水排水平面大样图

15 建筑电气施工图

15.1 电气施工图概述

建筑电气施工图是应用非常广泛的电气图,用它来说明建筑中电气工程的构成和功能,描述电气装置的工作原理,提供安装技术数据和使用维护依据。

15.1.1 建筑电气施工图的内容

根据一个建筑电气工程的规模大小不同,其图纸的数量和种类是不同的,常用的建筑电气施工图有以下内容:

1)目录、说明、图例、设备材料明细表

图纸目录内容有序号、图纸名称、图纸编号、图纸张数等。

设计说明(施工说明)主要阐述电气工程设计的依据、工程的要求和施工原则、建筑特点、电气安装标准、安装方法、工程等级、工艺要求及有关设计的补充说明等。

图例即图形符号,通常只列出本套图纸涉及的一些图形符号。

设备材料明细表列出了该项电气工程所需要的设备和材料的名称、型号和数量,供设计概算和施工预算时参考。

2)电气系统图

电气系统图是表现电气工程的供电方式、电能输送、分配控制关系和设备运行情况的图纸,从电气系统图可看出工程的概况。电气系统图有变配电系统图、动力系统图、照明系统图、弱电系统图等。

3)电气平面图

电气平面图是表示电气设备、装置与线路平面布置的图纸,是进行电气安装的主要依据。电气平面图以建筑总平面图为依据,在图上绘出电气设备、装置及线路的安装位置、敷设方法等。常用的电气平面图有:变配电所平面图、动力平面图、照明平面图、防雷平面图、接地平面图、弱电平面图等。

4)设备布置图

设备布置图是表现各种电气设备和器件的平面与空间的位置、安装方式及其相互关系的图纸,通常由平面图、立面图、剖面图及各种构件详图等组成。设备布置图是按三视图原理绘制的。

5)安装接线图

安装接线图又称安装配线图,是用来表示电气设备、电器元件和线路的安装位置、配线方式、接线方法、配线场所特征等的图纸。

6) 电气原理图

电气原理图是表现某一电气设备或系统的工作原理的图纸,它是按照各个部分的动作原理采用展开法来绘制的。通过分析电气原理图可以清楚地看出整个系统的动作顺序。电气原理图可以用来指导电气设备和器件的安装、接线、调试、使用与维修。

7) 详图

详图是表现电气工程中设备的某一部分的具体安装要求和做法的图纸。

15.1.2 建筑电气施工图的基本规定

1) 图线

绘制电气图常用的图线见表15-1。

表 15-1 图线形式及应用

图线名称	图线形式	图线应用
粗实线	——————	电气线路、一次线路
细实线	——————	二次线路、一般线路
虚　线	— — — — —	屏蔽线、机械连线
点划线	—·—·—·—	控制线、信号线、围框线
双点划线	—··—··—··	辅助围框线、36V 以下线路

2) 方位

电气平面图一般按上北下南、左西右东来表示建筑物和设备的位置和朝向。但在外电总平面图中都用方位标记(指北针方向)来表示朝向。

3) 安装标高

在电气平面图中,还可选择每一层地平面或楼面为参考面,电气设备和线路安装,敷设位置高度以该层地平面为基准,一般称为敷设标高。

15.1.3 建筑电气施工图的阅读顺序

阅读建筑电气施工图,除应了解建筑电气工程图的特点外,还应该按照一定顺序进行阅读,才能比较迅速全面地读懂图纸,以完全实现读图的意图和目的。一套建筑电气施工图一般应按以下顺序依次阅读并进行相互对照参阅。

1) 看标题栏及图纸目录

了解工程名称、项目内容、设计日期和图纸编号、内容等。

2) 看总说明

了解工程总体概况及设计依据,了解图纸中未能表达清楚的各有关事项。如供电电源的来源、电压等级、线路敷设方式、设备安装高度及安装方式、补充使用的非国标图形符号、施工时应注意的事项等。有些分项局部问题是在各分项工程的图纸上说明的,看各分项工程图纸时也要先看设计说明。

3) 看系统图

各分项工程的图纸中都包含有系统图。如变配电工程的供电系统图、电力工程的电力系统图、电气照明工程的照明系统图以及电缆电视系统图等。看系统图的目的是了解系统的基本组成、主要电气设备、元件等连接关系以及它们的规格、型号、参数等,掌握该系统的基本概况。

4) 看电路图和接线图

了解各系统中用电设备的电气自动控制原理,用来指导设备的安装和控制系统的测试工作。因电路图多是采用功能布局法绘制的,看图时应依据功能关系从上至下或从左至右一个回路、一个回路地阅读。若能熟悉电路中各电器的性能和特点,对读懂图纸将有很大的帮助。在进行控制系统的配线和调校工作中,还可配合阅读接线图和端子图进行。

5) 看平面布置图

平面布置图是建筑电气施工图纸中的重要图纸之一,如变配电所设备安装平面图(还应有剖面图),电力平面图,照明平面图,防雷、接地平面图等,都是用来表示设备安装位置、线路敷设部位、敷设方法及所用导线型号、规格、数量、管径大小的,是安装施工、编制工程预算的主要依据图纸,必须熟读。

6) 看安装大样图(详图)

安装大样图是按照机械制图方法绘制的用来详细表示设备安装方法的图纸,也是用来指导施工和编制工程材料计划的重要图纸。安装大样图多是采用全国通用电气装置标准图集。

7) 看设备材料表

设备材料表给我们提供了该工程所使用的设备、材料的型号、规格和数量,是编制购置主要设备、材料计划的重要依据之一。

15.1.4 电气图形符号的构成

电气工程中的设备、元件、装置的连接线很多,结构类型千差万别,按简图形式绘制的电气工程图中元件、设备、装置、线路及其安装方法等都是借用图形符号、文字符号和项目代号来表达的。分析电气工程图,首先要了解和熟悉这些符号的形式、内容、含义以及它们之间的相互关系。

电气图形符号包括一般符号、符号要素、限定符号和方框符号。

1) 一般符号

一般符号是用以表示一类产品或此类产品特征的一种通常很简单的符号。如电阻、电机、开关、电容等。

2) 符号要素

符号要素是一种具有确定意义的简单图形,必须同其他图形组合构成一个设备或概念的完整符号。例如,间热式阴极二极管,它是由外壳、阴极、阳极和灯丝四个符号要素组成的。符号要素一般不能单独使用,只有按照一定方式组合,才构成一个完整的符号。符号要素的不同组合可以构成不同的符号。

3) 限定符号

用以提供附加信息的一种加在其他符号上的符号,称为限定符号。限定符号一般不代表独立的设备、器件和元件,用来说明某些特征、功能和作用等。限定符号一般不单独使用,当一般符号加上不同的限定符号,可得到不同的专用符号。例如,在开关的一般符号上加不同的限定符号可分别得到隔离开关、断路器、接触器、按钮开关、转换开关。

限定符号通常不能单独使用,但一般符号有时也可用作限定符号。如电容器的一般符号加到传声器符号上,即可构成电容式传声器的符号。

4）方框符号

用以表示元件、设备等的组合及其功能，既不给出元件、设备的细节，也不考虑所有连接的一种简单的图形符号。方框符号在框图中使用最多。电路图中的外购件、不可修理件也可用方框符号表示。

15.1.5　电气图形符号的分类

电气图中包含有大量的电气图例符号，各种元器件、装置及设备等都是用规定的图形符号表示的。建筑电气施工图中常用电气设备图例见表 15-2。

表 15-2　常用电气设备图例符号

序号	图　例	名　称	型号规格	单位	数量	备　注
1	 ZAL	照明总配电箱	PV33SR,暗装机箱	只	1	挂墙明装,下沿距地 1.2 m
2	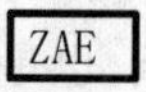 ZAE	双电源总配电箱	PV33SR,暗装机箱	只	1	挂墙明装,下沿距地 1.2 m
3	AL	照明配电箱	PV33SR,暗装机箱	只	10	嵌墙暗装,下沿距地 1.5 m
4	5AT	电梯配电箱	PV33SR,暗装机箱	只	10	嵌墙暗装,下沿距地 1.5 m
5	6AK	空调配电箱	甲方自选(户外防水型)			嵌墙暗装,下沿距地 1.5 m
6	B	客房配电箱	PV33SR,暗装机箱			嵌墙暗装,下沿距地 1.5 m
7	B1	服务台配电箱	PV33SR,暗装机箱			嵌墙暗装,下沿距地 1.5 m
8	B2	弱电间配电箱	PV33SR,暗装机箱	只	1	嵌墙暗装,下沿距地 1.5 m
9	 1AEL	应急照明配电箱	PV33SR,暗装机箱			嵌墙暗装,下沿距地 1.5 m
10		床头柜接线盒 1	甲方自选(用于单人间)			嵌墙暗装,下沿距地 0.3 m
11		床头柜接线盒 2	甲方自选(用于双人间)			嵌墙暗装,下沿距地 0.3 m
12		节电钥匙开关	K32KT			嵌墙暗装,下沿距地 1.3 m
13		门铃按钮	KH250			嵌墙暗装,下沿距地 1.3 m
14		门铃	现配			床头柜内暗装
15		单管荧光灯	MY-401E,1×36 W	盏	6	吸顶,装于管理间及电梯井道顶部
16		镜前灯	HBD1012,18 W	盏	6	吸顶或嵌顶
17		平圆吸顶灯	MD-41PL9ABF,13 W	盏	191	吸顶
18		筒灯	HZD226 W,17 W			嵌顶(或吸顶)安装
19		嵌入式筒灯(紧凑型荧光灯)	MD-60PL2×13 WDH,2×13 W			嵌顶
20		床头壁灯	HBD1013,40 W			下沿距地 1.2 m
21	T	井道壁灯	~36 V,1×60 W			用于电梯井道

续表 15-2

序号	图例	名　称	型号规格	单位	数量	备　注
22		排风机	见暖通图			嵌顶
23		夜灯	10 W			床头柜内暗装
24		安全出口灯（H 型）	Y - YJD211,20 W,90 min	只	22	吸壁明装,下沿距门框上方 0.1 m
25	EXIT	出口指示灯（H 型）	Y - YJD211,20W,90min	只	13	吸顶明装
26	←	左疏散指示灯（B 型）	Y - YJD201,20W,90min	只	13	嵌墙暗装,下沿距地 0.3 m
27	→	右疏散指示灯（C 型）	Y - YJD201,20W,90min	只	37	嵌墙暗装,下沿距地 0.3 m
28		单相二三极插座（带安全门）	L426/10USU 10A	只	166	嵌墙暗装,下沿距地 0.3 m
29	d	落地灯插座	K426/10S			嵌墙暗装,下沿距地 0.3 m
30	t	台灯插座	K426U			嵌墙暗装,下沿距地 0.3 m
31	v	电视插座	K426U			嵌墙暗装,下沿距地 0.3 m
32	h	刮须插座	K727			嵌墙暗装,下沿距地 1.3 m
33	r	热水器插座（三孔带开关）	L15/15CS 16A			嵌墙暗装,下沿距地 2.3 m
34	s	开水器插座（三孔带开关）	L15/15CS 16A			嵌墙暗装,下沿距地 1.5 m
35	T	井道壁灯（单相二三极插座带安全门）	L426/10USU 10A			用于电梯井道
36		单联单控开关	L31/1/2A	只	64	嵌墙暗装,下沿距地 1.3 m
37		双联单控开关	L32/1/2A	只	36	嵌墙暗装,下沿距地 1.3 m
38		三联单控开关	L32/1/2A	只	74	嵌墙暗装,下沿距地 1.3 m
39		单联双控开关	L31/2/2A 10A	只	56	嵌墙暗装,下沿距地 1.3 m
40		风机盘管调速器	与风机盘管配套供应	只	56	嵌墙暗装,下沿距地 1.3 m
41	MD	网络配线架	见系统图	台	6	壁装式机架,下沿距地 1.5 m
42	▲	单孔数据信息插座	LC01	只	42	嵌墙暗装,下沿距地 0.3 m
43	◎	单孔语音信息插座	LT01			嵌墙暗装,下沿距地 0.3 m
44	TV	有线电视前端放大箱	专业公司配套	台	1	嵌墙明装,下沿距地 1.5 m
45	P4	电视四分配器	专业公司配套	只	2	吊顶内安装
46	P2	电视二分配器	专业公司配套	只	2	吊顶内安装

续表 15-2

序号	图例	名 称	型号规格	单位	数量	备 注
47	○━○	电视一分支器	专业公司配套	只	30	竖井内安装
48	TV┐	用户电视信号插座	L31VTV75	只	30	嵌墙暗装,下沿距地 0.3 m
49	MJ	门禁控制系统 MJ	专业公司配套			服务台旁安装
50	MJn	门禁控制器	专业公司配套			吊顶内安装
51	⊙	门禁控制点	专业公司配套			门内(门把手旁)安装
52	MEB	总等电位联结端子箱	TD22-R-Ⅱ	只	1	嵌墙暗装,下沿距地 0.3 m
53	LEB	局部等电位联结端子箱	TD22-R-Ⅰ	只	1	嵌墙暗装,下沿距地 0.3 m
54	◥	消防泵启泵按钮(带指示灯)	J-SAS-500HF	只	34	与给排水专业配套,装于消火栓箱内

15.1.6 线路的标注方法

线路敷设的方式及部位常用英语单词第一个字母表示。

在施工图中配电线路的标注格式及意义如下:

$$a - b(c×d)e - f$$

式中 a —— 线路编号或线路用途的编号;

　　　 b —— 导线型号;

　　　 c —— 导线根数;

　　　 d —— 导线截面积;

　　　 e —— 敷设方式及穿管管径;

　　　 f —— 线路敷设部位代号。

常用导线型号、敷设方式和敷设部位代号见表 15-3～表 15-5。

表 15-3　常用导线型号及用途

序　号	名　称	用　途
BV	铜芯塑料(聚氯乙烯)绝缘线	室内明装敷设或穿管敷设用
BLV	铝芯塑料(聚氯乙烯)绝缘线	
BVV	铜芯塑料(聚氯乙烯)护套线	室内明装固定敷设或穿管敷设用,可采用铝卡片敷设
BLVV	铝芯塑料(聚氯乙烯)护套线	
BXF	铜芯氯丁橡皮绝缘线	室内外明装固定敷设用
BLXF	铝芯氯丁橡皮绝缘线	
BXHF	铜芯橡皮绝缘氯丁护套线	室内外明装固定敷设用,小截面的在室内可用铝卡片敷设
BLXHF	铝芯橡皮绝缘氯丁护套线	
BBX	铜芯玻璃丝编织橡皮绝缘线	室内外明装固定敷设用
BBLX	铝芯玻璃丝编织橡皮绝缘线	室内外明装固定敷设用或穿管敷设用

表 15-4 线路敷设方式代号

代号	说　明	代号	说　明	代号	说　明	代号	说　明
K	用瓷瓶或瓷柱敷设	TC	用电线管敷设	CT	用桥架(或托盘)敷设	FEC	用半硬塑制管敷设
PL	用瓷夹敷设	SC	用焊接钢管敷设	PR	用塑制线槽敷设	SR	用金属线槽敷设
PCL	用塑料夹敷设	P(V)C	用硬塑制管敷设				

表 15-5 线路敷设部位代号

代号	说　明	代号	说　明	代号	说　明	代号	说　明
SR	沿钢索敷设	WE	沿墙敷设	BC	暗设在梁内	FC	暗设在地面内或地板内
BE	沿屋架或屋架下弦敷设	CE	沿天棚敷设	CC	暗设在屋面内或顶板内	WC	暗设在墙内
CLE	沿柱敷设	ACE	在能进入的吊顶棚内敷设	CLC	暗设在柱内	AC	暗设在不能进入的吊顶内

例如：WL1—BV(4×6)TC25—WC

表示 WL1 回路的导线为铜芯聚氯乙烯塑料绝缘线，有四根，每根截面面积为 6 mm^2，穿管直径为 25 mm 的电线管沿墙暗敷设。

15.1.7 照明灯具的标注方法

照明灯具的标注格式为：

$$a-b\frac{c×d}{e}f$$

式中　a——灯具数；

　　　b——型号；

　　　c——每盏灯具的灯泡数和灯管数；

　　　d——灯泡容量，W；

　　　e——安装高度，m；

　　　f——安装方式。

对壁灯，式中安装高度是指灯具中心与地面之间的距离。

灯具的安装方式有吸顶式、嵌入式、线吊式、管吊式和壁装式等，表示灯具安装方式的代号见表 15-6。

表 15-6 灯具安装方式代号

代号	说　明	代号	说　明	代号	说．明	代号	说　明
S	吸顶式或直附式	CP2	防水线吊式	W	壁装式	WR	墙壁内安装
R	嵌入式	CP3	吊线器式	T	台上安装	SP	支架上安装
CP	自在器线吊式	CH	链吊式	CR	顶棚内安装	CL	柱上安装
CP1	固定线吊式	P	管吊式				

例如：

$$2-BKB140\frac{3×100}{2.10}W$$

表示有两盏花篮壁灯,型号为 BKB140,每盏有三只灯泡,灯泡容量为 100 W,安装高度为 2.10 m,壁装式。

15.2 室内电气照明施工图

电气照明施工图是建筑电气图中最基本的图样之一,一般包括电气照明平面图、配电系统图、安装和接线详图等。

15.2.1 电气照明施工图的基本知识

电气照明系统一般由进户装置、配电装置、配线、灯具、插座和开关等组成。

1) 供电方式

室内电源是从室外低压配电线路上接线入户的。室外接入电源有三相五线制、三相四线制、三相三线制和单相二线制。"相"是指"火线"(相线),三相五线制是指三根火线,一根零线(中性线),一根接地线;三相四线制是指三根火线,一根零线;三相三线制是指三根火线,没有零线;单项二线制是指一根火线,一根零线。相线与相线间的电压为 380 V,称为线电压,相线与中性线间的电压为 220 V,称为相电压。根据整个建筑物内用电量的大小,室内供电方式可采用单项二线制(负荷电流小于 30 A),或采用三相四线制(负荷电流大于 30 A)。

2) 进户装置

为了安全地将室外电源引入室内,引入时,设有进户装置。进户装置包括横担(有铁制和木制)、引下线(从室外电杆引下至横担的电线)、进户线(从横担通过进户管至配电箱的电线)和进户管(保护过墙进户线的管子)。横担如果需要安装在支架上,还应设置支架。低压引入线从支持绝缘子起距离地面不小于 2.7 m。

3) 配电装置

配电装置指的是对室内的供电系统进行控制、保护、计量和分配的成套设备,一般称为配电箱或配电盘。

进户线进户后,先进总配电箱(进户后设置的配电箱),再分支到各分配电箱(控制分支电路的配电箱)。所谓配电箱,实际上是一个铁制、木制或塑料制的小箱子,里面将电路开关、熔断器和电度表装在一起并用电线连接起来的装置。配电箱按其安装方式有明装和暗装两种。明装突出墙面,暗装则嵌入墙面内,外边装门与墙面平齐。

4) 线路敷设

电能是通过电线输送给用电设备的。从配电箱出来通过各种用电器具的电线称为线路。线路安装需要构成回路,所以每个用电设备的线路都是由相线和零线构成闭合回路。

线路根据配线用途和安全用电的要求,采用明敷和暗敷两种方式。线路明敷时常采用瓷夹板、塑料管、电线管和槽板等配线,沿墙面、天棚、屋架或预制板缝敷设。线路明敷的优点是施工简单,经济适用,便于维修;缺点在于不够美观。线路暗敷时常用焊接钢管、电线管或塑料管配线,先将管道预埋(或后开槽)入墙内、天棚内、地坪内或预制板缝内,然后在管内穿线。线路暗敷的优点是比较美观,防腐防潮;缺点是造价较高、施工麻烦且维修不便。

5) 灯具

灯具是照明工程中的用电装置,采用哪种样式的灯具直接关系到照明效果和室内的整洁、美观。照明灯具在线路中是通过开关来控制的,两种开关控制的基本线路如图 15-1 所示;图 15-1(a)为一只单联开关控制一盏灯;图 15-1(b)为一只单联开关控制一盏灯以及连接一只单相双眼插座。图中的线路绘制的是最基本的一根火线和一根零线,如果有接地线,需要再另外增加一根导线。图中采用了多线和单线两种表示法绘制,当采用单线法进行绘制时,如果导线为最基本的两根,可不标注根数。

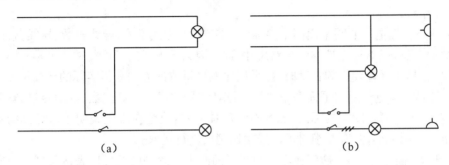

图 15-1　两种灯具开关控制的基本线路

6) 开关、插座

为了控制电流的开闭,在线路上都要装有开关。开关有拉线开关、跷板开关和按钮开关等,其安装方式有明装和暗装两种。按开闭电器的控制要求分单控和双控开关等。插座是供随时接通用电器具的装置,有单相二极、单相三极、三相四极等,其安装方式也有明装和暗装之分。

15.2.2　电气照明平面图

室内电气照明平面图是电气照明施工图中的基本图样,它表示室内供电线路、灯具、开关及插座等的平面布置情况。

1) 表达内容

(1) 电源进户线的引入、规格、敷线方式和敷设方式。

(2) 配电装置的位置、型号和数量。

(3) 线路的位置、走向、敷线方式和敷设方式。

(4) 照明灯具、开关、插座等的位置、型号、数量、安装方式及其相互之间的关系。

2) 图示方法和画法

电气照明平面图是绘制在建筑平面图上的,建筑平面图是采用一位于窗台上方的剖切平面剖切后而得的,它表达的是本层之内的房屋的平面形状、大小及布局等等;电气照明平面图是绘制在各层建筑平面图上的,在每层范围内的线路及配电装置、用电设备不管位置高低,均绘制在同层建筑平面图内。

(1) 比例。室内电气照明平面图一般采用与建筑平面图相同的比例。

(2) 建筑部分的画法及要求。由于电气施工图实际上也是建筑施工图的配套图纸,是在建筑施工图的图纸上绘制出来的,因此,绘制电气施工图之前先要绘制建筑施工图,在绘制电气照明平面图之前当然要先绘制建筑平面图。

电气照明平面图中的建筑部分仍需严格按比例绘制,但绘制的深度不及建筑平面图,只需用细线简要画出房屋的平面形状和主要构配件,并标注定位轴线的编号和尺寸,对于建筑平面图中的细部构造及尺寸标注一概不需绘制。

3）电气部分画法及要求

（1）线路一般采用单线表示法，不考虑其可见性，一律采用粗实线（或中粗线）来表示。绘制出的线路也并不一定是实际的线路敷设部位，只是线路布局的一种表达。

（2）配电装置、灯具、开关和插座等采用图例进行表达。

4）尺寸标注

（1）线路。在电气照明平面图中要标注线路编号、导线型号、导线根数、导线截面、敷线方式和敷设部位，但不标注具体的线路尺寸，这是因为图上线的长度往往并不是实际线路的敷设情况，在具体计算线路的长度时，可采用比例尺量取的方法获得实际的导线长度。

（2）灯具。在电气照明平面图中要标注灯具型号、灯具数、灯泡数、灯泡容量、安装高度和安装方式，为了简化图中的标注，也可不注灯具型号，改注在施工说明中。灯具的定位尺寸一般也不在图上标注，有要求时可以采用比例尺进行量取。

（3）开关、插座。开关、插座在电气照明平面图中由图例已经可以表达其型号及安装方法，至于安装高度一般也不在电气照明平面图中标注，可以在施工说明里写明安装高度或按电气施工及验收规范进行安装。例如，一般翘板开关的安装高度为距离地面 1.3 m。

15.2.3　电气照明配电系统图

单面投影是不能决定空间物体的位置的，仅有电气照明平面图也肯定不能表达电气照明的空间情况。除了需要室内电气照明平面图表达室内供电线路和灯具、开关和插座等的平面布置情况外，还需要画出配电系统图来表达整个照明供电系统的空间全貌和连接情况。

1）表达内容

（1）建筑物的供电方式和容量分配。

（2）配电装置的情况，组成配电箱的电度表、熔断器和开关等的数量及型号等。

（3）供电线路是如何布置的，线路的编号、导线型号、导线根数、导线截面。敷线方式和敷设部位。

2）图示方法和画法

（1）比例。配电系统图不是投影图，只是将各种电气符号用线条连接起来，并标注文字代号而形成的一种简图，因此它的图形是不按比例绘制的。

（2）图样画法。为了清楚地表示出电气照明工程的组成以及相互之间的关系，各种配电装置及供电线路按规定的图例进行绘制，按规定的格式进行标注。

15.2.4　电气照明施工图读图举例

由于电气施工图是建筑施工图的配合图，所以要想阅读电气施工图首先要有基本的阅读建筑施工图的能力，弄清楚房屋的内部布局、结构形式等土建方面的知识；其次还要具备一定的电气方面的基础知识，如电工原理、接线方法等；最后还要熟悉各种电气中常用的图例、代号等。

房屋内电气工程的图纸主要由电气平面图和配电系统图两部分组成，配电系统图着重表达整个系统的全貌，电气平面图则具体表达每层电器的平面布置情况，读图时一般先看配电系统图，再看电气平面图，最后看安装和接线详图。每一类图纸并不是孤立地进行阅读，而是交叉配合起来阅读。具体到每一张图纸,可以采用按照介质流动的方向来阅读:电源进户线→总配电箱→供电干线→分配电箱→配线→用电设备。

首先我们来了解一下如何阅读配电系统图(图 15-2、图 15-3)。例如图 15-2 为配电干线图,室外进线符号为 YJV22-0.75/1kV-4×95,SC100,FC/WC,表示进线为一根四芯(每芯截面为 95 mm²)的铜芯交联聚乙烯绝缘聚氯乙烯护套电缆,穿在一根直径为 100 mm 的焊接钢管内,室外埋地暗敷设,进入室内后再沿墙暗敷设,进入总配电箱 AL,AL 内分出五条供电干线,一根线为专用接地线,三根分别供给一层至三层,剩下的一根备用。供给各楼层的干线标注为 BV-4×25+1×16,SC40,WC,表示四根截面面积为 25 mm² 和一根截面面积为 16 mm² 的铜芯塑料绝缘线,穿在一根直径为 40 mm 的焊接钢管内,沿墙暗敷设。

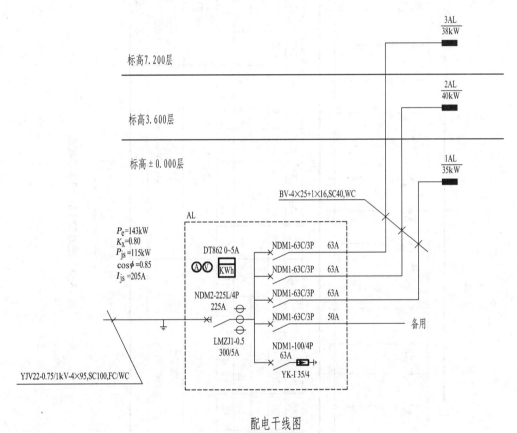

配电干线图

图 15-2 配电干线图

图 15-3 为配电箱 1AL 配电系统图。电源进线符号为 BV-4×25+1×16,SC40,WC,进入配电箱 1AL,1AL 内分出若干条供电干线(其中包括一根专用接地线),分别供给照明及插座等。

图 15-4 为一层照明平面。从一层配电箱 1AL 分出五个回路,分别为 WL1、WL2、WL3、WL4、WL5,分别用于供给各个房间、走廊及楼梯间的照明。图 15-5 为一层配电平面图。

图 15-6 为屋顶防雷平面图。从图中可以看出,在屋顶平面上用 φ12 的热镀锌圆钢做避雷带,避雷带交圈后利用柱内两根外侧对角主筋做防雷引下线,从屋顶一直引至室外地坪以下。

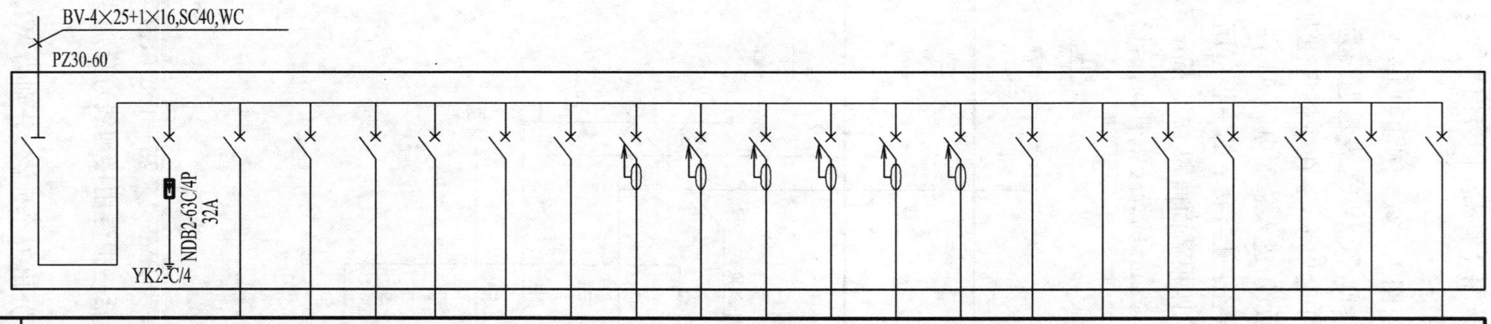

BV-4×25+1×16,SC40,WC

PZ30-60

NDB2-63C/4P 32A

YK2-ZC/4

配电箱编号	1AL																		
回路编号	WL1	WL2	WL3	WL4	WL5	备用	WX1	WX2	WX3	WX4	WX5	备用	WC1	备用	备用	WC2	WC3	WC4	备用
设备容量(W)	1000	1000	1000	1000	1000		1000	1000	1000	1000	200		1500			5000	5000	5000	
计算电流(A)																			
额定电流(A)	16	16	16	16	16	16	16	16	16	16	16	16	16	16	16	20	20	20	20
相序	L1	L2	L3	L1	L2	L3	L1	L2	L3	L1	L2	L3	L1	L2	L3	L1,L2,L3			
开关型号	NDB1-32						NDB1L-32C 30mA 0.1S						NDB1-32			NDB2-63D/3P			
导线及保护管	BV-3×2.5, KBG20,CC/WC						BV-3×2.5, KBG20,F/WC						BV-3×2.5, KBG20,F/WC			BV-5×4, KBG32,F/WC			
备注	照明						插座						单相空调			三相空调			

主进线:
设备容量(W): 35000
计算电流(A): 53.2
额定电流(A): 63
开关型号: NDG1-100/3P

图15-3 配电箱1AL配电系统图

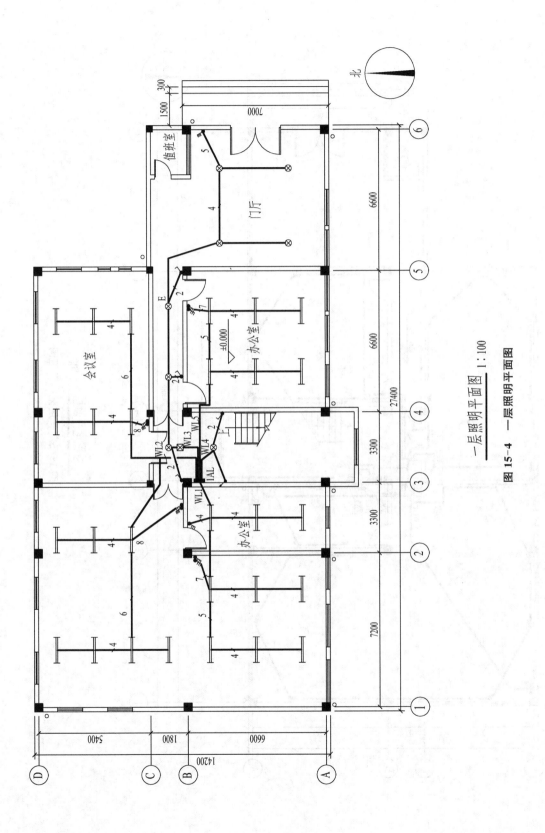

一层照明平面图 1:100

图15-4 一层照明平面图

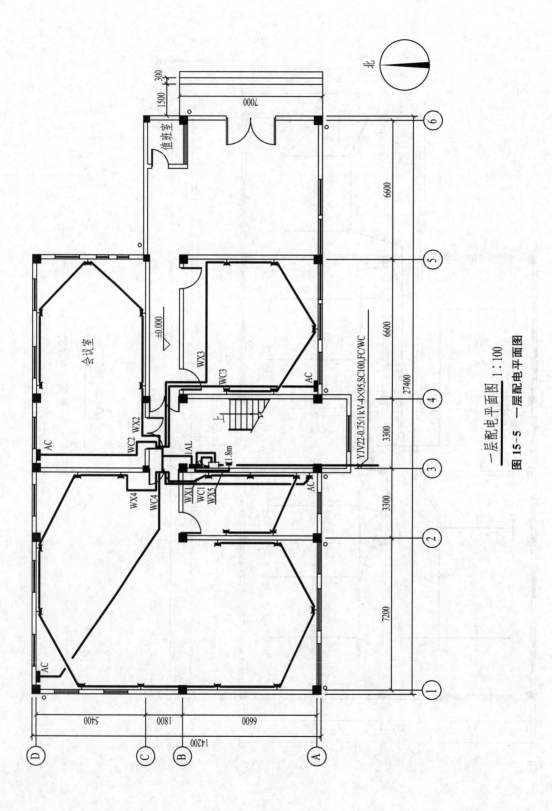

一层配电平面图 1:100

图 15-5 一层配电平面图

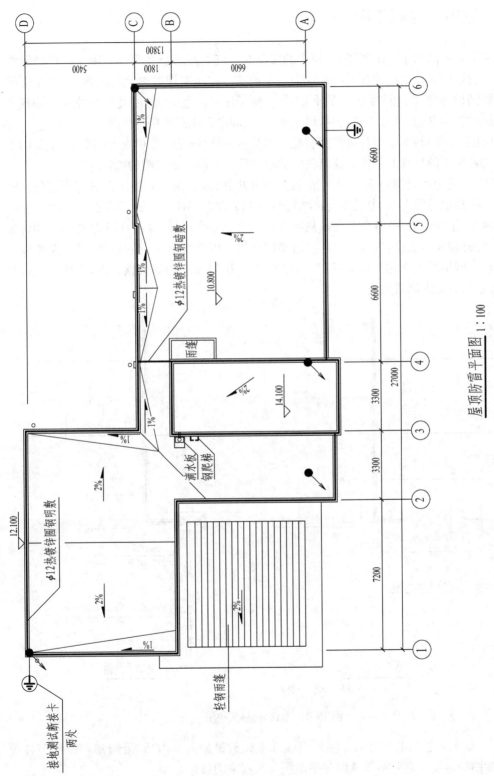

屋顶防雷平面图 1:100

图15-6 屋顶防雷平面图

15.3 室内弱电施工图

随着人们生活水平的不断提高,如今的房屋对电气的要求已经不再局限于简单的照明用电了,电视、电话和电脑的普及已经成为一种趋势。在房屋建造时就将电视、电话及电脑网络线路铺设到位,既免除了投资的重复,又方便了住户。电视、电话、电脑网络及消防报警施工图统称为弱电施工图。一般包括弱电平面图、弱电系统图和接线详图等。

弱电施工图的基本原理与电气照明施工图基本一致,线路的敷设也大同小异,主要的不同在于两者采用的导线不一样。这里我们简单介绍一下弱电施工图的阅读。

图 15-7 是电话及网络系统图,电话线从室外进线后,分别进入接线盒进行再分配。图中电话是一根电缆线引入,电话电缆进线符号为 HYV22-20(2×0.5),SC32,FC/WC,表明电缆线由 20 组线组成,每组含有两根截面面积为 0.5 mm² 的线,穿在直径为 32 mm 的焊接钢管内,室外埋地暗敷设,进入室内后再沿墙暗敷设。电缆线有一定的规格,且一般要放一定的余量。网络是由六芯多模光纤引入,穿在直径为 50 mm 的焊接钢管内,室外埋地暗敷设,进入室内后再沿墙暗敷设。

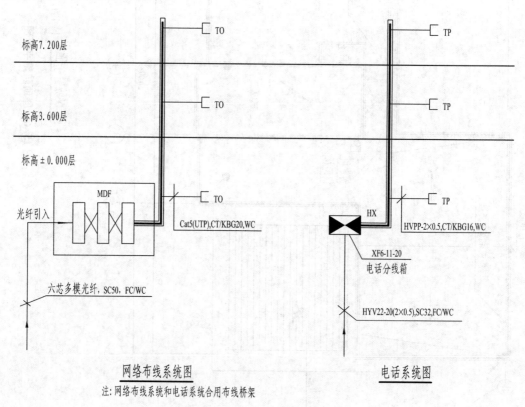

网络布线系统图   电话系统图

注:网络布线系统和电话系统合用布线桥架

图 15-7   电话、网络系统图

图 15-8 为一层弱电平面图。室外引线埋地暗敷设进入室内后,沿墙暗敷设接至各接口。在读图的时候一定要将系统图与平面图参照起来阅读。

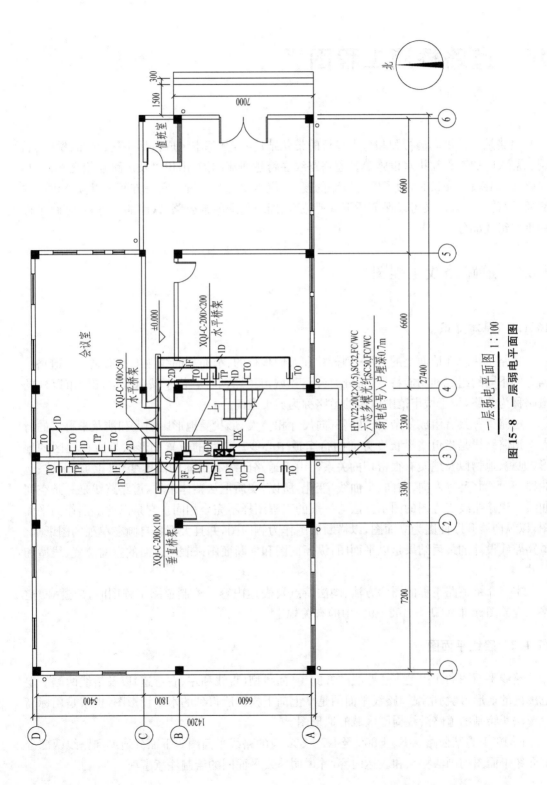

一层弱电平面图 1:100

图15-8　一层弱电平面图

16 道路桥涵工程图

道路是一种供车辆行驶和行人步行的带状结构物,其基本组成包括路基、路面、桥梁、涵洞、隧道、防护工程和排水设施等。道路路线在跨越河流湖泊、山川以及道路互相交叉、与其他路线(如铁路)交叉时,为了保持道路的畅通,就需要修筑桥梁。它一方面可以保证桥上的交通运行,另一方面又可以保证桥下宣泄流水、船只的通航或公路、铁路的运行,是道路工程的重要组成部分。

16.1 道路路线工程图

16.1.1 基本知识

道路是建筑在地面上的、供车辆行驶和人们步行的、窄而长的线性工程构筑物。道路根据它们不同的组成和功能特点,可分为公路和城市道路两种。位于城市郊区和城市以外的道路称为公路,位于城市范围以内的道路称为城市道路。

道路工程具有组成复杂、长宽高三向尺寸相差大、形状受地形影响大和涉及学科广的特点。道路路线是指道路沿长度方向的行车道中心线。道路的位置和形状与所在地区的地形、地貌、地物以及地质有很密切的关系。由于道路路线有竖向的高度变化(上坡、下坡、竖曲线)和平面弯曲(左向、右向、平曲线)变化,所以,实质上从整体来看,道路路线是一条空间曲线。道路路线工程图的图示方法与一般的工程图样不完全相同。它是以地形图作为平面图,以纵向展开断面图为立面图,以横断面图作为侧向图,并且大都各自画在单独的图纸上。道路路线设计的最后结果是以平面图、纵断面图和横断面图来表达道路的空间位置、线型和尺寸。

本节介绍道路工程的图示方法、画法特点及表达内容。绘制道路工程图时,应遵守《道路工程制图标准》(GB 50162—92)中的有关规定。

16.1.2 路线平面图

路线平面图的作用是表达路线的方向、平面线型(直线和左、右弯道)以及沿线两侧一定范围内的地形、地物情况。路线平面图是从上向下投影所得到的水平投影图,也就是用标高投影法所绘制的道路沿线周围区域的地形图。

图 16-1 为某公路从 K6+800 至 K7+800 段的路线平面图。下面分地形和路线两部分来介绍平面图的画法特点和表达内容,并说明路线平面图的绘制注意事项。

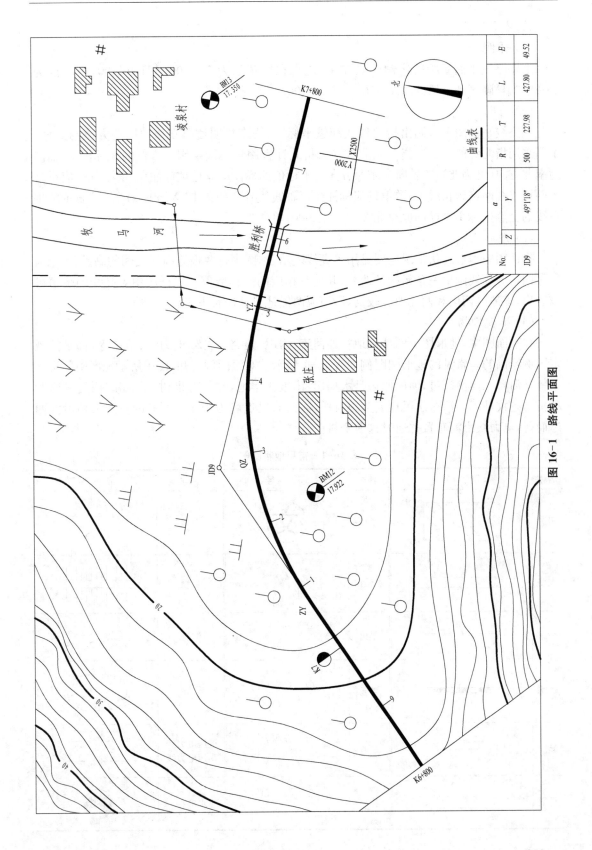

图 16-1 路线平面图

No.	a		R	T	L	E
	Y	Z				
JD9	49°1′18″		500	227.98	427.80	49.52

曲线表

1) 地形部分

（1）比例

道路路线平面图所用比例一般较小，通常在城镇区为 1：500 或 1：1000，山岭区为 1：2000，丘陵区和平原区为 1：5000 或 1：10000。

（2）方向

在路线平面图上应画出指北针或测量坐标网，用来指明道路在该地区的方位与走向。本图采用指北针的箭头所指为正北方向。指北针宜用细实线绘制。方位的坐标网 X 轴向为南北方向（上为北），Y 轴向为东西方向。坐标值的标注应靠近被标注点，书写方向应平行于网格或在网格延长线上，数值前应标注坐标轴线代号。如图中"$X2500$，$Y2000$"表示两垂直线的交点坐标距坐标网原点北 2500、东 2000，单位为 m。

（3）地形

平面图中地形起伏情况主要是用等高线表示，本图中每两根等高线之间的高差为 2 m，每隔四条等高线画出一条粗的计曲线，并标有相应的高程数值。根据图中等高线的疏密可以看出，该地区西南和西北地势较高，沿河流两侧地势低洼且平坦。

（4）地貌地物

在平面图中，地形图上的地貌地物如河流、房屋、道路、桥梁、电力线、植被等，都是按规定图例绘制的。常见的地形图图例如表 16-1 所示。对照图例可知，图中所示地区中部有一条牧马河自北向南流过，河岸西边是水稻田，山坡为旱地，并栽有果树。该路线通过一座胜利桥跨越牧马河。河东居民点名为凌泉村，河西居民点名为张庄。原有的乡间大路沿河西岸而行，电力线沿河布置并通过这两个村庄。

表 16-1 常见地物图例

名称	符号	名称	符号	名称	符号
房屋	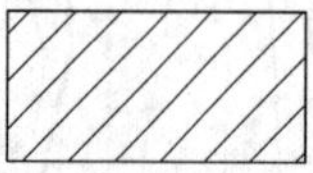	学校	 文	菜地	
大路	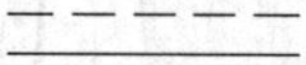	水稻田		堤坝	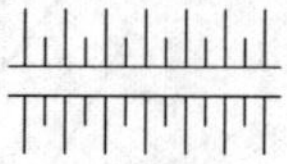
小路		旱田	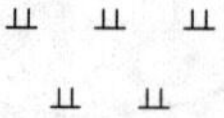	河流	
铁路		果园	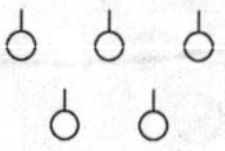	人工开挖	
涵洞	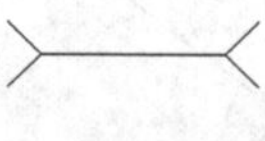	草地	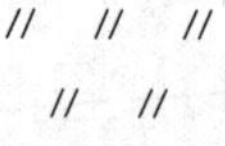	低压电力线 高压电力线	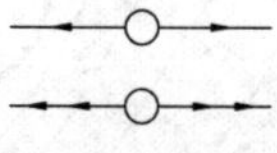
桥梁	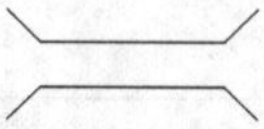	林地	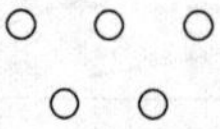	水准点	

（5）水准点

沿路线附近每隔一段距离就在图中标有水准点的位置，用于路线的高程测量。如

$\odot\dfrac{BM12}{17.922}$，表示路线的第 12 个水准点，该点高程为 17.922 m。

2）路线部分

（1）设计路线

用加粗实线表示设计路线。由于道路的宽度相对于长度来说尺寸小得多，其宽度在较大比例的平面图中才能画清楚，因此通常是沿道路中心线画出一条加粗的实线（2b）来表示新设计的路线。

（2）里程桩

道路路线的总长度和各段之间的长度用里程桩号表示。里程桩号应从路线的起点至终点依次顺序编号。在平面图中，路线的前进方向总是从左向右的。里程桩分公里桩和百米桩两种。公里桩宜注在路线前进方向的左侧，用符号"◖"表示桩位，公里数注写在符号的上方，如"K7"表示离起点 7 km。百米桩宜标注在路线前进方向的右侧，用垂直于路线的细短线表示桩位，用字头朝向前进方向的阿拉伯数字表示百米数，注写在短线的端部。例如，在 K7 公里桩的前方注写的"2"，表示桩号为 K7＋200，说明该点距路线起点为 7200 m。

（3）平曲线

道路路线在平面上是由直线段和曲线段组成的，在路线的转折处应设平曲线。最常见的较简单的平曲线为圆弧，其基本的几何要素如图 16-2 所示：JD 为交角点，是路线的两直线段的理论交点；α 为转折角，是路线前进时向左（α_Z）或向右（α_Y）偏转的角度；R 为圆曲线半径，是连接圆弧的半径长度；T 为切线长，是切点与交角点之间的长度；E 为外距，是曲线中点到交角点的距离；L 为曲线长，是圆曲线两切点之间的弧长。

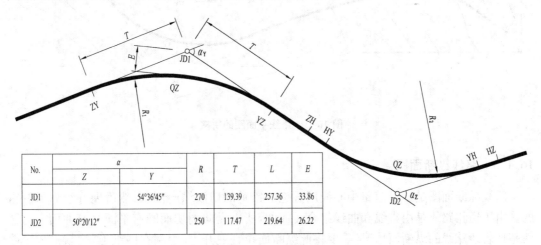

No.	α		R	T	L	E
	Z	Y				
JD1		54°36′45″	270	139.39	257.36	33.86
JD2	50°20′12″		250	117.47	219.64	26.22

图 16-2　平曲线几何要素

在路线平面图中，转折处应注写交角点代号并依次编号，如"JD9"表示第 9 个交角点。还要注出曲线段的起点 ZY（直圆）、中点 QZ（曲中）、终点 YZ（圆直）的位置。为了将路线上各段平曲线的几何要素值表示清楚，一般还应在图中的适当位置列出平曲线要素表。如果设置缓和曲线，则将缓和曲线与前、后段直线的切点，分别标记为 ZH（直缓点）

和 HZ(缓直点)；将圆曲线与前、后段缓和曲线的切点，分别标记为 HY(缓圆点)和 YH(圆缓点)。

通过读图可以知道，新设计的这段公路是从 K6＋800 处开始，由西南方地势较高处引来，在交角点 JD9 处向右转折。$\alpha_Y=49°1'18''$，圆曲线半径 $R=500$ m，从张庄北面经过，然后通过牧马河桥，道路向东延伸。

　　3）路线平面图的绘制注意事项

（1）先画地形图，等高线要求线条顺滑。

（2）画路线中心线，按先曲线后直线的顺序画出路线中心线并加粗($2b$)，以加粗粗实线绘制路线设计线，以加粗虚线绘制路线比较线。

（3）路线平面图应从左向右绘制，桩号为左小右大。

（4）平面图的植物图例应朝上或向北绘制；每张图纸的右上角应有角标，注明图纸序号及总张数。

（5）平面图的拼接。由于道路很长，不可能将整个路线平面图画在同一张图纸内，通常需要分段绘制在若干张图纸上，使用时再将各张图纸拼接起来。平面图中路线的分段宜在整数里程桩处断开，断开的两端均应画出垂直于路线的细点划线作为拼接线。相邻图纸拼接时，路线中心对齐，接图线重合，并以正北方向为准，如图 16-3 所示。

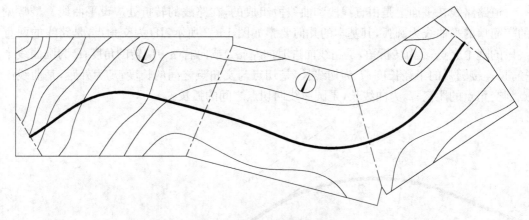

图 16-3　路线平面图的拼接

16.1.3　路线纵断面图

路线纵断面图是通过道路中心线用假想的铅垂剖切面纵向剖切，然后展开绘制后获得的。由于道路路线是由直线和曲线组合而成的，所以纵向剖切面既有平面又有曲面。为了清楚地表达路线的纵断面情况，需要将此纵断面拉直展开，并绘制在图纸上，这就形成了路线纵断面图。

路线纵断面图主要表达道路的纵向设计线形以及沿线地面的高低起伏状况、地质和沿线设置构筑物的概况。

路线纵断面图包括图样和资料表两部分，一般图样画在图纸的上部，资料表布置在图纸的下部。图 16-4 为某公路从 K3＋300 至 K4＋400 段的纵断面图。

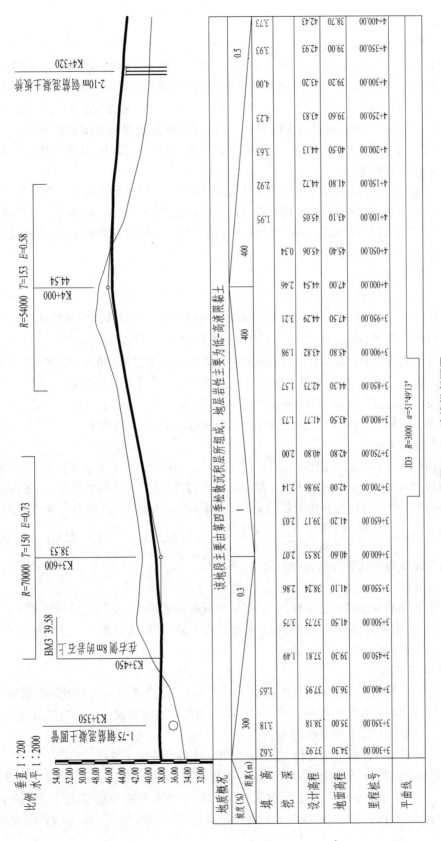

图 16-4 路线纵断面图

地质概况	该地段主要由第四季松散沉积层所组成，地层岩性主要为低-高液限粘土																									
坡度(%) 距离(m)	300		0.3					1			400		400		1	0.5		
填 高	3.62	3.18	1.65	1.49	3.75	2.86	2.07	2.03	2.14	2.00	1.73	1.57	1.98	3.21	2.46	0.34	1.95	2.92	3.63	4.23	4.00	3.93	3.73
挖 深																							
设计高程	37.92	38.18	37.95	37.81	41.50	38.24	38.53	39.17	39.86	40.80	41.77	42.73	43.82	44.29	44.54	45.06	45.05	44.72	44.13	43.83	43.20	42.93	42.43
地面高程	34.30	35.00	36.30	39.30	37.50	41.10	40.60	41.20	42.00	42.80	43.50	44.30	45.80	47.50	47.00	45.40	43.10	41.80	40.50	39.60	39.20	39.00	38.70
里程桩号	3+300.00	3+350.00	3+400.00	3+450.00	3+500.00	3+550.00	3+600.00	3+650.00	3+700.00	3+750.00	3+800.00	3+850.00	3+900.00	3+950.00	4+000.00	4+050.00	4+100.00	4+150.00	4+200.00	4+250.00	4+300.00	4+350.00	4+400.00
平曲线							JD3 R=3000 α=5°49′13″																

1) 图样部分

（1）比例

纵断面图的水平方向表示路线的长度（前进方向），竖直方向表示设计线和地面的高程。由于路线的高差比路线的长度尺寸小得多，如果竖向高度与水平长度用同一种比例绘制，是很难把高差明显地表示出来的，所以绘制时一般竖向比例要比水平比例放大 10 倍。例如本图的水平比例为 1∶2000，而竖向比例为 1∶200，这样画出的路线坡度就比实际大，看上去也较为明显。为了便于画图和读图，一般还应在纵断面的左侧按竖向比例画出高程标尺。

（2）设计线和地面线

在纵断面图中，道路的设计线用粗实线表示，原地面线用细实线表示。设计线是根据地形起伏和公路等级，按相应的工程技术标准确定的，设计线上各点的标高通常是指路基边缘的设计高程。地面线是根据原地面上沿线各点的实测中心桩高程而绘制的。比较设计线与地面线的相对位置，可决定填挖高度。

（3）竖曲线

设计线是由直线和竖曲线组成的。在设计线的纵向坡度变更处（变坡点），为了便于车辆行驶，按技术标准的规定应设置圆弧竖曲线。竖曲线分为凸形和凹形两种，在图中分别用 ⌐⌐ 和 ⌐⌐ 的符号表示。符号中部的竖线应对准变坡点，竖线左侧标注变坡点的里程桩号，竖线右侧标注竖曲线中点的高程。符号的水平线两端应对准竖曲线的始点和终点，竖曲线要素（半径 R、切线长 T、外距 E）的数值标注在水平线上方。在本图中的变坡点处桩号为 K3＋600，竖曲线中点的高程为 38.53 m，设有凹形竖曲线（$R=70000$ m，$T=150$ m，$E=0.73$ m）；在变坡点 K4＋000 处设有凸形竖曲线（$R=54000$ m，$T=153$ m，$E=0.58$ m）。

（4）工程构筑物

道路沿线的工程构筑物如桥梁、涵洞等，应在设计线的上方或下方用竖直引出线标注，竖直引出线应对准构筑物的中心位置，并注出构筑物的名称、规格和里程桩号。例如图中在涵洞中心位置用"○"表示，并进行标注，表示在里程桩 K3＋350 处设有一座直径为 75 cm 的单孔圆管涵洞。$\dfrac{2-10\text{ m 预应力混凝土板桥}}{\text{K4＋320}}$ 表示在里程桩 K4＋320 处设有一座桥，该桥为预应力混凝土板桥，共 2 跨，每跨 10 m。

（5）水准点

沿线设置的测量水准点也应标注，竖直引出线对准水准点，左侧注写里程桩号，右侧写明其位置，水平线上方注出编号和高程。如水准点 BM3 设置在里程 K3＋450 处的右侧 8 m 的岩石上，高程为 39.58 m。

2) 资料表部分

路线纵断面图的测设数据表与图样上下对齐布置，以便阅读。这种表示方法较好地反映出纵向设计在各桩号处的高程、填挖方量、地质条件和坡度以及平曲线与竖曲线的配合关系。资料表主要包括以下项目和内容：

（1）地质概况。根据实测资料，在图中注出沿线各段的地质情况。

（2）坡度/距离。标注设计线各段的纵向坡度和水平长度距离。表格中的对角线表示坡度方向，左下至右上表示上坡，左上至右下表示下坡，坡度和距离分别注在对角线的上、下两侧。如图中第一格的标注"0.3/300"，表示此段路线是上坡，坡度为 0.3％，路线长度为 300 m。

（3）标高。表中有设计标高和地面标高两栏，它们应和图样互相对应，分别表示设计线和地面线上各点（桩号）的高程。

（4）填挖高度。设计线在地面线下方时需要挖土，设计线在地面线上方时需要填土。挖或填的高度值应是各点（桩号）对应的设计标高与地面标高之差的绝对值。

（5）里程桩号。沿线各点的桩号是按测量的里程数值填入的，单位为 m，桩号从左向右排列。在平曲线的起点、中点、终点和桥涵中心点等处可设置加桩。

（6）平曲线。为了表示该路段的平面线型，通常在表中画出平曲线的示意图。直线段用水平线表示，道路左转弯用凹折线表示，右转弯用凸折线表示，有时还需注出平曲线各要素的值。

（7）超高。为了减小汽车在弯道上行驶时的横向作用力，道路在平曲线处需设计成外侧高内侧低的形式，道路边缘与设计线的高程差称为超高，如图 16-5 所示。

（8）纵断面的标题栏绘在最后一张图或每张图的右下角，注明路线名称、纵横比例等。每张图纸右上角应有角标，注明图纸序号及总张数。

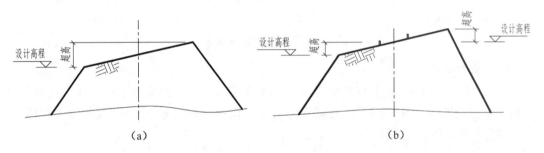

（a）　　　　　　　　　　　　（b）

图 16-5　道路超高

3）路线纵断面图的绘制注意事项

（1）先画纵横坐标：左侧纵坐标表示标高尺，横坐标表示里程桩。

（2）比例：纵横断面的比例，竖向比例比横向比例扩大 10 倍，纵横向比例一般在第一张图的注释中说明。

（3）点绘地面线：地面线是剖切面与原地面的交线，点绘时将各里程桩处的地面高程点到图样坐标中，用细折线连接各点即为地面线。

（4）设计线拉坡：设计线是剖切面与设计道路的交线，绘制时将各里程桩处的设计高程点到图样坐标中，用粗实线拉坡即为设计线。

（5）线型：地面线用细实线，设计线用粗实线，里程桩号从左向右按桩号大小排列。

（6）变坡点：当路线坡度发生变化时，变坡点应用直径为 2 mm 的中粗线圆圈表示，切线应用细虚线表示，竖曲线应用粗实线表示。

16.1.4　路线横断面图

1）图样部分

路线横断面图是用假想的剖切平面，垂直于路中心线剖切而得到的图形。在横断面图中，路面线、路肩线、边坡线、护坡线均用粗实线表示，路面厚度用中粗实线表示，原有地面线用细实线表示，路中心线用细点划线表示。

横断面图的水平方向和高度方向宜采用相同比例，一般比例为 1∶200、1∶100 或 1∶50。

为了路基施工放样和计算土石方量的需要，在路线的每一中心桩处，应根据实测资料和设计要求画出一系列的路基横断面图，主要是表达路基横断面的形状和地面高低起伏状况。路基横断面图一般不画出路面层和路拱，以路基边缘的标高作为路中的设计标高。

路基横断面图的基本形式有三种：填方路基（路堤式）、挖方路基（路堑式）、半填半挖路基，见图 16-6 所示。

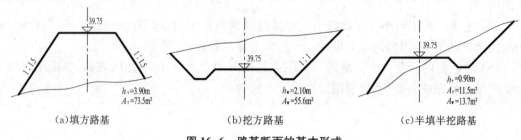

（a）填方路基   （b）挖方路基   （c）半填半挖路基

图 16-6   路基断面的基本形式

（1）填方路基

如图 16-6(a)所示，整个路基全为填土区，称为路堤。填土高度等于设计标高减去路面标高。填方边坡一般为 1∶1.5。在图下注有该断面的里程桩号、中心线处的填方高度 h_T (m)以及该断面的填方面积 $A_T(m^2)$。

（2）挖方路基

如图 16-6(b)所示，整个路基全为挖土区，称为路堑。挖土深度等于地面标高减去设计标高。挖方边坡一般为 1∶1。在图下注有该断面的里程桩号、中心线处的挖方高度 h_W(m)以及该断面的挖方面积 $A_W(m^2)$。

（3）半填半挖路基

如图 16-6(c)所示，路基断面一部分为填土区，一部分为挖土区，是前两种路基的综合。在图下仍注有该断面的里程桩号、中心线处的填（或挖）高度 h(m)以及该断面的填方面积 $A_T(m^2)$ 和挖方面积 $A_W(m^2)$。

2）路线横断面图的绘制注意事项

（1）横断面图的地面线一律用细实线，设计线用粗实线，道路的超高、加宽也应在图中表示出来。

（2）在同一张图纸内绘制的路基横断面图，应按里程桩号顺序排列，从图纸的左下方开始，先由下而上，再自左向右排列。

（3）在每张路基横断面图的右上角应写明图纸序号及总张数，在最后一张图的右下角绘制图标。

16.1.5   城市道路与高速公路

1）城市道路

城市道路一般由车行道、人行道、绿化带、分隔带、交叉口和交通广场以及高架桥、高速路、地下通道等各种设施组成。

城市道路的线型设计也是通过路线平面图、路线纵断面图和路基横断面图表达的,它们的图示方法和特点与公路路线工程图完全相同。但是,城市道路所在的地形较野外公路平坦,且设计是在城市规划和交通规划的基础上实施的,交通情况和组成部分比公路复杂。因此,体现在横断面上,城市道路比公路复杂得多。城市道路平面图和纵断面图不再详述。

城市道路横断面图是道路中心线法线方向的断面图,它的主要组成部分有车行道、人行道、绿化带和分隔带等,布置的基本形式按路面板块划分,有一块板、两块板、三块板、四块板等断面形式,如图 16-7 所示。

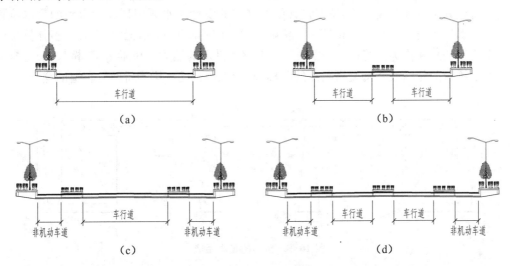

图 16-7 道路横断面布置形式

2)高速公路

高速公路是高标准的现代化公路,它的特点是:车速快,通行能力大,有四条以上车道并设中央分隔带,采用全封闭立体交叉,全部控制出入,有完备的交通管理设施等。高速公路路基横断面图主要由中央分隔带、行车道、硬路肩、土路肩等组成,常见的横断面形式如图 16-8 所示。

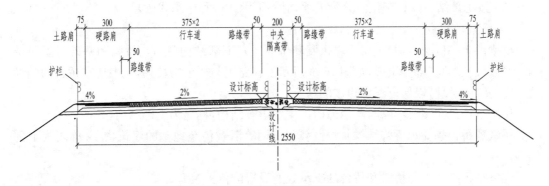

图 16-8 高速公路横断面形式

16.2 桥梁工程图

16.2.1 基本知识

当道路通过江河、山谷和低洼地带时,桥梁是保证车辆行驶和宣泄水流,并考虑船只通行的建筑物。桥梁的结构形式很多,常见的桥梁有梁桥、拱桥、桁架桥等。斜拉桥和悬索桥是近年来建造大型桥梁采用较多的新桥型,不仅考虑了它的功能,而且也增设了人文景观。

如图 16-9 所示,河流中的水位是变动的,在枯水季节的最低水位称为低水位,洪峰季节河流中的最高水位称为高水位,桥梁设计中按规定的设计洪水频率计算所得到的高水位称为设计洪水位。设计洪水位上相邻两个桥墩(台)之间的净距称为净跨径(l_0)。多孔桥梁中各孔净跨径的总和称为总跨径(i),反映了桥下宣泄洪水的能力。桥梁全长(桥长 L)是桥梁两端两个桥台的侧墙或八字墙后断点的距离,对于无桥台的桥梁为桥面行车道的全长。

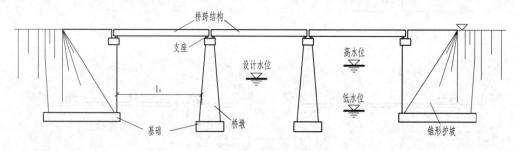

图 16-9　桥梁的基本组成

1) 桥梁的分类

桥梁的形式有很多,常见的分类形式有:

(1) 按建筑材料分为钢桥、钢筋混凝土桥、石桥、木桥等。其中以钢筋混凝土桥应用最为广泛。

(2) 按结构形式分为梁桥、拱桥、刚架桥、桁架桥、悬索桥、斜拉桥等。

(3) 按桥梁全长和跨径的不同分为特大桥、大桥、中桥和小桥等。

(4) 按上部结构的行车位置分为上承式桥、下承式桥和中承式桥。

2) 桥梁的组成

桥梁由上部桥跨结构(主梁或主拱圈和桥面系)、下部结构(桥台、桥墩和基础)、附属结构(护栏、灯柱等)三部分组成,如图 16-9 所示。在路堤与桥台衔接处,一般还在桥台两侧设置石砌的锥形护坡,以保证路堤边坡的稳定。

桥跨结构是在路线中断时跨越障碍的主要承载结构,称之为上部结构。

桥墩和桥台是支承桥跨结构并将恒载和车辆等活载传至地基的建筑物,又称之为下部结构。

支座是桥跨结构与桥墩和桥台的支承处所设置的传力装置。

在路堤和桥台衔接处,一般还在桥台两侧设置石砌的锥形护坡,以保证迎水部分路堤边坡的稳定。

设计一座桥梁要绘制许多图纸,包括桥位平面图、桥位地质断面图、桥梁总体布置图、构件结构图等。

16.2.2 桥位平面图

桥位平面图主要表示道路路线通过江河、山谷时建造桥梁的平面位置,采用较小的比例绘制,如1:500、1:1000、1:2000 等,将桥梁和桥梁与路线连接处的地形、地物、河流、水准点、地质钻探孔等表达清楚,与路线平面图相似,如图 16-10 所示。它表示桥梁的位置及其与地形地物的关系,施工时作为桥梁定位的依据。

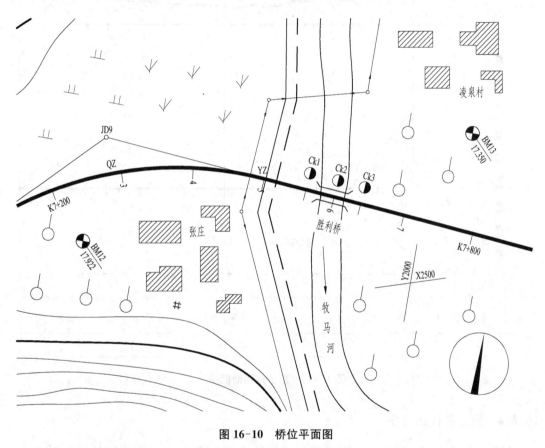

图 16-10　桥位平面图

桥位平面图中必须画指北针,图中的植被、水准符号等均应以正北方向为准,而图中文字方向则可按路线要求及总图标方向来决定。

16.2.3 桥位地质断面图

桥位地质断面图是根据水文调查和地质钻探所得的资料绘制的桥位所在河流河床位置的地质断面图,表示桥梁所在位置的地质水文情况,包括河床断面线、最高水位线、常水位线和最低水位线,作为桥梁设计的依据。小型桥梁可不绘制桥位地质断面图,但应写出地质情况说明。为了显示地质和河床深度变化的情况,特意把地形高度(标高)的比例较水平方向比例放大数倍画出。如图 16-11。

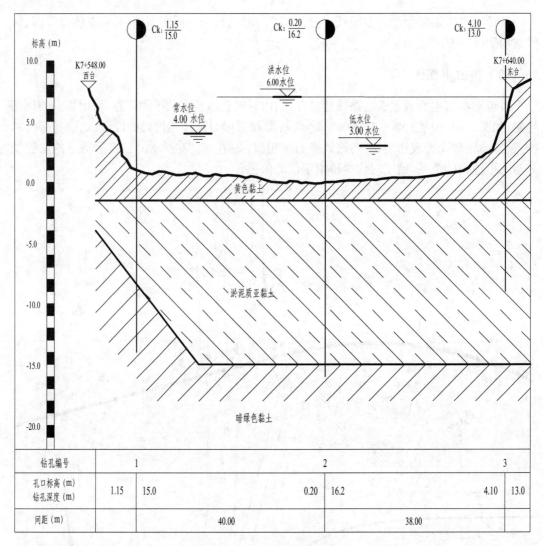

图 16-11　桥位地质断面图

16.2.4　桥梁总体布置图

桥梁总体布置图和构件图是指导桥梁施工的最主要图样,它主要表明桥梁的形式、跨径、孔数、总体尺寸、桥道标高、桥面宽度、各主要构件的相互位置关系,桥梁各部分的标高、材料数量以及总的技术说明等,作为施工时确定墩台位置、安装构件和控制标高的依据,一般由立面图、平面图和剖面图组成。

图 16-12～图 16-14 为牧马河胜利桥总体布置图,该桥为三孔钢筋混凝土简支梁桥,总长度为 34.90 m,总宽度 14 m,中孔路径 13 m,两边孔跨径 10 m。桥中设有两个柱式桥墩,两端为重力式混凝土桥台,桥台和桥墩的基础均采用钢筋混凝土预制打入桩。桥上部承重构件为钢筋混凝土空心板梁。

1)立面图

桥梁一般是左右对称的,所以立面图常常是由半立面和半纵剖面合成的,如图16-12所示。左半立面为左侧桥台、1号桥墩、板梁、人行道栏杆等主要部分的外形视图。右半纵剖面图是沿桥梁中心线纵向剖开而得到的,2号桥墩、右侧桥台、板梁和桥面均应按剖开绘制。图中还画出了河床的断面形状,在半立面图中,河床断面线以下的结构如桥台、桩等用虚线绘制;在半剖面图中地下的结构均画为实线。由于预制桩长度较长,可采用断开画法以节省图幅。图中还注明了桥梁各重要部位如桥面、梁底、桥墩、桥台、桩尖等处的高程,以及常水位(即常年平均水位)。

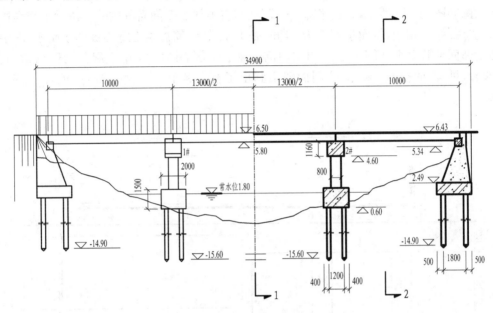

图 16-12　桥梁立面图

2) 平面图

桥梁的平面图也常采用半剖的形式,如图 16-13 所示。左半平面图是从上向下投影得

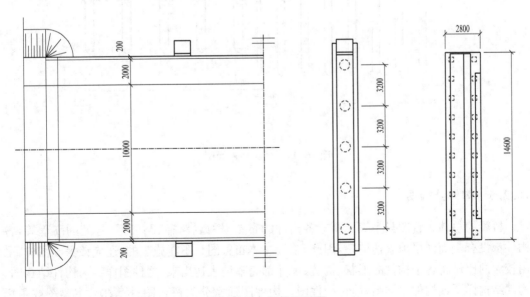

图 16-13　桥梁平面图

到的桥面俯视图,主要表示车行道、人行道、栏杆等的位置。由图可知,桥面车行道净宽为10 m,两边人行道各 2 m。右半部采用的是剖切画法(或分层揭开画法),假想把上部结构移去后,画出 2 号桥墩和右侧桥台的平面形状和位置。桥墩中的虚线圆是立柱的投影,桥台中的虚线正方形是下面方桩的投影。

3)横剖面图

根据立面图中所标注的剖切位置,1-1 剖面在中跨位置,2-2 剖面在边跨位置。桥梁的横剖面图如图 16-14 所示,是左半部 1-1 剖面和右半部 2-2 剖面拼成的。桥梁中跨和边跨部分的上部结构相同,桥面总宽度为 14 m,是由 10 块钢筋混凝土空心板拼接而成,图中由于板的断面形状太小,可不画出其材料图例。在 I-I 剖面图中画出了桥墩各部分(墩帽、立柱、承台、桩等)的投影。在 II-II 剖面图中画出了桥台各部分(台帽、台身、承台、桩等)的投影。

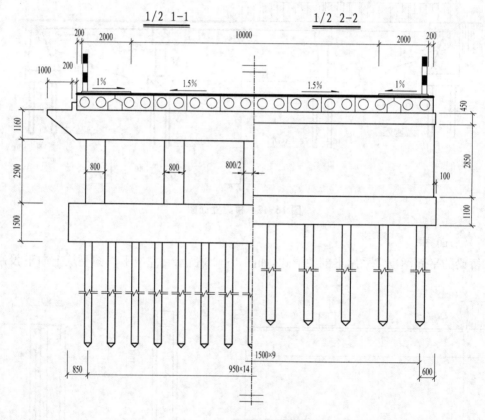

图 16-14 桥梁横剖面图

16.2.5 构件结构图

桥梁的总体布置图只是表示桥梁各构件的布置、桥型、跨径、路面系、各处的高程等,各构件都没有全面详尽地表达清楚,因此,单凭总体布置图是不能施工的,还应该另画图样,采用较大的比例将各个构件的形状、构造、尺寸都完整地表达出来,这种图样称为构件结构图、构件结构详图或构件大样图,简称构件图。构件图通常分为桥台图、桥墩图、主梁图或主板图、护栏图等,常用的比例是1：10～1：50,如对构件的某一局部需全面、详尽地完整表达时,可按需采用1：2～1：5的更大的比例画出这一局部的局部放大图。常见的构件图画法与房屋结构施工图中构件详图画法相同。

16.3　涵洞工程图

16.3.1　基本知识

涵洞是埋设在路基内用来宣泄小量流水的长条形工程构筑物。涵洞顶上一般都有较厚的填土以保持路面的连续性和减少汽车荷载对涵洞的冲击力。

涵洞的种类很多,按构造形式可分为圆管涵、盖板涵、拱涵、箱涵等;按孔数可分为单孔、双孔和多孔涵洞;按洞顶有无覆盖填土可分为明涵和暗涵;按建筑材料可分为砖涵、石涵、木涵、混凝土涵、钢筋混凝土涵等;按洞身断面形状可分为圆形、卵形、拱形、梯形和矩形涵洞等。

涵洞由洞口、洞身和基础三部分构成。洞身是涵洞的主要部分,其主要作用是承受荷载压力和土压力等并将其传递给地基,并保证设计流量通过的必要孔径;洞口由端墙、翼墙或护坡、截水墙、洞口铺砌和缘石等构成,它是保证涵洞基础和两侧路基免受冲刷,使水流通畅的构造,是涵洞的关键部位。常见的洞口形式有端墙式、翼墙式和八字式等,进水口和出水口通常采用同一种形式;基础是将涵洞结构所承受的各种作用传递到地基上的结构组成部分。

涵洞的主体结构通常用一张总图来表达,包括纵剖面图、平面图、横断面图等。少数细节及钢筋配置情况在总图中不易表达清楚时应另附详图。现以图16-15为例,介绍涵洞工程图的内容。

16.3.2　纵剖面图

涵洞一般以水流方向作为纵向。为能表达出涵洞的内部构造,通常以纵剖面图(即沿涵洞轴线竖直剖切所得到的投影图)作为立面图。如果形体对称,出入口相同,可以只画一半,即半纵剖面图,不对称时则应画全。当涵洞较长时,常以折断画法省略其中构造相同的洞身部分。本例画出了涵洞全纵剖面,主要表达了涵洞与路基及附属建筑物的关系,涵洞各组成部分(如基础、洞身、洞口)的类型、尺寸及相对关系,还有洞身的分段、建筑材料、纵向坡度等。一般来说,在不至于引起误解的情况下,剖面图中是不画虚线的。但在本例中。洞口翼墙处如不画虚线就不能将翼墙的形体表达清楚,所以应画出虚线。

16.3.3　平面图

为了使平面图便于表达,绘图时不考虑洞顶的覆盖土。图中表达了涵洞各组成部分的平面形状和尺寸。本例图中的椭圆曲线是圆弧与出(入)口端墙斜面的交线。涵洞顶覆盖土虽未表达,但路基边缘应予以画出,并以示坡线表示路基边坡。当洞身形状较简单时,可以不画剖面图;当洞身形状较复杂时,可采用剖面图。

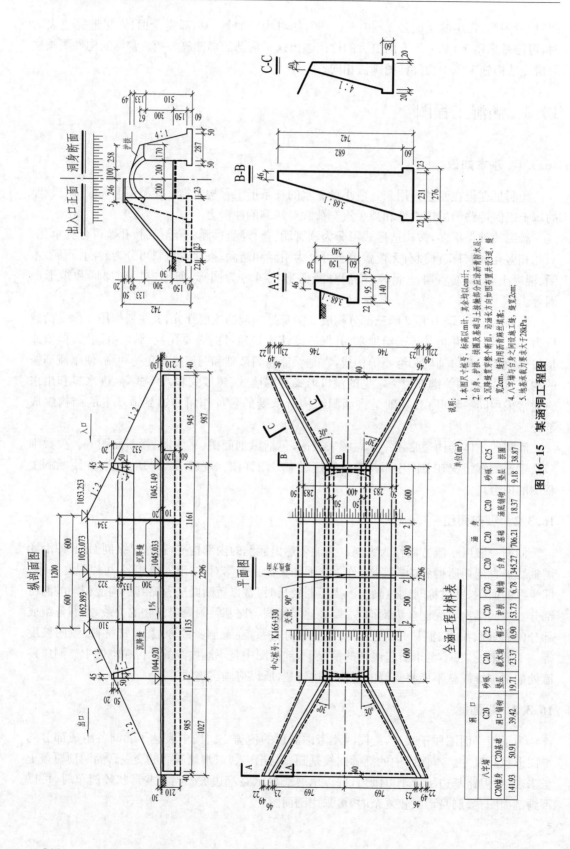

图 16-15　某涵洞工程图

16.3.4　侧面图

涵洞的侧面即为出入口的正面。如果出入口不相同应分别画出出口正面图和入口正面图。洞口正面图主要用来表达涵洞出入口的外形及其与路基、锥形护坡等的关系。为保持图面的清晰,洞口后面的构造及洞身的形状不予表达。如果需要表达,可作一些剖面或断面图进一步说明。本例中出入口相同,只需画一个洞口正面图,而且将洞口正面和洞身断面通过半正面半断面的画法绘于一起来分别描述洞口形状和尺寸以及洞身形状。

17 机 械 图

在建筑工程中广泛地使用着各种施工机械和机械设备。而使用这些机械和设备时,需要通过识读有关的机械图样来了解它们的性能和结构以便保养与维修。因此,建筑工程技术人员除了能够绘制和阅读建筑工程图以外,还必须对机械制图有所了解。

17.1 概述

机械图与建筑工程图都是采用正投影原理绘制的。但由于机械具有运动的特点,所以机械零件的形体、结构、材料以及加工等方面,同建筑物、构筑物之间存在很大的差别。因此在表达方法和内容上也就有所不同。另外,在学习机械图时,必须遵守《机械制图》国家标准的各项规定,以掌握机械图的图示特点和表达方法。

17.1.1 基本视图

机械制图国家标准对基本视图的名称及其投影方向作了如下规定:
主视图——由前向后投影所得的视图,对应于土木工程图的正立面图;
俯视图——由上向下投影所得的视图,对应于土木工程图的平面图;
左视图——由左向右投影所得的视图,对应于土木工程图的左侧立面图;
右视图——由右向左投影所得的视图,对应于土木工程图的右侧立面图;
仰视图——由下向上投影所得的视图,对应于土木工程图的底面图;
后视图——由后向前投影所得的视图,对应于土木工程图的背立面图。
六个基本视图的配置关系参见图 9-1 基本视图的形成。

如不能按图 9-1 配置视图时,应在视图的上方标出视图的名称"X 向"("X"为大写拉丁字母的代号),在相应的视图附近用箭头指明投影方向,并注上同样的字母,如图 17-1 所示。

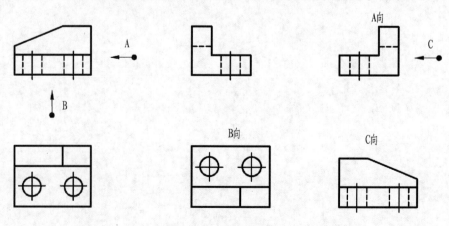

图 17-1 六个基本视图不按配置关系时的标注

图中除主视图、俯视图和左视图外,其余三视图未按规定配置,则该三视图需注上相应的字母。

在零件图或装配图中,除主视图外,应根据其形体结构和尺寸表达上的需要来确定其他视图。

17.1.2 剖视图、剖面图和规定画法

1) 剖视图与剖面图

机械零件或装配体的内部一般较为复杂,为了能清晰地表达其内部形状和结构,并便于标注尺寸,往往采用剖视、剖面的形式来表达。它与土建图中的剖面、断面(或截面)的概念是完全一致的,仅是名称上的不同。即机械图中的剖视相当于土建图中的剖面;机械图中的剖面相当于土建图的断面(或截面)。因此,机械图和土建图中的"剖面"仅在名称上相同,而在概念上并不相同,两者不能混淆。

在机械图中,剖视和剖面的剖切符号常以箭头表示其投影方向。当剖视图或剖面图所处的地位不够明显或容易引起误解时,则在剖视图或剖面图的上方注以大写拉丁字母,并在相应的剖切位置线旁也注上相同的字母,以便相应对照。

2) 规定画法

为了使图形简化并能更清晰地反映出某些零件或装配体的特征和结构形状,机械制图国家标准对此作了某些规定画法,现摘要列举如下:

(1) 当回转形孔分布在回转形零件的同一圆周上时,在剖视图中应将其中一孔,假设旋转到剖切平面内按旋转剖切画出。

(2) 对于机件的肋、轮辐及薄壁等,如按纵向剖切,这些结构规定都不画剖面符号,并用粗实线将它与其邻接部分分开。当零件回转体上均匀分布的肋、轮辐、孔等结构不处于剖切平面上时,可将这些结构旋转到剖切平面上画出。

(3) 当零件上带有小槽或小孔时,它们与零件表面的交线允许采用简化画法。当剖切平面通过回转面形成的孔时,这些结构按剖视绘制。

17.1.3 特殊视图

当一个零件在选用基本视图表达时,尚不能使零件的某些结构的实形反映清楚,或是采用了某一完整的基本视图来表达而部分图形又显得多余,则经常根据零件的具体情况选用某些特殊视图,如斜视图、斜剖视图、局部视图等,以补充其表达上的不足。图17-2表示一弯管。为了保留弯管顶部凸缘和凸台的外形,主视图采用了局部剖视图。由于顶部的凸缘不平行于基本投影面,因此在任一基本视图中都无法反映其实形。今在顶部 A-

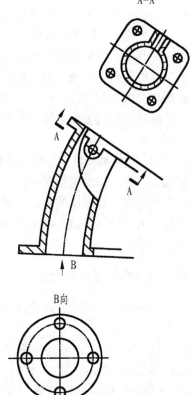

图 17-2 弯管的特殊视图

A 处作一斜剖视,则不仅显示出方形凸缘的真实形状,同时还反映出凸台与弯管的连接情况。弯管底部的凸缘则采用 B 向的局部视图来表示。这样,该弯管采用了一个基本视图(主视图)和两个特殊视图(斜剖视图和局部视图),加上尺寸的标注,就清楚完整地表达了弯管的结构和形状。

17.2 机械零件图

零件图是加工制造零件的工作图,它是制造和检验零件的主要依据。为了使所制造的零件能符合机械设计、制造工艺和使用性能上的要求,零件工作图需有下列内容。

17.2.1 零件的视图

零件的视图起着确定所加工制造零件的形状和结构的作用,它要求以较少的视图而又能清晰、完整、无误地反映出零件的形状和结构,而且它也与零件的主要加工方法和工作情况有着密切的关系。所以,零件视图的选择,不但影响到零件图的绘制和阅读上的方便,而且还会涉及零件生产制造上的实际问题。现以几个零件为例,对零件的视图作简单的说明。

(1)轴是机械中常见的一种零件。不论它在机械中的工作位置如何,一律以轴类零件在车床上的切削加工位置作为画主视图的位置,即将它的轴线横放成水平位置。同时,在主视图中应能反映出它的特征形状,如键槽、小孔等。

(2)轮类零件是指齿轮、皮带轮、链轮等一些零件。这类零件加工工艺较复杂,工序较多。但其主要形体大致呈回转形,其主要的加工也由车床来完成。因此,这类零件也以主要的加工位置作为画其主视图的位置,且经常采取剖视形式来表达其内部结构。轮类零件通常画出主、左两个视图。

另外,如圆盘、圆盖等一类零件,一般也常采用两个视图表达,其图示方式与轮类零件相似。

(3)壳体类零件是指机械中的阀体、泵体、箱体和壳体等一类零件。这类零件均以其通常的工作位置作为画主视图的位置。由于这些零件的形体和内部结构均较复杂,故主视图的方向应根据其形体的特征形状和内部结构的层次作综合分析,以选出最佳方案。在视图的数量上一般需要两个以上或更多一些,某些零件有时还需要补充不同数量的特殊视图方能表达清楚。

17.2.2 零件图中的尺寸

零件图中的尺寸,根据零件各部分加工制造上的不同要求,可分为基本尺寸和具有公差要求的尺寸。

(1)基本尺寸一般是公称尺寸。它包括确定零件各部分几何形状的定形尺寸和确定各几何形状相互位置的定位尺寸。标注尺寸除了要求准确、完整和清晰以外,还要求标注得合理,并能符合机械设计、装配和生产工艺上的需要。关于后者,需要涉及有关机械专业知识,故在此不作详述。

在土建图中,尺寸一般常注成连续的封闭形式。若机械图中的尺寸也按土建图尺寸的标注方式注成封闭形式,则不但影响零件的加工精度和装配精度,甚至会造成废品。因此,机械图中的尺寸必须注成开口形式,这也是机械图与土建图在尺寸标注上一个重要的不同点。

(2) 由于机械设计或装配上的需要,零件的某些部位的尺寸规定了它们的尺寸公差,也就是规定了它们的尺寸有加工和检验的允许误差范围。现以尺寸 $\phi 80^{+0.030}_{+0.011}$ 为例,作简单的说明。其中,$\phi 80$ 为基本尺寸;$^{+0.030}_{+0.011}$ 为其极限偏差。该尺寸 $\phi 80^{+0.030}_{+0.011}$ 规定了轴的该部分直径的最大极限尺寸为 $\phi 80+0.030=\phi 80.030$;最小极限尺寸为 $\phi 80+0.011=\phi 80.011$。凡所制造出来的该部分直径必须在 $\phi 80.011$ 到 $\phi 80.030$ 范围之内,否则为不合格。上述尺寸的公差也可采取公差代号来标注,如 $\phi 80 m6$,即为 $\phi 80^{+0.030}_{+0.011}$。其中,注在基本尺寸 $\phi 80$ 右边的 m6 为公差带的代号,它代表了相应的极限偏差 $^{+0.030}_{+0.011}$。当要求同时标注公差代号和相应的极限偏差时,后者应加上圆括号,如 $\phi 80 m6\left(^{+0.030}_{+0.011}\right)$。

17.2.3　表面粗糙度代(符)号和技术要求

1) 表面粗糙度

表面粗糙度是指零件表面的光滑程度。零件的各表面由于要求不同,其粗糙度也各不相同。国家标准将表面粗糙度的代(符)号和标注方法作了如下规定:

(1) 表面粗糙度的代(符)号

(2) 表面粗糙度的标注

表面粗糙度的代(符)号应注在可见轮廓线、尺寸线、尺寸界线或它们的延长线上,代(符)号的尖端必须从材料外指向零件表面。在零件图中,对其中使用最多的某一种表面粗糙度代(符)号往往集中注在图纸的右上角,并加注"其余"二字。当零件所有表面具有相同的表面粗糙度要求时,其代(符)号也可在图纸的右上角统一标注。

2) 技术要求

当零件的某些加工制造要求无法在零件图的图形上用代(符)号进行标注或标注过于繁琐时,则常列入技术要求加以补充说明。

零件图上的技术要求内容广泛,应视零件的设计、加工、装配以及图示上的具体情况来确定。技术要求宜书写在零件图的下方和右侧空隙处。

17.3　常用零件的规定画法

螺栓、螺母、键、滚动轴承以及齿轮等为常用零件。由于常用零件应用较广、用量大,国家标准对螺钉、螺栓、螺母、垫圈、键、销和滚动轴承等一些零件的结构、规格和尺寸实行标准化和系列化,以适应工业发展的需要。因此,这些常用零件称为标准零件。在机械设计和制造中,一般不需要画出标准件的零件图。但是,在装配图中它们仍需表达出来,所以还应了解它们的图示方式。对于齿轮、弹簧等常用零件以及螺纹的一些参数、尺寸和画法都作了某些规定,便于简化和统一。

17.3.1　螺纹

螺纹是指螺钉、螺栓与螺母、螺孔等起连接或传动作用的部分。

1）螺纹的各部分名称

在零件的外表面上加工出来的螺纹称为外螺纹,如螺钉、螺栓等的螺纹;零件的孔内表面上加工出来的螺纹称为内螺纹,如螺母、螺孔等的螺纹。凡螺纹要起到连接或传动的作用,必须成对使用,同时它们的牙型、直径、螺距等规格也必须完全相同。

2）螺纹的规定画法

（1）外螺纹画法

规定外螺纹的大径用粗实线表示,小径用细实线表示。画图时,如已知大径 d,则小径 d_1 可按大径 d 的 0.85 倍画出,即 $d_1 \approx 0.85d$。螺纹的终止界线要画成粗实线。为了保护螺杆上外螺纹的端部螺纹以及使其易于旋入螺孔的内螺纹,在外螺纹端部经常加工成锥台形的倒角。在主视图中表示小径的细实线规定画入倒角内,在外螺纹投影为圆的视图中,用粗实线的圆表示大径,用细实线的圆表示小径,但细实线圆规定只画约 3/4 圈,而倒角所形成的圆在此视图中规定不画出。在剖视、剖面图中的外螺纹,仍用细实线表示其小径,但螺纹剖面中的剖面线应画在大径和小径之间,如图 17-3 所示。

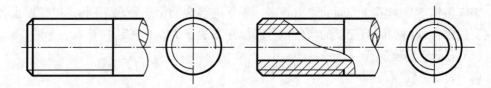

图 17-3　外螺纹的画法

（2）内螺纹画法

规定内螺纹的大径画成细实线,小径画成粗实线（$D_1 \approx 0.85D$）,剖面线应画到小径的粗实线为止。在内螺纹投影为圆的视图中,不论螺孔是否带有倒角,规定仅画出表示大径的 3/4 圈细实线圆和表示小径的粗实线圆,不画倒角圆。必须注意:内螺纹的大径和小径所表示的形式恰与外螺纹所表示的相反。对于不通的螺孔,其螺纹终止界线要用粗实线表示,并应分别画出螺孔深度和钻孔深度,钻孔底部的锥顶角一般画成 120°,如图 17-4 所示。

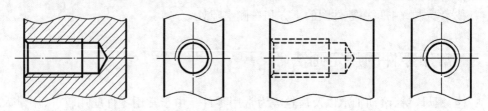

图 17-4　内螺纹的画法

（3）螺纹连接画法

当内、外螺纹连接时,在剖视图中,规定其旋合部分按外螺纹画法表示,即大径画成粗实线,小径画成细实线。如外螺纹的零件为一实体,在剖视图中则以不剖表示。至于螺纹未旋合的部分,仍按各自的画法表示。

3）螺纹的类型和标注

（1）螺纹的类型

连接螺纹常用的有普通螺纹和管螺纹。

普通螺纹有粗牙和细牙两种,均为公制,以 M 为代号。粗牙普通螺纹是使用最广的一种连接螺纹,一般所指的普通螺纹均为粗牙普通螺纹。当螺纹大径相同时,细牙普通螺纹的螺距与牙型高度比粗牙的要小,因此细牙普通螺纹一般适用于精密仪器或薄壁零件的连接。

管螺纹是指各种管道（如水管、油管、煤气管等）连接上的螺纹。我国目前对管螺纹仍沿用英寸制单位。常用的为圆柱管螺纹,以 G 为代号。

（2）螺纹的标注

在视图中,螺纹的类型由螺纹的标注内容所确定,所以螺纹的标注非常重要。其中,管螺纹的标注方式比较特殊。一般螺纹注在大径上的尺寸是指螺纹的公称直径（即大径）,而管螺纹的公称直径则指的是管子的通孔直径（这对于了解管子的通径和计算流量较为方便）。但表示管子公称直径的尺寸规定要用引出线标注在螺纹的大径上。管螺纹的螺距因有标准,如无特殊要求则不必标注。画图时,管螺纹大、小径的实际尺寸要根据其公称直径查阅机械零件手册得出。

17.3.2 螺栓连接

在建筑工程和机械工程中都广泛地应用螺栓连接。螺栓连接的作用主要由螺栓、垫圈和螺母等标准件将其他两个以上的零件或构件连接成为整体。螺栓、螺母和垫圈等标准件已列入国家标准,并制定了统一规格和代号。如六角头螺栓的代号为 GB 30—76,"GB"表示国家标准,"30"表示编号,"76"表示该标准颁布的年份。与此类似,六角螺母（粗制）的代号 GB 41—76;垫圈代号 GB 97—76。

1）螺栓连接的近似画法

螺栓连接所用的连接件有螺栓、螺母、垫圈等。螺纹连接图一般用比例画法绘制,即以螺纹公称直径（d、D）为基准,其余各部分结构尺寸均按与公称直径成一定比例关系绘制,如图 17-5 所示。

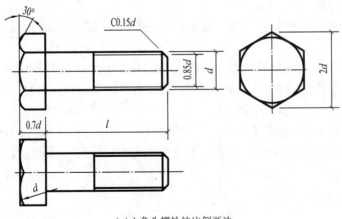

(a)六角头螺栓的比例画法

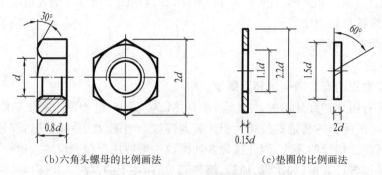

（b）六角头螺母的比例画法　　　　　　　　（c）垫圈的比例画法

图 17-5　螺栓、螺母、垫圈的比例画法

　　螺栓连接一般采用近似画法，如图 17-6 所示。图中由螺栓、垫圈和螺母将两块钢板连接成为整体。如两钢板的厚度 s_1、s_2 以及螺栓的大径为已知时，则根据 d 值可计算出各有关部分的尺寸，而按尺寸即能近似画出螺栓连接图。

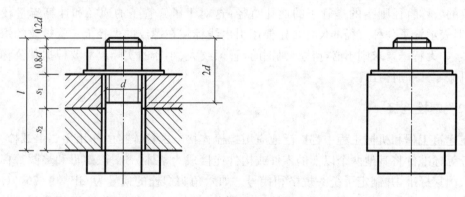

图 17-6　螺栓连接画法

　　2）螺栓连接画法的某些规定和尺寸标注

　　（1）当需要表明螺栓连接的内部情况时，一般可将主视图画成剖视。在剖视图中，当剖切平面通过螺栓中心时，则螺栓、垫圈和螺母等标准件，如无特殊需要均按不剖表示，即仍画其外形。螺栓头部和螺母的安装位置应相互一致，在主视图中，一般应反映出六角形的螺栓头和螺母的三个侧面。

　　（2）当两零件表面接触时，其接触处应回成一条线；不接触时，必须画出两条线，即留有间隙。

　　（3）在剖视图中，被剖切的两相邻零件（如图 17-6 中的两钢板），其剖面线方向应该相反。而同一零件在各剖视图或剖面图中的剖面线，其方向和间距应保持一致。

　　在螺栓连接的尺寸标注中，例如图 17-6，仅需注出两钢板的厚度 s_1、s_2，螺栓的螺纹大径 d（按螺纹要求标注），以及螺栓的长度 l。其中，$l = s_1 + s_2 + b + H + a$ 仅为螺栓长度的计算值，还需查阅手册中的 l（系列）值，然后取与计算值最为接近的 l（系列）值，作为画图和标注的螺栓长度 l。

17.3.3 键连接

轴与装在轴上的传动零件(如齿轮、皮带轮等)之间通常使用键连接。键属于标准零件。常用的一种是普通平键(GB 1096—79)。

键的连接方式是在轴上和轮毂上各开一键槽,键的一部分嵌在轴槽内,另一部分嵌入轮毂内。为了加工和安装上的方便,一般将轮毂槽做成贯通的。普通平键主要依靠两侧面受力,所以键和键槽的两侧面相互接触,图中应画成一条线。而键的高度与键槽总高的公称尺寸是不相等的,因此键的顶面与键槽顶面之间存有间隙,图中应画成两条线。图中为了显示出键和轴上的键槽,在主视图上将轴画成局部剖视,而键规定不作剖切表示。但在左视图中,当键被剖切到时,则应按实际情况作剖到处理。

17.3.4 齿轮

机械中的齿轮是作为传递功率、变换速度和变换运动方向的一种常用传动零件。齿轮一般分为圆柱齿轮和圆锥齿轮。圆柱齿轮用于两平行轴间的传动;圆锥齿轮用于两相交轴间的传动。以下仅简单说明直齿圆柱齿轮。

1)直齿圆柱齿轮各部分名称和尺寸关系

m 为齿轮的模数,它是齿轮计算中的一个重要参数。

以 z 为齿轮的齿数,t 为周节,则:

$$\pi D_\text{分} = tz, \quad D_\text{分} = \frac{t}{\pi}z$$

令

$$\frac{t}{\pi} = m$$

则

$$D_\text{分} = mz$$

在上式中,如已知模数 m 和齿数 z,就能确定分度圆直径 $D_\text{分}$ 和其他部分尺寸;或已知齿数 z 和分度圆直径 $D_\text{分}$,也可确定其模数 m。模数 m 是周节 t 与 π 的比值,模数越大,轮齿也越大,能承受的力也大。当一对齿轮啮合时,其周节 t 必须相等,也就是它们的模数 m 必须相等。

直齿圆柱齿轮轮齿的各部分尺寸,可按齿轮的模数 m 和齿数 z 计算得出,其计算公式见表 17-1。

表 17-1 标准直齿圆柱齿轮各部分尺寸计算公式

序　号	名　　称	代　　号	计算公式
基本参数:$m=2$, $z=20$			
1	齿顶高	h_a	$h_\text{a}=m$
2	齿根高	h_f	$h_\text{f}=1.25m$
3	齿高	h	$h=2.25m$
4	分度圆直径	d	$d=mz$
5	齿顶圆直径	d_a	$d_\text{a}=m(z+2)$
6	齿根圆直径	d_f	$d_\text{f}=m(z-2.5)$
7	中心距	a	$a=(d_1+d_2)/2-m(z_1+z_2)/2$

2）齿轮的规定画法

关于齿轮的轮齿部分,机械制图国家标准对此已规定了统一的简化画法,以便于画图和读图。

（1）单个齿轮的画法

① 齿顶线和齿顶圆用粗实线绘制。

② 分度线和分度圆用点划线绘制。

③ 在剖视图中,当剖切平面通过齿轮的轴线时轮齿一律按不剖切处理,齿根线用粗实线绘制;齿根线和齿根圆在视图中用细实线绘制,也可省略不画。

④ 斜齿圆柱齿轮的画法与直齿圆柱齿轮的画法基本相同,只是为了表示轮齿的方向,常将其画成半剖视图,并在非圆外形图上用三条平行的细实线表示,如图 17-7 所示。

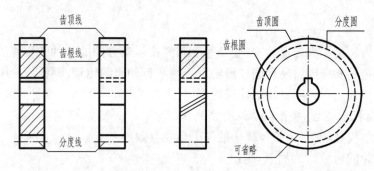

图 17-7　单个齿轮画法

（2）齿轮啮合的画法

在剖视图中轮齿啮合区内,两分度线必须相互重合,用一条点划线画出;一齿轮的轮齿用粗实线表示,另一齿轮的轮齿被遮挡的部分用虚线画出,也可省略不画。在反映为圆的视图中,要求两分度圆相切,两齿顶圆均以粗实线表示,而齿根圆则省略不画;其省略画法可将啮合区内的齿顶圆不画,如图 17-8 所示。

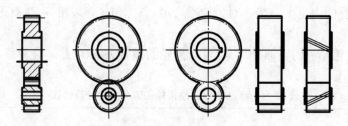

图 17-8　啮合齿轮的画法

（3）单个锥齿轮的画法

在端视图中,大端和小端齿顶圆用粗实线表示,大端齿根圆和小端齿根圆不必画,大端分度圆用细点划线表示,小端分度圆不画,如图 17-9 所示。

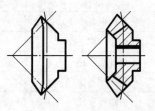

图 17-9　单个锥齿轮的画法

17.3.5　滚动轴承

滚动轴承实际上是一种组合零件,用来支承旋转零件。它具有摩擦力小、结构紧凑、规格系列化和标准化等优点,在机械的旋转运动中被广泛应用。

17.4　装配图

装配图是表达整台机器或部件的图样,是指导机器或部件的装配、安装以及了解它们的构造、性能和工作原理的主要依据,如图 17-10 所示。

17.4.1　装配图中的视图

1) 视图选择

在装配图中,应选用机器或部件的工作位置或自然位置作为画主视图的位置。一般将最能充分反映各零件的相互位置、装配关系和工作原理的视图作为主视图,且经常使用剖视表示。对于主视图未能表达清楚的部分则用其他视图加以补充。由于装配图不是直接用于生产制造零件的,所以并不需要将每个零件的具体形状、细部结构都详细地反映出来。但必须要反映出各零件的相互关系和相对位置。

2) 视图的特殊表达方法

(1) 拆卸画法

某些零件在装配图的某视图上已有表示,而这些零件在另外视图中的重复出现有时会影响其他零件表达上的清晰性,或是为了简化绘图工作,可在该视图中拆去这些零件的重复出现部分。这种拆卸画法在装配图中应用较多。

(2) 沿结合面剖切

在装配图的某个视图中,可假想沿某零件与相邻零件的结合面进行剖切。这样,在剖视图中所表达的结合面上就不再画出剖面线。

(3) 假想画法

为了表示运动零件的极限位置或本部件与相邻零件(或部件)的相互关系,可用双点划线(与点划线的粗细相同)画其外形轮廓。

(4) 夸大画法

在装配图中,对于薄片零件(如垫片等)、细小零件(如紧定螺钉等)以及微小间隙(如键槽深度的间隙等),如按它们的实际尺寸用比例难以画出时,可不按比例而采用适当夸大的画法,对于垫片等一类零件可画成特粗实线以表示其厚度。这种表达方法在装配图中是很常见的。

3) 规定画法和简化画法

对于螺纹连接件等相同的零件组,在不影响理解的情况下,允许在装配图中只在一处画出,而其余重复的仅用点划线表示其中心位置。

在装配图中,零件的某些工艺结构,如倒角、圆角等细节因图形比例较小难以画出时,一般可以不画。

在剖视图或剖面图中,相邻两零件的剖面线方向要求相反,当两个以上的零件相互接触

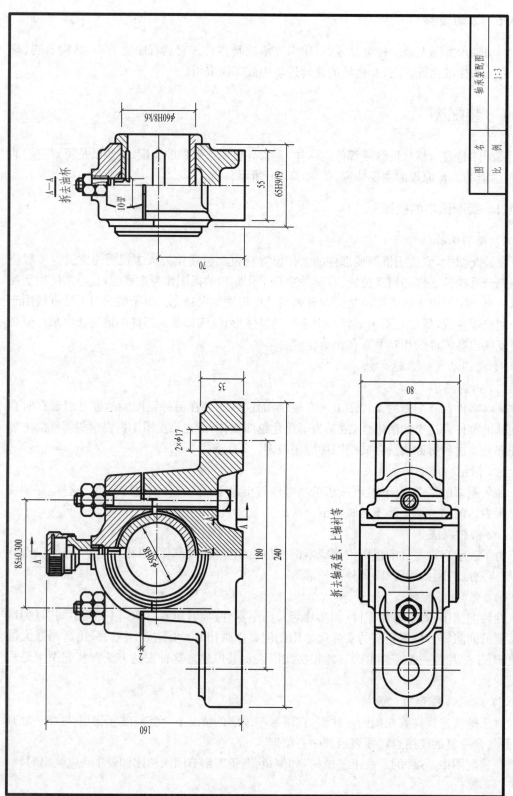

图 17-10 轴承装配图

在一起时,则可将剖面线的间距予以改变,以避免零件间的混淆。但同一零件在不同的视图中,它们的剖面线方向和间距应保持一致。

17.4.2 装配图中的尺寸

装配图不是直接用于加工制造零件的,所以不需要将每个零件的尺寸都详细地注出,一般标注下列几种尺寸:

性能、规格尺寸——表示机器或部件的性能或规格的尺寸。

外形尺寸——表示机器或部件最外轮廓的尺寸,即总长、总宽和总高。

安装尺寸——表示机器或部件安装时所需要的尺寸。

配合尺寸——表示零件之间有配合要求的尺寸。其分子用大写字母和数字表示孔的公差带的代号;分母用小写字母和数字表示轴的公差带的代号。当标注标准件、外购件与零件(轴或孔)的配合代号时,可以仅标注相配零件的公差带代号。如 $\phi 65k_6$,表示大写字母和数字的分子按规定省略。同样,$\phi 120H_7$ 表明小写字母和数字的分母也按规定省略。由于配合的概念涉及有关专业知识,在此仅作简单的说明。

17.4.3 序号、明细表和标题栏

1) 零件的序号

在装配图中各零件(或部件)采用指引线进行编号。关于序号的编写和要求应注意下列问题:

(1) 装配图上规格完全相同的每种零件一般只编一个序号。

(2) 指引线以细实线自所指部分的可见轮廓内引出,并在引出端画一小圆点。在另一端,用细实线画一水平线或一圆圈以编写序号。序号字高应比尺寸数字的高度大1号或大2号。

(3) 对装配关系清楚的连接零件组,可采用公共指引线。例如螺栓、垫圈、螺母等的零件组。

(4) 对滚动轴承、轴承座、电机等组件或独立部件(另有部件装配图表示),只编一个序号。

(5) 装配图上的序号应按顺时针或逆时针呈水平或铅直方向排列。

2) 明细表

对有序号的零件、组件或部件均应列入明细表作较详细的说明。明细表一般画在标题栏的上方,零件的序号应由下而上顺序编写。

明细表包括序号、代号、零件名称、数量、材料、重量和附注等内容。明细表中的序号应与视图中所编写的零件序号相一致。代号的注写,一般有两种:凡是标准件或通用件列入国家标准或其他统一标准的,注写其标准代号,不再画出其零件图。其余的零件(或部件)均需画出零件图(或部装图),且给予自编代号。明细表中的代号 TJ84.5.1、TJ 84.5.2、TJ 84.5.3等分别为轴、齿轮、轴承座等非标准零件的代号。该代号应与相应零件的零件图代号相同。代号中的末位数1、2、3等为零件图的编号,末位数前的一位数(如5)表示该部件(齿轮传动装置)的编号,前面的字母和数字(如TJ84)则表示该机器的代号。

3) 标题栏

其内容与零件图的标题栏大致相同。装配图(总装与部装图)的代号在标题栏内注写时,在其末位数后需加"00"。

18 计算机绘图

计算机绘图是把数据化的图形信息输入计算机,进行存贮和处理后,控制图形输出设备实现显示或绘制各种图形。随着电子计算机的飞速发展,计算机绘图技术在工程设计中得到了日益广泛的应用。本章将以 AutoCAD 2019 为例,简要介绍 AutoCAD 通用绘图软件的主要功能和使用方法。

18.1 AutoCAD 基本操作

18.1.1 AutoCAD 启动和退出

1) AutoCAD 的启动

用户安装完成 AutoCAD 2019 后,Windows 桌面上将自动建立一个快捷图标 ,用鼠标双击该图标即可启动 AutoCAD 2019。

2) AutoCAD 的退出

要退出 AutoCAD 2019,可在主菜单栏上单击"文件",然后选择"退出";或键盘输入命令:QUIT,然后按回车键。

18.1.2 AutoCAD 的工作界面

AutoCAD 2019 启动之后,将出现如图 18-1 所示的 AutoCAD 绘图界面,这就是 Auto-CAD 2019 为用户提供的绘图环境。

1) 标题栏

标题栏位于 AutoCAD 程序窗口的顶端,用于显示当前正在执行的程序名称以及文件名等信息。标题栏的右边有三个分别可执行最小化、还原、关闭的操作按钮。

2) 主菜单栏

主菜单栏包括默认、插入、注释、参数化、视图、管理、输出、附加模块、协作以及精选应用共十个菜单项。当用鼠标箭头移至所需菜单项单击,即可弹出其所包含的下拉菜单。主菜单栏包含了 AutoCAD 中绝大多数命令。如果在下拉菜单中的选项有黑色小三角则表示还有下一级子菜单,必须选择子菜单项中的选项,命令才可以执行。

3) 工具栏

工具栏中包含许多图标,这些形象的图标表示相应的命令,非常直观方便。点中这些图标按钮就可激活相应的 AutoCAD 命令。如果把光标放在某个按钮上并停留一会儿,屏幕上就会显示出该工具按钮的名称。AutoCAD 提供了很多工具条,系统默认状态有绘图、修改、注释、图层、块、特性、组以及实用工具等工具条。工具条的位置可以任意移动,其形状也可改变。

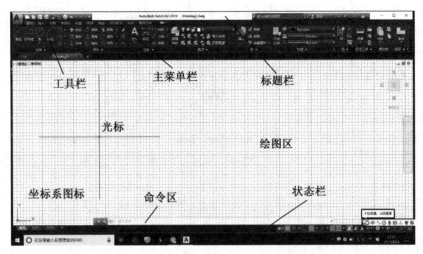

工具栏　　主菜单栏　　标题栏

光标

绘图区

坐标系图标　　命令区　　状态栏

图 18-1　AutoCAD 2019 中文版用户界面

4）绘图区

绘图区是屏幕上显示和绘制图形的工作区域，占据了大部分屏幕。在绘图区的左下角，有 X 和 Y 箭头组成的图标，表示绘图坐标系。当移动鼠标时，在绘图区中会出现随之移动的十字光标。

5）命令区

在绘图区的下方是命令区，也称为命令行，是用户输入命令和 AutoCAD 显示提示符和信息的地方。命令区是人机对话的重要窗口，输入命令后的所需参数、相关选项以及错误提示都在这里显示。命令区可以是一个浮动窗口，用户可以将它移动到屏幕上的任何地方并可改变窗口的大小。

命令区窗口分为两个部分：AutoCAD 提示用户输入信息的单行命令区以及显示命令记录的区域。另外，还可点击自定义按钮进行相关设置。

6）状态栏

状态栏在屏幕的底部，反映了当前的作图状态。鼠标在按钮上停留后会出现进一步的功能介绍。

18.1.3　命令与数据的输入

1）命令的输入

AutoCAD 是一种交互式的绘图软件，对它的操作是通过命令来实现的。用户输入命令的方式有以下几种：

➢ 命令方式：在"命令："提示下，通过键盘直接输入命令字符，然后按回车键。

➢ 图标方式：在工具栏中，单击相应的图标。

➢ 菜单方式：从下拉菜单中，选择相应的命令选项。

➢ 重复方式：当上一个命令执行完成后，按回车键则自动重复执行上一个命令。

➢ 快捷方式：在绘制过程中充分使用快捷键。

在多种命令输入方式中，命令方式是最基本的方法，但较麻烦，通常采用菜单方式或图标方式，尤其是快捷键方式，如果熟练掌握，对绘图速度将会有非常大的提升。

另外,如果需要取消一个正在执行的命令时,按键盘左上角的 Esc 键即可终止该命令,系统重新回到等待接受命令状态,即命令行显示"命令:"提示符。

2) 数据的输入

在 AutoCAD 中,指定一个点的位置方式有多种,可以直接通过鼠标在屏幕上点取,通过目标捕捉方式指定特殊位置点,或通过键盘输入点的坐标值等。

(1) 绝对坐标

绝对坐标分为绝对直角坐标和绝对极轴坐标两种。其中绝对直角坐标以笛卡尔坐标系的原点(0,0,0)为基点定位。用户可以通过输入(X,Y,Z)坐标的方式来定义一个点的位置。

(2) 相对坐标

相对坐标是以上一点为坐标原点确定下一点的位置。输入相对于上一点坐标(X,Y,Z)增量为($\Delta X,\Delta Y,\Delta Z$)的坐标时,格式为(@ $\Delta X,\Delta Y,\Delta Z$)。其中@字符是指定与上一个点的偏移量(即相对偏移量)。

(3) 绝对极坐标

绝对极坐标是以坐标原点(0,0,0)为极点定位所有的点,通过输入距离和角度的方式来定义一个点的位置,其绝对极坐标的输入格式为(距离<角度)。

(4) 相对极坐标

相对极坐标是以上一点为参考极点,通过输入极距增量和角度值来定义下一个点的位置。其输入格式为(@距离<角度)。

18.1.4 图形文件的管理

在 AutoCAD 系统中,用户所绘制的图形是以图形文件的形式保存的,其文件扩展名为".dwg"。针对图形文件进行管理的相关命令有:

1) 建立新图形文件

命令:NEW　　或菜单:文件→新建　　或窗口左上角图标:▢

采用以上三种方法均可执行此命令,执行命令后出现创建新图形的对话框。

对话框内的样板文件是绘图时将会用到的一些设置,预先以样板的形式保存起来的图形文件,其后缀为 dwt。AutoCAD 为用户提供了一批样板文件以适应各种绘图需要,这些样板文件均存放在 Template 子目录中。用户也可以根据自己的绘图需要创建自己的样板文件,还可以使用后缀为 dwg 的一般图形文件绘制新图。

2) 打开已有的图形文件

命令:OPEN　　或菜单:文件→打开　　或标准工具条图标:▭

命令执行后即弹出"选择文件"对话框,直接或按路径选取需要打开的图形文件。

3) 保存图形文件

命令:SAVE 或 SAVE AS　　或菜单:文件→保存　　或标准工具条图标:▥

以上几个命令都可以保存文件。当新图形文件第一次保存时,应直接命名存盘。当已经取名的图形文件需要换名存盘时可用 SAVE AS 命令重新命名存盘。

4) 关闭图形文件

命令:EXIT 或 QUIT　　或菜单:文件→关闭

创建或编辑完图形后欲退出 AutoCAD 系统时,可执行以上命令。如果对图形所做修改尚未保存,则会出现警告对话框。选择"是",将保存对当前图形所做的修改,并退出 AutoCAD 系统;选择"否",将不保存对图形所做的修改,并退出 AutoCAD 系统;选择"取消"则取消该命令的执行。

18.2　常用绘图命令

18.2.1　基本绘图命令

图 18-2 为 AutoCAD 的基本绘图命令,这些绘图命令是绘制工程图样的基本命令。要准确、灵活、高效地绘制图形,关键是要熟练地掌握绘图方法和常用的绘图命令。

图 18-2　绘图工具条

1) 直线

命令:LINE　　或菜单:默认→直线　　或单击图标:

执行直线命令后,根据输入的起点与终点的坐标画直线段。然后可以依次输入下一线段的终点,绘制成折线。选项:C—首尾相连成闭合的折线;U—擦除最后一次画的线。

【例 18-1】　绘制如图 18-3 所示的正方形。

具体绘图操作如下:

在绘制工具条上单击直线图标;将光标移到合适处,单击鼠标左键指定第一点(1),然后依次键入@7,0 回车(2),→@0,7 回车(3),→@ -7,0,回车(4),;@0,-7,回车(1)或在最后直接键入 C,使图形闭合,如图 18-3 所示。

2) 绘制构造线

命令:XLINE　　或单击图标:

构造线命令是绘制有共同起点,并通过另一点或沿给定方向的一组无限长直线。选项:H—水平线;V—垂直线;A—指定角度线;B—角的平分线;O—与指定线平行偏移一定距离的线。

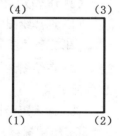

图 18-3　用直线命令画正方形

执行 XLINE 命令,系统将提示:指定点或 [水平(H)　垂直(V)　角度(A)　二等分(B)　偏移(O)],输入 H 或 V 并按空格键确定;系统提示【指定通过点:】时,在绘图区中单击一点作为通过点并按空格键结束命令。

3) 绘制多线段

命令:PLINE　　或单击图标:

多线段是由若干段直线和圆弧连接而成,各段线可设置不同的线宽,且它们是作为一个整体对象来处理,可统一进行编辑。选项:A—从起点开始画圆弧,后面的选项与圆弧命令的执行过程基本一样;H 和 W—选定画线的半宽或宽度,线段的起点和终点宽度不同时,可画不等宽线;L—线段沿原方向延伸一个指定的长度;U—取消上一段线。

4) 绘制正多边形

命令:POLYGON　　或单击图标:

在使用该命令绘制正多边形时,首先输入正多边形的边数,再指定多边形的中心和半径画正多边形,或根据指定边长或正多边形。选项:I—内接圆方式;C—外切圆方式;E—指定边长方式。

【例 18-2】　绘制正六边形。

(1) 执行命令 POLYGON,系统将提示【输入侧面数】。

(2) 输入 6 后回车,则系统提示【指定正多边形的中心点或边】。

(3) 在绘图区单击一点后系统提示【内接于圆(I)外接于圆(C)】。

(4) 输入 I 后系统提示【指定圆的半径】,输入半径 300 后完成正六边形(直径 φ600)的绘制,如图 18-4 所示。

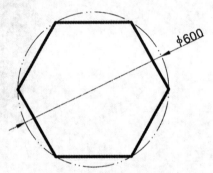

图 18-4　正六边形绘制

5) 绘 制 矩 形

命令:RECTANG　　或单击图标:

执行命令后,缺省是通过给定矩形的两个对角点绘制矩形。选项:C—设置矩形各角的倒角长度;E—设置离 XY 平面高度;F—设置矩形各角的圆角半径;T—设置矩形的高度;W—设置矩形的线宽。

【例 18-3】　绘制长度为 200、宽度为 100 的直角矩形。

(1) 选择绘图中的矩形图标执行绘制命令,系统提示

指定第一个角点或 [倒角(C) 标高(E) 圆角(F) 厚度(T) 宽度(W)]。

(2) 在绘图区单击一点,系统提示 指定另一个角点或 [面积(A) 尺寸(D) 旋转(R)],输入 D 并回车。

(3) 输入矩形长度 200 后回车,输入矩形宽度 100 后回车,完成矩形绘制。

6) 绘制圆弧

命令:ARC　　或单击图标:

绘制圆弧的方法有多种,如三点法,起点、圆心、终点法,以及起点、圆心、角度法等方式。

【例 18-4】　通过三点绘制圆弧。

(1) 使用"直线"命令绘制一个三角形;

(2) 执行 ARC 命令,在三角形一个端点处单击以指定圆弧的起点,取另一个端点为圆弧的第二个点,取最后端点为圆弧第三个点,即可完成圆弧的绘制,如图 18-5 所示。

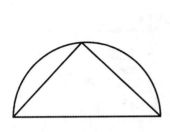

图 18-5　三点绘制圆弧

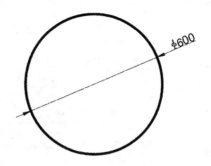

图 18-6　圆心法绘制圆

7) 绘制圆

命令:CIRCLE　　或单击图标:

根据输入的圆心和半径或直径绘制圆。选项:3P—按指定的圆上三点绘制圆;2P—按指定的直径两端点绘制;T—与两个已知线相切,且按输入的半径绘制。

【例 18-5】　以指定的圆心,绘制直径为 600 的圆。

(1) 执行 CIRCLE 命令,当系统提示指定圆的圆心或 [三点(3P) 两点(2P) 切点、切点、切点、半径(T)],输入 C 并回车。

(2) 在绘图区选择一点为圆心,系统提示 指定圆的半径或 [直径(D)],输入 D 回车后输入直径 600 完成圆的绘制,如图 18-6 所示。

8) 绘制椭圆

命令:ELLIPSE　　或单击图标:

根据输入的长短轴端点绘制椭圆。选项:C—指定椭圆的中心和轴的端点绘制椭圆;R—根据一根轴和旋转角绘制椭圆;A—画椭圆弧。

【例 18-6】　通过指定椭圆的圆心绘制一个半长轴 300、半短轴 200 的椭圆。

(1) 执行 ELLIPSE 命令,系统提示【指定椭圆的中心点】。

(2) 在绘图区单击一点作为圆心,系统提示【指定轴的端点】。

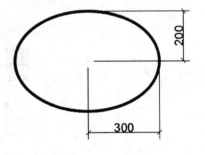

图 18-7　圆心法绘制椭圆

(3) 打开正交模式,在水平方向上输入 300,按空格键,然后输入另一短轴的长度 200,完成椭圆绘制,如图 18-7 所示。

9) 图案填充

命令:BHATCH　　或单击图标:

出现如图 18-8 所示对话框。点击【图案(P):】右侧的图标(如箭头所示),即可弹出如图 18-9 所示的"填充图案选项板",选择合适的图案后,再点击【边界】下方的【添加:拾取点】左侧的按钮(如箭头所示),然后在一个闭合的区域内点击一下,按空格键,再点击左下角的

【预览】按钮,查看填充效果。可能会出现如下几种情况:显示正常图案,一片白,什么也没有。对于后两种情况,分别是比例过小和比例过大,在对话框可编辑比例、角度等图案填充的相关属性。

图 18-8 "图案填充编辑"对话框

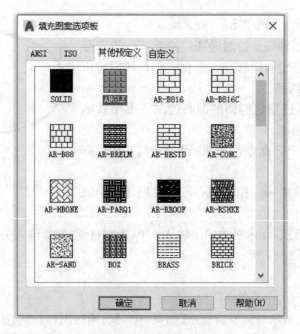

图 18-9 填充图案选项板

18.2.2　辅助绘图命令

为了方便使用，AutoCAD 系统在状态条中提供了许多帮助画图的工具型命令，这些命令能够为用户设置一个更好的工作环境，帮助用户提高作图的效率与准确性。如图 18-10 所示，单击相应的工具按钮可以完成该工具状态的"开/关"切换。

图 18-10　状态条

1) 对象捕捉

在使用 AutoCAD 作图时，如果需要选取图形上的某些特殊点，例如：线段的端点或中点，圆的圆心或切点，线与线的交点等，如果直接用光标拾取则误差较大，如果通过输入数字的方式又难以确定其坐标，而利用对象捕捉命令能够帮助用户迅速且准确地捕捉到这些点。

将鼠标放置在 ⠿ "对象捕捉"按钮上，然后单击右键，选择"捕捉设置"，将会弹出"草图设置"对话框，如图 18-11 所示。在"对象捕捉"选项卡中可选择各种捕捉功能。常设的捕捉功能有线段的端点与中点，线段间的交点以及圆的圆心与切点等。

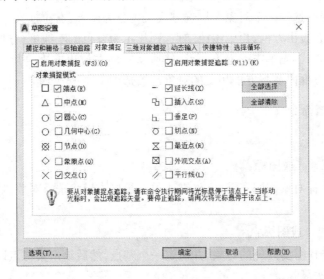

图 18-11　对象捕捉的设置

2) 屏幕栅格

在设定的图幅范围内显示用点表示的栅格，这样能够帮助用户直观地看到图形的位置和大小。栅格的间距可以通过"草图设置"对话框中的"捕捉和栅格"进行设置。栅格只是一种辅助工具，不是图形的一部分，因此不会被打印输出。可以通过单击状态行按钮"栅格" ⊞ 或按 F7 键打开或关闭栅格显示。

3) 正交模式

当设置了正交模式后，只能绘制水平线和垂直线，保证正交状态。可通过单击按钮"正交" ⌐ 或按 F8 键打开或关闭正交模式功能。

4）极轴追踪

极轴追踪可按各种角度限制光标的方向，可在按钮 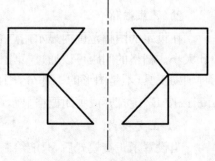 的下拉菜单中选择相应角度。

18.3 常用编辑命令

在用 AutoCAD 软件绘图的过程中，除了采用基本绘图命令绘制图形外，还要经常对这些基本图形进行编辑处理。绘图和编辑命令配合使用，能够大大提高绘图的质量与速度。

18.3.1 选定目标

要对基本图形进行编辑与修改，首先要正确地选定所编辑处理的目标。被编辑的对象可以是一个或多个图形。我们可以先调用编辑命令，然后选择需要处理的对象；也可以先选定目标，然后再调用编辑命令。选定目标主要有点选方式与框选方式两种。

1）点选方式

点选方式是利用鼠标移动光标的拾取框到对象上，单击可以选定目标。

2）框选方式

框选方式可同时选择多个对象。框选方式又可分为两种：右拉框选方式，先单击确定第一点，然后从左向右拉出方框，再单击第二点，则显示为蓝色的实线框，方框内的所有对象即被选中；左拉框选方式，先单击确定第一点，然后从右向左拉出方框，再单击第二点，则显示为绿色的虚线框，方框内及与方框相交的对象都被选中。

18.3.2 常用编辑命令

1）删除命令

命令：ERASE　　或图标：

执行命令后选择对象按回车键、空格键或单击鼠标右键将选择对象删除。

2）复制命令

命令：COPY　　或图标：

执行命令后选择需要处理的对象，并确定一个基点，然后给出第二点以确定复制后对象的位置，可进行多次复制。

3）镜像命令

命令：MIRROR　　或图标：

执行命令后先选择对象，再指定对称线上的两个端点（确定对称轴），可绘制出与原图形对称的图形。如果打开正交功能，可作出水平或垂直的对称轴。选项：N—不删除原对象；Y—删除原对象。如图 18-12 所示。

4）偏移命令

命令：OFFSET　　或图标：

执行命令后先输入偏移距离，再选择需要偏移的

图 18-12 图形镜像

图线,然后确定偏移方向,则可按指定距离与偏移方向连续进行偏移操作,绘制出平行直线、曲线或同心圆。

【例18-7】 将图中中心线(如图18-13(a)所示)分别向两侧偏移2次,距离100。

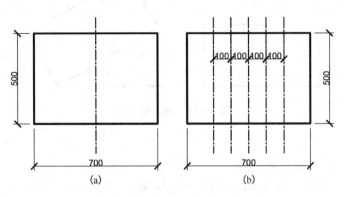

图18-13　指定距离偏移

(1) 执行 OFFSET 命令,系统提示【指定偏移距离】。

(2) 输入偏移距离100后回车,系统提示【选择偏移对象】。

(3) 选择所要偏移的中心线,系统提示【指定要偏移的那一侧的点】,即是确定向哪侧偏移,此时单击右侧某点即可完成中心线的偏移。

(4) 选择新的中心线,重复步骤(2)、(3)的操作,完成右侧偏移。左侧同理。如图18-13(b)所示。

5) 阵列命令

命令:ARRAY 　或图标: ⊞

执行命令后按照命令区提示选择对象后即可弹出如图18-14所示的提示命令,通过相关设置可选定矩形阵列所需指定的行数、行偏移、列数、列偏移以及阵列角度等;环形矩阵需指定阵列中心、项目总数、填充角度以及项目间角度等。

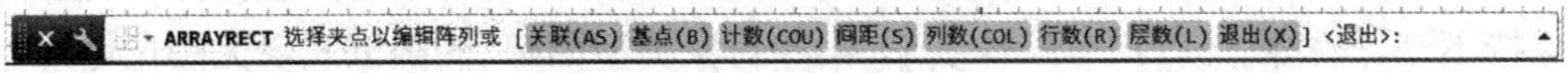

× ● ▼ **ARRAYRECT** 选择夹点以编辑阵列或 [关联(AS) 基点(B) 计数(COU) 间距(S) 列数(COL) 行数(R) 层数(L) 退出(X)] <退出>:

图18-14　阵列提示命令

6) 移动命令

命令:MOVE 　或图标: ✛

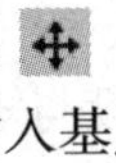

执行命令后选择对象并输入基点和终点,可将对象从基点平移到终点位置。

7) 旋转命令

命令:ROTATE 　或图标: ↻

执行命令后需要选择对象并输入基点和旋转角度,可将所选对象以基点为中心,按指定旋转角度旋转到新的位置。选项:R—按参照方式指定旋转角度。

【例18-8】 将图示矩形顺时针旋转30°。

(1) 执行 ROTATE 命令,系统提示选择对象。

(2) 选择矩形并回车,系统提示选择基点。

(3) 捕捉矩形右下侧角点,系统提示指定旋转角度,输入−30或330后回车即可完成图形的旋转(顺时针旋转为负,逆时针旋转为正),如图 18-15 所示。

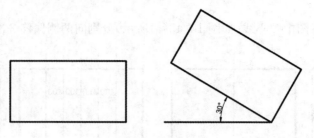

图 18-15　矩形的旋转

8) 缩放命令

命令:SCALE　　或图标: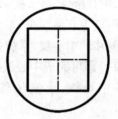

执行命令后需要选择对象并输入基点与比例因子,可将所选对象以基点为中心按指定比例因子放大或缩小。选项:R—按参照方式进行缩放(制定原线段和新线段的长度,不知比例)。

【例 18-9】　将图中圆缩小到原来的一半。

(1) 执行 SCALE 命令,系统提示【选择对象】。

(2) 选择要缩放的圆并回车,系统提示【选择基点】。

(3) 捕捉正方形中心点,系统提示【输入比例因子】,输入 0.5 后回车即可完成图形的缩放。如图 18-16 所示。

图 18-16　圆的缩放

9) 拉伸命令

命令:STRETCH　　或图标: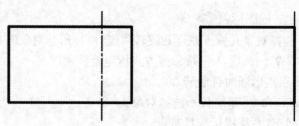

执行命令后必须采用左拉框选方式选择对象,然后输入两点以确定拉伸对象的移动位移。框内对象或线段端点会按要求移动到新位置,与框相交的对象将产生拉伸,而框外线段端点保持不动,这样图形就产生拉伸变形(某些对象类型如圆、椭圆以及块无法拉伸)。

【例 18-10】　以线段为边界,对矩形(用直线命令绘制)进行拉伸。

(1) 执行 STRETCH 命令,系统提示【选择对象】。

(2) 选择矩形并回车,系统提示【指定基点】。

(3) 单击矩形右上角端点指定拉伸基点,再单击线段与矩形交点指定拉伸第二个点即可完成矩形的拉伸,如图 18-17 所示。

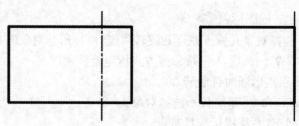

图 18-17　矩形拉伸

10) 修剪命令

命令：TRIM　　或图标：✄

先选择一个或多个图线作为修剪边界（一般用叉选），回车（或按空格键）后，再逐个选择需要修剪的对象，则需要修剪的图形将以边界线为边界被删除。

【例 18-11】　以指定线段修剪椭圆。

（1）执行 TRIM 命令，系统提示【选择对象】。

（2）选择用于修剪的线段并回车，系统提示【选择要修剪的对象】。

（3）选择线段下的椭圆部分并回车即可完成修剪，如图 18-18 所示。

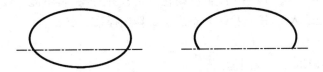

图 18-18　修剪椭圆

11) 延伸命令

命令：EXTEND　　或图标：→

延伸命令是将某一指定的对象延伸到指定的延伸边界。执行命令后先选择一个或多个图线作为延伸边界，回车（或按空格键）后，再逐个选择需要延伸的对象，则需要延伸对象将沿原来的方向延伸到所选边界处。

【例 18-12】　以指定的边延伸线段。

（1）执行 EXTEND 命令，系统提示【选择对象】。

（2）选择作为边的圆并回车，系统提示【选择要延伸的对象】。

（3）点击线段并回车即可完成延伸，如图 18-19 所示。

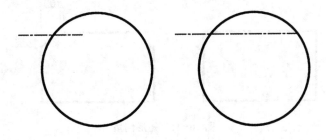

图 18-19　线段延伸

12) 打断命令

命令：BREAK　　或图标：▯

执行命令后选择所需打断对象上的第一点和第二点，则所选对象两点间的部分将被删除，对象断开。当所选两点重合时，则将对象在选取点处断开。断开命令可用于直线、圆弧、圆、射线、椭圆、构造线等独立的图形。

【例 18-13】　利用打断命令使矩形断开。

（1）执行 BREAK 命令，系统提示【选择对象】。

（2）点击矩形选择对象，同时该点击位置便是第一个打断点，系统提示【指定第二个打断点】。

（3）选择第二个打断点后即可完成绘图，如图18-20所示。

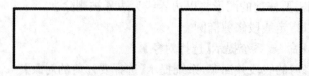

图 18-20　矩形打断

注意：若要准确地选择第一打断点，则在点击选择对象后，不能继续点击第二点，而必须点击【F】选项（或输入 F，按空格键），意思是重新选择第一点。

13）倒角命令

命令：CHAMFER　　或图标：

命令行显示：选择第一条直线或 ［放弃(U) 多段线(P) 距离(D) 角度(A) 修剪(T) 方式(E) 多个(M)］

选项：D—指定第一条边和第二条边的倒角距离（默认的距离是零）；A—指定倒角的角度；P—对多段线的相邻边倒角；T—选择是否修剪倒角外侧的线段。

【例 18-14】　对矩形右上角进行倒角，设置倒角 1 为 60、倒角 2 为 100。

（1）执行 CHAMFER 命令，系统提示：

选择第一条直线或 ［放弃(U) 多段线(P) 距离(D) 角度(A) 修剪(T) 方式(E) 多个(M)］。

（2）输入 D 并回车，系统提示【指定第一个倒角距离】。

（3）输入指定距离 60 后回车，系统提示【指定第二个倒角距离】。

（4）输入指定距离 100 后回车，并根据系统提示点击右边线段作为倒角的第一个对象，点击上方线段作为倒角的第二个对象即可完成对矩形的倒角，如图18-21所示。

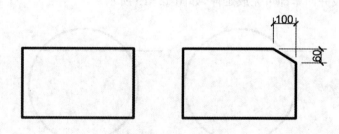

图 18-21　矩形倒角

14）圆角命令

命令：FILLET　　或图标：

圆角命令可以对直线、圆、圆弧、椭圆弧、射线等对象进行倒圆，是以指定半径的圆弧光滑连接两对象。执行命令后需先输入圆角半径，然后选择两个能够相交的图形对象即可。选项：R—输入圆弧半径；T—提示是否修剪圆角外侧的图形对象；P—对多线段的各相邻边进行圆角。

【例 18-15】　圆角处理矩形的一个角，设置圆角半径为 100。

（1）执行 FILLET 命令，系统提示 选择第一个对象或 ［放弃(U) 多段线(P) 半径(R) 修剪(T) 多个(M)］。

（2）输入 R 并回车，系统提示【指定圆角半径】。

（3）输入指定半径 100 后回车，并根据系统提示点击右边线段作为圆角第一个对象，点击上方线段作为圆角第二个对象即可完成矩形的圆角，如图 18-22 所示。

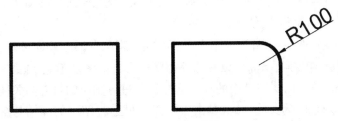

图 18-22　矩形圆角

15）分解命令

命令：EXPLODE　　或图标：

在 AutoCAD 中绘制的某些图形对象，如多线段、块、尺寸、图案填充等都作为一个实体，在某些时候要把这些对象分解为简单实体，可用分解命令。执行分解命令后，实体被分解为若干简单实体（如尺寸标注本来为一个整体，分解后，尺寸线、尺寸界线、起止符号和尺寸数字就变为各自独立的对象），分解后形状不发生变化，但可对各个单个实体进行独立编辑与修改。

18.4　图层与图块

18.4.1　图层

为了更方便地绘制与修改图形，AutoCAD 为每一幅图设计了若干个图层，图层相当于绘图中使用的透明的纸，在每层纸上绘制出图样的不同部分，然后再将它们重叠起来就组成了一幅完整的图样，每个图层都独立采用一种线型和一种颜色进行绘图和修改，不会影响到其他层。利用图层可以有效地管理复杂的图样，提高工作效率。

1）图层的特性

（1）在一幅图中，用户可以根据需要建立多个图层，并为图层设置相应的名称、颜色、线型和线宽等特性。0 图层是系统自动提供的一个图层，在没有建立新的图层时，图形默认绘制在 0 图层上，0 图层不能删除。

（2）各图层共同使用一个坐标系、绘图界限以及显示缩放倍数。可以对位于不同图层上的对象同时进行编辑修改。

（3）正在使用的图层为当前层，绘图总是在当前层上操作。在"图层"信息条上显示当前层的名称等相关信息。当前层可以通过"图层"信息条上的下拉菜单随时改变。

（4）用户可以对图层进行打开与关闭、冻结与解冻、锁定与解锁等操作。打开相关层，则该层上的图形可显示、编辑和打印输出；关闭相关层，则该层图形不能显示、编辑和输出。锁定时层上的图形能够显示与输出，但不能编辑和修改。

2）图层的设置

命令：LAYER　　或图标：

执行命令后即弹出如图18-23所示的"图层特性管理器"对话框。在该对话框中可对图层进行操作与管理,具体功能如下(以下各功能按钮可单击右键选择或点击相应图标):

(1) 新建图层:单击"新建"按钮 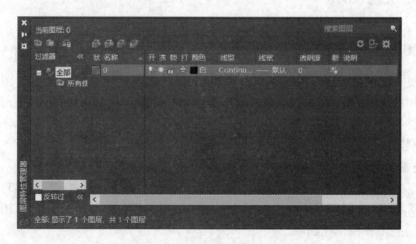 ,则自动生成名为"图层1"的新图层,图层名可以改变(建议图层名称要恰如其分,便于以后查找)。

(2) 删除图层:先选中要删除的图层,然后单击"删除"按钮 即可。当图层上有图形时不可删除,另外还有0层、当前层以及被外部文件参考的图层不能删除。

(3) 图层状态:单击图层列表中的小灯泡图标可进行图层的打开与关闭操作,灯泡为黄色时为打开状态,灰色时为关闭状态;单击太阳图标可进行图层的冻结与解冻操作,太阳时为解冻状态,雪花时为冻结状态;单击锁图标可进行锁定与解锁操作,锁形开为解锁状态,锁形闭为锁定状态。

(4) 颜色设置:单击图层列表中的颜色图标,即可弹出"选择颜色"对话框,可指定颜色。

(5) 线型设置:单击图层列表中的线型图标,即可弹出"选择线型"对话框,常用的线型有实线、虚线和点画线等,可根据绘图要求指定线型。如果没有所需线型,可通过单击"加载"按钮,将所需线型调入,以供选择。

(6) 线宽设置:单击图层列表中的线宽图标,即可弹出"线宽"对话框,根据绘图要求选择需要的线宽。

(7) 当前图层设定:选定某个图层,然后点击 按钮,即可将该图层设定为当前图层,或鼠标左键双击某个图层,也可将该图层设定为当前图层。

图18-23 "图层特性管理器"对话框

18.4.2 图块

图块是由多个图形对象组成并命名的一个整体,能够作为一个对象进行操作。在AutoCAD系统中,为了作图的快捷方便,避免重复性工作,可以将图块作为一个整体插入到当前图形中的指定位置,而且在插入时可以指定不同的比例缩放系数和旋转角。

1) 图块的创建

命令:BLOCK 或工具条图标:

执行命令后系统即弹出"块定义"对话框，如图 18-24 所示。首先需要在对话框中输入图块名称，并设置块的插入位置（默认的是坐标原点。注意：一定要按"拾取点"按钮，如图中箭头所示，然后在图形中指定某个特殊点），再单击"选择对象"按钮，选中构成块的图形。其中若选择"保留"选项时，块使用的图形对象仍被保留；若选择"转换为块"选项时，则用块替换原有的图形对象；若选择"删除"选项时，则块定义完成后，构成块的图形对象即被删除。

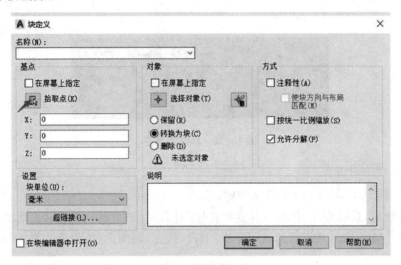

图 18-24　"块定义"对话框

2）图块的插入

命令：INSERT　　　或工具条图标：

执行命令后，系统即弹出"插入"对话框，如图 18-25 所示。在对话框的"名称"选项中通过浏览选择要插入的图块，然后确定插入点、缩放比例以及插入时的旋转角度后，单击"确定"按钮即可。

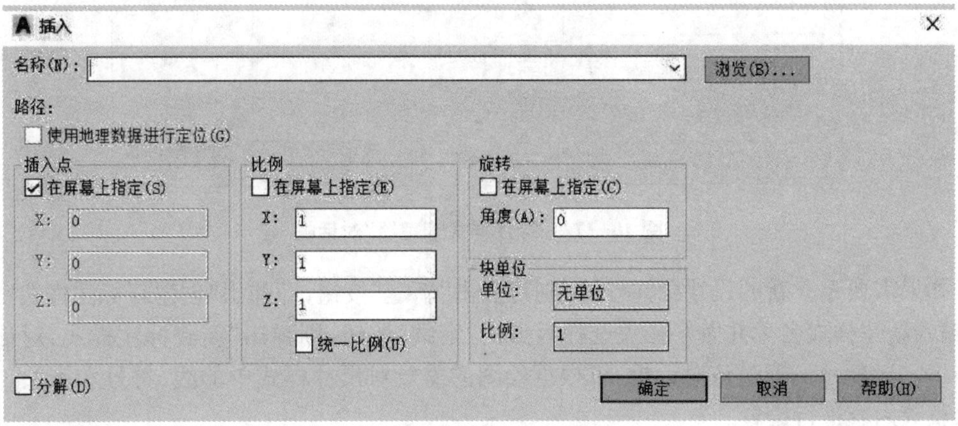

图 18-25　"插入"对话框

18.5 尺寸与文字标注

18.5.1 尺寸标注

尺寸标注工具栏在主菜单栏"注释"里,单击"注释"菜单栏可见标注工具栏,如图 18-26 所示。

图 18-26 标注工具栏

1)尺寸标注的设置

命令:DIMSTYLE 或工具条图标:

执行命令后,系统即弹出"标注样式管理器"对话框,如图 18-27 所示。系统默认的样式是"ISO-25",如果要对其进行修改可单击"修改"按钮,则弹出"修改标注样式"对话框。

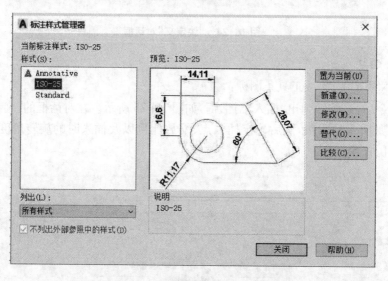

图 18-27 "标注样式管理器"对话框

如果需要建立新的尺寸标注样式,则可点击"新建"按钮,即弹出"创建新标注样式"对话框,输入新建样式名称并做好相关选择后点击"继续"按钮,则弹出"新建标注样式"对话框,如图 18-28 所示。通过该对话框,可根据绘图的需要对尺寸样式中的线、符号和箭头、文字和调整等内容进行设置。

在"线"的设置中,主要设置对象是尺寸线和尺寸界线的相关特性。例如能够设置尺寸线与尺寸界线的颜色、线型、线宽以及尺寸界线的起点偏移量等内容。

在"符号和箭头"的设置中,主要设置对象是符号与箭头的形式、大小、圆心标记以及半径标注,折弯角度等内容。

在"文字"的设置中,主要设置对象是尺寸标注文字的样式、颜色、高度以及文字所处的位置等内容。

另外,如果尺寸标注在图中显示较小,需要放大,可在"调整"选项中把"使用全局比例"调整为大于 1 的数字,则在图中的尺寸标注将放大相应的倍数。

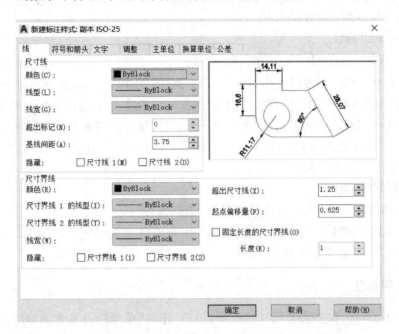

图 18-28 "新建标注样式"对话框

2) 尺寸标注的使用

为了方便用户操作,AutoCAD 2019 提供了多种尺寸标注命令,图 18-29 为标注工具栏。下面就几个常用标注命令的用法做一简要介绍。

(1) 线性尺寸标注

命令:DIMLINER　　或单击图标:⊢

执行命令后,首先指定所要标注的图形对象的第一个点(即标注的起点)和第二个点(即标注的终点),然后根据标注要求选择相关标注形式,确定即可。选项:T—可在命令行输入尺寸文字,不用系统测量值;A—改变尺寸文字的角度;H—尺寸只能

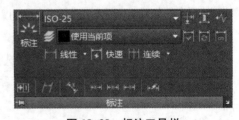

图 18-29 标注工具栏

水平方向标注;V—尺寸只能垂直标注;R—尺寸沿某一指定角度标注。利用线性标注可直接测量两点间距离。

(2) 对齐尺寸标注

命令:DIMALIGNED　　或单击"线性"下拉菜单内图标

对齐标注也是标注线性尺寸,其特点是尺寸线与两条尺寸界线起点连线平行,一般用来

标注倾斜方向的尺寸。执行命令后,需要指定标注的起点与终点,并根据要求选择标注形式。主要选项有 M、T、A,其功能与线性标注相同。

(3) 半径尺寸标注

命令:DIMRADIUS　　或单击图标:

半径尺寸标注主要用于标注圆或圆弧的半径,并自动加载半径符号 R。执行命令后,选择需要标注的圆或圆弧,并确定尺寸线位置。标注工具栏中的"直径标注"用法与"半径标注"相同,用来标注圆或圆弧的直径。

(4) 角度尺寸标注

命令:DIMANGULAR　　或单击图标:

角度标注用于标注角度的大小,其尺寸线为圆弧。执行命令后,选择圆弧、圆、直线或指定顶点,其中如果选择一条线段,则还需继续选择第二条线段,并以两条线段的交点为顶点,标注两条不平行线段之间的夹角;如果选择圆弧,则直接标注圆弧所对应的圆心角;如果选择圆,则标注圆上某段圆弧的圆心角;如果直接回车,则需输入角的顶点以及角的两个端点,并根据给定的三个点标注角度。

(5) 连续尺寸标注

命令:DIMCONTINUE　　或单击图标:

连续标注用于标注尺寸线连续或链状的一组线性尺寸或角度尺寸。第一个尺寸标注完成后,可用连续尺寸命令继续选择下一个尺寸线的起点,实现连续标注。

18.5.2　文字标注

文字标注工具栏在主菜单栏"注释"里,单击"注释"菜单栏可见文字标注工具栏,如图 18-30 所示。

1) 文字标注的设置

命令:STYLE　　或单击图标:

执行命令后,系统即弹出"文字样式"对话框,如图 18-31 所示。对话框中的"样式"选项显示当前文字样式名称,也可点击"新建"按钮新建多个文字样式。在"字体"选项中可以选择文字的字体,并

图 18-30　文字标注工具栏

指定文字高度。在"效果"选项中可以选择颠倒、反向、垂直等文字效果,并可以选择文字的宽度比例与倾斜角度。同时,在设定文字相关特性的过程中,可以通过"预览"框检查设定的文字效果。

2) 文字标注的使用

文字标注有两种形式:单行文字和多行文字。单行文字命令可通过在命令区输入DTEXT命令或在"文字标注"工具栏的"多行文字"下拉菜单"单行文字"选项执行。选项J—文字的对齐方式;S—文字样式。多行文字命令可通过在命令区输入 MTEXT 命令或在"文字标注"工具栏的"多行文字"下拉菜单"多行文字"选项执行。执行命令后需要指定第一角点,然后根据要求确定相关选项内容。其中包括:J—对齐方式;H—文字高度;L—行距;S—样式;R—旋转角度;W—文字宽度。

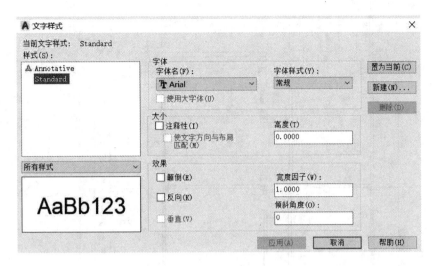

图 18-31　"文字样式"对话框

单行文字并非只能写一行,而是每一行都是一个对象。而多行文字是以一个段落为一个对象的。在多行文字中,可在一行中输入不同字体和高度的文字,这是单行文字不能完成的。

18.6　计算机绘图步骤

在了解并掌握了 AutoCAD 的主要绘图命令以及编辑命令后,就需要多进行实际绘图练习,以便更好地掌握其绘图命令与技巧。下面以土木工程中较为常用的建筑平面图为例,简单介绍使用 AutoCAD 绘图的基本步骤和基本方法,建筑平面图如图 18-32 所示。

（1）利用 LAYER 命令,建立新层并命名,然后设定各层图形对象的线型、颜色以及线宽等特性。具体如表 18-1 所示。

表 18-1　新建图层设置

层　名	线　型	颜　色
粗实线	Continuous	白色
细实线	Continuous	蓝色
虚　线	Dash	红色
点划线	Center	绿色

（2）设置当前层为"点划线"层,用 Line 命令绘制水平与垂直方向的定位轴线。

（3）设置当前层为"细实线"层,用 Circle 命令绘制直径为 8 mm 的圆,并利用复制与移动命令将圆放置于轴线端点。

（4）用 Text 命令将各轴线编号填写在圆的中心。

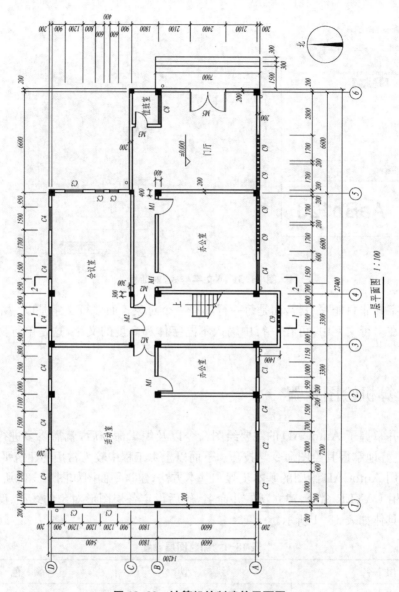

图 18-32 计算机绘制建筑平面图

（5）设置当前层为"粗实线"层，用 Line 命令绘制墙线等主要结构轮廓线，绘图过程中应灵活采用相关编辑命令。

（6）设置当前层为"细实线"层，用 Line 命令绘制次要结构轮廓线。

（7）用 Dimstyle 命令设置标注样式，并设置当前层为"细实线"层，对所绘制图形进行标注，最后完成建筑平面图的绘制。

18.7 图形输出

图形绘制完成后，通常需要输出到图纸上，以便指导工程施工。图形的输出是计算机绘图的一个重要环节，在输出图纸之前，必须配置好相关的输出设备和系统输出设置。

AutoCAD 为用户提供了"模型空间"与"图形空间"两个工作环境完成绘图与设计工作。其中模型空间是完成绘图与设计工作的工作空间。模型空间又可分为平铺式和浮动式两种,大部分设计工作都是在平铺式模型空间中完成的。而图形空间主要用于图形排列、绘制局部放大图以及绘制视图等,

输出的系统设置可通过点击主菜单栏内的"输出"菜单,选择"打印"选项,即可弹出"打印—模型"对话框进行相关设置,如图 18-33 所示。

在"打印—模型"对话框中,用户可在"打印机/绘图仪"栏中"名称"框内选择已经连接的打印设备;在"图纸尺寸"栏中选择所用图纸的大小,并确定打印份数;在"打印区域"栏中选择打印的范围,其选项有显示、窗口、范围以及图形界限,用户可根据打印需要进行选择;在"打印比例"栏中可选择布满图纸方式或自定义打印比例。

设置完成后,可点击"预览"按钮对所设置的打印页面进行检查,将打印设置调整到最好效果。预览检查完成后,可点击"确定"按钮,完成所绘图形的打印输出。

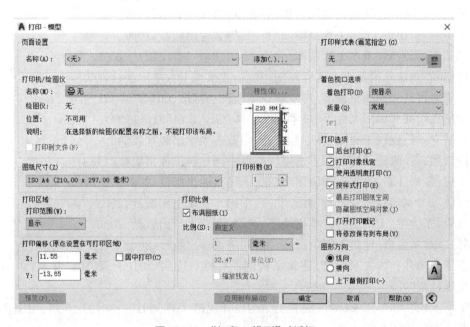

图 18-33 "打印—模型"对话框

参考文献

［1］唐人卫. 画法几何及土木工程制图. 南京:东南大学出版社,2008

［2］朱育万. 画法几何及土木工程制图. 北京:高等教育出版社,2000

［3］朱育万,卢传贤. 画法几何及土木工程制图. 北京:高等教育出版社,2005

［4］何铭新,谢步瀛. 画法几何及土木工程制图. 武汉:武汉理工大学出版社,2003

［5］郭南初. 土木工程制图. 郑州:黄河水利出版社,2007

［6］王强,张小平. 建筑工程制图与识图. 北京:机械工业出版社,2004

［7］丁宇明,黄小生. 土木工程制图. 北京:高等教育出版社,2007

［8］刘志杰,张素敏. 土木工程制图. 北京:中国建材工业出版社,2006

［9］何铭新. 画法几何及土木工程制图. 武汉:武汉理工大学出版社,2008

［10］中华人民共和国国家标准. 房屋建筑制图统一标准(GB/T 50001—2017).2018

［11］中华人民共和国国家标准. 技术制图字体(GB/T 14691—1993).1994

［12］孙靖立,等. 现代工程图学. 呼和浩特:内蒙古大学出版社,2006

［13］许松照,等. 画法几何与阴影透视. 北京:中国建筑工业出版社,1989

［14］丁建梅,周佳新. 土木工程制图. 北京:人民交通出版社,2007

［15］周佶. AutoCAD建筑工程制图. 北京:中国水利水电出版社,2003

［16］袁果,张渝生. 土木工程计算机绘图. 北京:北京大学出版社,2006

［17］陈文斌,章金良. 建筑工程制图. 上海:同济大学出版社,2005

［18］中华人民共和国国家标准. 建筑结构制图标准(GB/T 50105—2010). 北京:中国计划出版社,2002

［19］中华人民共和国国家标准. 混凝土结构设计规范(GB 50010—2010). 北京:中国建筑工业出版社,2002

［20］国家建筑标准设计图集. 混凝土结构施工图平面整体表示方法制图规划和构造详图(03G/01—1). 北京:中国计划出版社,2006

［21］中华人民共和国国家标准. 道路工程制图标准(GB 50162—1992). 北京:中国计划出版社,1993

［22］王强,吕淑珍. 建筑制图. 北京:人民交通出版社,2007

［23］鲁彩凤,贾福萍,常虹. 土木工程制图与计算机绘图. 徐州:中国矿业大学出版社,2007